土石围堰安全风险

孙开畅 编著

科学出版社

北京

内 容 简 介

本书遵循水利水电工程安全风险管理的知识构架，以水利水电工程中的土石围堰为研究对象，依次介绍土石围堰的结构风险、施工导流风险及施工作业风险三大类风险，以实际工程为研究背景，全面系统地研究土石围堰本身在施工期、运行期存在的安全风险，使土石围堰的风险研究自成一个体系。

本书可供从事水利水电安全风险的科研、技术人员参考，也可作为高等院校相关专业研究生参考书。

图书在版编目（CIP）数据

土石围堰安全风险 / 孙开畅编著. —北京：科学出版社，2019.11

ISBN 978-7-03-062532-8

Ⅰ.①土… Ⅱ.①孙… Ⅲ.①土石围堰－工程施工－安全评价 Ⅳ.①TV551.3

中国版本图书馆 CIP 数据核字（2019）第 221996 号

责任编辑：孙寓明 / 责任校对：刘　畅
责任印制：彭　超 / 封面设计：苏　波

斜 学 虫 炳 社 出版

北京东黄城根北街 16 号
邮政编码：100717
http://www.sciencep.com

北京虎彩文化传播有限公司 印刷
科学出版社发行　各地新华书店经销

*

2019 年 11 月第 一 版　开本：787×1092　1/16
2019 年 11 月第一次印刷　印张：14 3/4
字数：378 000

定价：98.00 元
（如有印装质量问题，我社负责调换）

前　言

目前，我国水利水电工程正处于高速发展的时期，巨型电站不断涌现，随着高坝大库的出现，土石围堰也随之越建越高，其安全风险问题越来越受到重视。在当今水利水电工程工期越来越紧、施工速度越来越快的同时，施工安全问题也越来越突出。作为截流主体的土石体及由其加高后形成的土石围堰的安全稳定，会影响整个工程。因此，土石围堰安全风险的研究越来越受到重视，近些年也取得了一些突破性进展和经验。

随着研究理论和方法的日趋成熟，土石围堰安全风险的相关理论在一些大型水利水电工程中得到了应用，取得较好的成果。同时这些在土石围堰安全风险方面的实践经验也对相关原理进行了检验和补充，使土石围堰施工安全风险的研究在当今工程建设中越来越有自身特点，进而自成体系。

本书是以本团队多年的研究成果为主体，参考前人的研究成果，围绕土石围堰的结构风险、施工导流风险及施工作业风险等方面进行全面的研究。这是团队多年研究工作的总结，并形成了一个完整、独立的体系。把土石围堰安全风险研究形成研究体系也是作者编写此书的目的之一。

本书阐述以高土石围堰为代表的土石围堰的结构安全控制技术及施工安全控制技术，较全面地分析针对土石围堰的安全稳定分析的方法、现状及存在的问题。

本书第 1 章、第 2 章由孙开畅编写，第 3 章由明华军、马文俊编写，第 4 章由孙开畅、卢晓春、刘林锋编写，第 5 章由李昆、尹志伟编写，第 6 章由孙志禹、徐小峰编写，第 7 章由孙开畅、晋良海编写，第 8 章由时训先、李权、陈璇编写，全书由孙开畅完成统稿。

本书中的一些研究内容基于国家重点研发计划项目"高温熔融金属作业事故预防与控制技术研究"（2017YFC0805100）的成果，并且得到了湖北省属高校优势特色学科水科学群的资助，还得到了三峡大学水利与环境学院、中国长江三峡集团有限公司及中国安全生产科学研究院的大力支持。在漫长的六年编写过程中，肖焕雄教授和田斌教授给予诸多指导。另外，研究生吴鹏飞、蒙彦昭、朱自立、颜鑫、冯继伟、曹雄峰及解文婧等参与了文字编排、校对、图表绘制等工作，在此一并表示衷心的感谢！

土石围堰安全风险的理论和经验还处于发展阶段，很多方面还有待提高。鉴于作者的学识和水平有限，本书难免有不妥之处，敬请批评指正。

作　者

2019 年 8 月

目　　录

第1章 绪 论

目前，随着国内大中型和巨型水利水电工程的兴建发展，水坝建得越来越高，与其匹配的围堰也越来越高，规模也越来越大。而高土石围堰的修建使得土石围堰的安全问题更加突出。首先，由于土石围堰条件的复杂性和级别的提高，除进行静力稳定分析外，常常需要做动力稳定分析，特别是针对地震和爆破等特殊工况下的堰体动力稳定分析；其次，结构安全风险研究和结构可靠度研究，是安全问题的两个不同的研究视角，因此，结构可靠度研究成果和结构安全风险研究成果是互相验证的；最后，随着现代水利水电工程施工作业难度越来越大[1]，以及高危作业风险的增大，土石围堰的安全风险问题难度增加很多。以上涉及的土石围堰安全风险是本书研究的重点内容。

由于土石围堰是导流工程中广泛采用的临时挡水建筑物，属于临时建筑物，在实际工程中常常被忽略。多数工程为了降低成本，临时建筑物往往被考虑为削减费用的首要对象，而土石围堰便是首先被削减费用的结构之一，因此其结构和施工工艺常常被简化，这使得围堰承担的风险更大[2]。众所周知，围堰在工程中承担着非常重要的任务，在施工期为了保证主体建筑物在干涸的河床上施工，围堰要承担挡水的作用，甚至要有承担一定超标洪水度汛的能力。施工期过后，作为在施工期起到至关重要的挡水作用的结构——土石围堰面临着拆除，因此在设计时又要考虑围堰拆除方便[3]。在工程中土石围堰的巨大作用和所处的地位决定着它承担着越来越大的风险，因此土石围堰的安全风险值得深入研究。

由于自身是临时建筑物的属性，土石围堰的稳定性和安全性变得更加复杂，这就要求理论更加贴合实际。但目前土石围堰的安全研究都是沿袭土石坝理论，这一点显然是不能符合实际情况的。基于以上原因，作者及其团队经过多年的研究探索，得出符合土石围堰本身特殊情况的理论和研究方法，这些成果对于今后的水利水电工程建设有一定的指导意义。

土石围堰的安全风险是一个笼统的大问题，涵盖了土石围堰的结构稳定、可靠度、施工风险、作业风险等各个方面。本书以土石围堰为研究对象，从土石围堰本身所处的环境、结构、施工及运行等条件进行研究，大致把土石围堰的风险分为结构风险、施工导流风险、施工作业风险等。一般来说，可靠度和风险是安全问题研究的两方面，在结构安全研究的层面上，失效概率等同于风险概率，但它们之间还有其他诸多区别。本书采用多种分析方法对土石围堰的稳定和风险进行全面透彻的系统研究，有助于对目前土石围堰的安全状态进行深入、全面的了解。

1.1 土石围堰安全风险研究的基本内容及方法

本书紧紧围绕土石围堰的稳定和安全风险展开深入研究，主要研究内容可以概括为土石围堰的结构风险研究、施工导流风险研究和施工作业风险研究三个部分。

土石围堰的结构风险研究内容包含土石围堰材料的力学特性、土石围堰的力学性能、土石围堰的稳定性及土石围堰稳定的可靠度和风险。首先，本书介绍在工程实际中常用的堰体材料和防渗体材料的基本物理特性，以及它们在各水利工程中的具体运用情况，并在三峡二期土石围堰材料研究的基础上对塑性混凝土及风化砂柔性材料做深入的研究。其次，针对此类材料建筑的高土石围堰的本构和变形进行研究，其中在高土石围堰蠕变研究中具体介绍三参量固体蠕变模型，并将三参量固体蠕变模型与其他模型进行对比，得出此种模型在三峡二期土石围堰的适用性。在力学本构模型中除介绍 5 种常用的本构模型外，还介绍更适用于土石围堰的湿化模型，如 Gudehus-Bauer（G-B）亚塑性本构模型，并对此进行改进和验证。再次，针对高土石围堰和深厚覆盖层上的土石围堰特性，结合具体的土石围堰工程进行详细的研究分析，介绍等效线性分析方法、拟静力极限平衡分析法、动力有限元时程分析法、萨尔玛法等围堰动力稳定分析方法。最后，本书从土石围堰稳定的不确定性出发，归纳整理土石围堰边坡中存在的不确定因素，从定性风险和定量风险两方面阐述边坡风险。

土石围堰的施工导流风险研究是围堰导流方案科学决策的理论基础，直接关系工程的成败。本部分从施工导流的不确定性出发介绍施工导流的水力因素风险、施工中土石围堰在导流系统中的风险、施工截流戗堤堤头坍塌风险、过水围堰度汛风险及不过水高土石围堰漫顶风险等，并分别提出风险分析的方法。以三峡二期工程、溪洛渡工程的土石围堰为例进行实例验算，也结合向家坝、乌东德及白鹤滩等工程实例，从施工导流角度出发，对大型工程的高土石围堰进行风险分析。

土石围堰的作业风险研究内容包括土石戗堤截流施工作业风险分析，以及在分析的基础上采取的施工安全风险控制及应急技术。针对水利水电工程土石戗堤截流作业，从危险源辨识、风险因素分析、风险评价三个方面进行风险分析，根据水利水电工程施工危险源，以及梳理分类的水利水电工程十大危险施工，将大型江河截流过程中的土石方填筑作业定义为水利水电工程施工高危作业，采用结构方程、认知图理论、故障树理论、贝叶斯网络（Bayesian network，BN）及动态贝叶斯网络（dynamic Bayesian network，DBN）对水利水电工程高危作业进行风险因素分析和安全风险评价。之后，基于对土石围堰风险分析评价研究，本书介绍安全事故的预防措施、危机预警管理、应急物资调度及应急决策支持系统建立的相关内容，相应地建立水利水电工程应急物资调度多目标模型、多属性决策模型及应急决策支持系统，为科学地进行应急处置提供理论依据。

1.2 土石围堰的结构安全风险及稳定分析

20 世纪以来，随着大中型和巨型水利水电工程的兴建和施工技术的发展，围堰规模逐渐增大，围堰基础地质条件趋于复杂，对围堰的技术要求越来越高，其施工难度也随之加大[4]。根据我国水利水电发展规划，在金沙江、雅砻江、大渡河、乌江等流域上在建和即将建设的大型水利水电工程中，大部分工程是建在深厚覆盖层上的。深厚覆盖层厚度多达几十米到几百米，在深厚覆盖层的地基上填筑围堰所面临的困难和挑战更大[5]。而目前国内对于大型土石围堰的技术实施和安全评价并未形成统一标准，且大多是参照土石坝的有关规范。土石坝的结构稳定可以从渗流稳定和边坡稳定两方面来考虑，但是土石围堰作为一种临时建筑物，具有与大坝不同的施工与工作状态。例如，土石围堰采用水下抛填水上碾压的施工，而土石坝都是在干地施工，因此土石围堰有其自身的独特性[6]。因此，施工条件和基础条件复杂的高土石围堰的安全风险和稳定问题往往成为工程的关键，也逐渐成为关注的重点。

（1）对于土石围堰的稳定分析，先从渗流分析入手研究变形。由于土石围堰的材料构成多样性和土石料本身力学性能的复杂性，从理论上要完全反映众多因素影响条件的计算方法是十分困难的，目前国内外使用较多的模型主要有：E-μ模型、E-B模型、G-B模型、弹塑性模型等，我国学者提出的双屈服面弹塑性模型在分析中也有应用[7]。土石围堰材料的本构关系是一个很复杂的问题，长期以来，土石围堰材料的强度和变形特性研究以非线性弹性邓肯（Duncan）模型为基本模型，同时结合新的本构关系理论进行本构模型的敏感性分析。亚塑性本构模型能较好地描述堆石料的非弹性、非线性、压硬性、剪胀剪缩性等主要力学特性，具有模型参数适用范围广的特点。其中G-B亚塑性本构模型能够反映密实度、应力状态和含水率等对湿化变形的影响，经过改进以后，更能比较合理地反映土石围堰湿化变形规律[8]。

（2）对于高土石围堰，由于其条件的复杂性和本身建筑物的级别很高，除进行静力稳定分析外，常常需要做动力稳定分析。其稳定状态理论主要针对土体受到动荷载作用时的动力稳定分析，这就涉及稳定状态理论及动力稳定分析的方法。本书以三峡二期土石围堰为例，进行高土石围堰结构应力及变形研究，而且进一步地针对其在地震和爆破等特殊工况下，运用多种方法对堰体进行动力稳定分析[9]。

（3）位于深厚覆盖层上的高土石围堰与一般的土石坝工程相比，深厚覆盖层上的围堰的地基天然状态下覆盖层除分布存在随机性，地质条件比较复杂外，围堰运行条件和围堰的填筑条件都比较复杂多变，工程安全的不确定性因素更多[10]。深厚覆盖层上的土石围堰面临的主要技术问题有两个方面：一是渗流控制及渗流安全问题，二是变形及稳定安全问题，因此在研究上采用的理论和手段更加切合实际。

随着对结构应力、变形和稳定分析手段的逐步完善，这些分析中包含的不确定因素也暴露得更加明显。上述这些计算手段仅仅是从数学物理方程上对结构进行安全评价，而在工程设计和安全评价时，不仅要很好地了解各种分析、判断手段，而且要把握在这些分析过程中包含的管理因素、模型因素和选择参数因素等各项不确定因素。工程建设中的决策实际上就是对各项不确定因素进行风险评价[11]。因此考虑不确定因素，并对各因素进行合理的数理分析，才能对围堰安全进行全面的合理的风险评价。

1.3　土石围堰可靠度分析

可靠度和风险是描述安全的同一问题的两个方面，因此，土石围堰的安全风险可以从可靠度的研究中获得，并对其进行验证，即风险概率和可靠度概率总和为1（$P_s + P_f = 1$）。土石围堰的土体边坡稳定分析一般是采用传统的安全系数法，它是建立在经过简化的力学确定性概念之上，应用时间较长，范围较广，在实践中积累了丰富的经验。

传统的定值方法，由于没考虑不确定性，常出现两种情况：一种是计算值大于安全系数而在实际中出现不稳定；另一种是计算值小于安全系数而在实际中保持稳定。这种方法的最大缺点是没有考虑参数和模型的不确定性。而这些不确定性，特别是土体参数的不确定性，即参数的变异性对土体边坡稳定分析的灵敏度是相当高的[12-13]。在土坡的稳定评价中，数学模型、基本变量及预测结果都带有某种不确定性。各个工程的各个基本参数都有它本身的变化范围和变化规律。具体参数值的出现与否是不确定的，这种不确定性是由数本身的变化性引起的，代表客观世界的"真实"不确定性。岩土体这种固有的不确定性，造成岩土性质的离散，是不可避免的。此外，还有由试验方法和量测偏差、统计估计误差引起的，含有人为因素的"伪假"不确定性，造成这种不确定性的因素极其复杂[14]。

一般来说，土体边坡分为天然土体边坡和人工土体边坡。人工土体边坡的研究方法是在天然土体边坡的研究方法的基础上进行模型或参数的修改。土石围堰属于人工土体，由于其存在水下抛填、水上碾压的施工特点，以及运行状态基本在水下的工作特点，其边坡分析变得更加复杂[15]。从天然土体边坡的不确定性出发，归纳整理土体边坡中存在的不确定因素，从定性风险和定量风险两方面阐述边坡风险。对坡体可靠度的功能函数、失效概率、可靠指标的定义及几何意义等基本原理做详细的基本介绍，同时对不确定性的抽样实验方法和可靠度求解常用方法做归纳与整理，总结可靠度分析的常用方法、一般流程，基于响应面法（response surface method，RSM）的思想提出 RSM 数据表的可靠度求解方法。采用拉丁超立方体采样（Latin hypercube sampling，LHS）方式构造样本数据，分析土石围堰的特性，通过遗传算法（genetic algorithm，GA）优化 Kriging 代理模型参数，从可靠度研究视角出发，建立土石围堰边坡可靠度的 Kriging 代理模型[16]，并进行比较性演算。

1.4　土石围堰施工导截流风险分析

水利水电施工导截流建筑物作为临时建筑物，其运行期风险是水利水电工程施工导截流方案选择的重要指标，是施工导截流科学决策的理论基础，同时是临时工程的费用效益评价和水利水电工程成本评价的重要部分，直接影响工程预备费的计算。

在水利水电工程中施工导截流涵盖三方面的含义：挡住河水下泄的挡水建筑物，控制河水下泄的通道，以及由此产生的导流方式。在考虑导截流系统中不确定因素的条件下，挡水建筑物、泄水建筑物在导截流系统中存在各类风险。围堰作为施工中的导截流建筑物，其风险和泄水建筑物的风险是同一系统中风险的两个方面，因此研究导截流中的土石体，以及研究由此加高而来的土石围堰的风险，就等同于研究整个施工导截流的风险。

1. 土石围堰在导流系统中的风险研究

施工导流风险是指在考虑导流系统中不确定因素的条件下，挡水建筑物、泄水建筑物在导流系统中存在的各类风险。

影响系统风险的不确定性因素主要包括：水文不确定性、水力不确定性、水位库容关系不确定性、挡水建筑的抗洪潜力不确定性等。针对这些不确定因素并引入导流系统中提出的很多导流风险分析模型。首先，上游汇水产流形成过程十分复杂，导致在实践中确定洪水随机过程的分布很困难，可以通过随机序列样本计算某些数值特征，如均值函数、方差函数、自协方差函数、自相关函数和偏态系数等，描述洪水随机变量的总体特征，为建立洪水随机模拟提供依据，使其既能表征洪水过程的基本特征又能满足实际应用需求。其次，对洪水过程模拟的关键是在水文物理基础上建立纯随机洪水序列模型。建立随机模型，一般是先由样本的统计特征和其他信息，包括人们对现有模型的知识和经验，进行模型推断并对模型参数做出估计，然后建模分析。最后，导流建筑物是水利水电工程枢纽的重要组成部分，在施工导流系统中，导流建筑物的设计、施工过程存在的误差是导致水力参数不确定性的主要原因，与泄流建筑物水力参数密切相关[3]。

由于导流系统的复杂性，在导流风险的设计中存在水文、水力参数上的多种不确定性，国内外的学者提出了许多导流风险量化分析模型用以导流风险的计算。而导流围堰作为一种临时挡水建筑物，可以基于挡水可靠性进行施工导流风险定义。

2. 施工截流戗堤风险分析

目前大型水利水电工程都建设在大江大河之上，施工环境复杂的深水截流工程往往面临着一定的困难，其风险性也极大。大江截流具有高水深、低落差、大流量、小流速等水流特性，在戗堤进占时堤头会有大规模坍塌现象发生，它不仅影响土石体本身的安全，也影响施工进度，更危及施工人员的人身安全[17]。目前在截流戗堤坍塌的机理研究中取得了三种研究成果，利用这三种研究成果和堤头坍塌计算模型，对三峡二期围堰截流戗堤塌滑现象进行研究，从中得出堤头安全稳定的一般性规律。

3. 土石过水围堰度汛及漫顶风险分析

土石过水围堰是水利水电工程施工导流中具有挡、溢结合作用的导流建筑物，其运行工况相对复杂。土石过水围堰导流方式可以减小临时导流建筑物的规模，降低临时工程的费用，缩短临时工程的建设工期，既为主体工程的施工创造有利条件，又降低建设投资，在施工工期和经济方面具有显著的优越性和巨大的应用前景。土石过水围堰度汛风险分析主要体现在土石过水围堰的失稳方式、导流标准、下游护坡及垫层的稳定性、最不利流量等方面[18]。

如今大坝的高度不断在增高，土石围堰的高度也随之增高，特别是大型江河上的大型水利枢纽对应的土石围堰。例如，三峡二期的土石围堰高达 88.5 m，为 2 级建筑物。这一类高土石围堰的安全标准较高，针对这些高土石围堰进行漫顶风险分析，在拦蓄一部分洪水时，可将其视作大坝的漫顶风险分析，此时应考虑波浪爬高和壅高。

1.5 土石围堰施工作业风险及控制

施工安全因素分析作为风险管理的一项重要组成部分，其研究是对施工内容及危险源的深入了解。大型江河截流过程中的土石方填筑作业是水利水电工程中事故概率较高的高危作业，其施工作业存在很多不安全的因素，因此有必要对其进行施工作业安全风险分析[19]。根据修订的人为因素分析与分类系统（human factors analysis and classification system，HFACS）框架识别土石围堰高危作业过程中的安全因素，对各安全因素进行关联性、相关性等分析；采用结构模型方程与实际工程相联系，在多次修正模型的基础上，得到各施工安全因素之间的相关关系[20-21]。通过结构模型方程及认知图理论对土石围堰高危作业进行风险因素分析；采用故障树理论、贝叶斯网络及动态贝叶斯网络对土石围堰高危作业系统进行安全风险评价，为排查风险隐患、预防事故发生提供理论依据[22-23]。

鉴于水利水电工程自身的特殊性及其失事后果的严重性，选取安全因素分析及风险评价方法时应注重其针对性与合理性，注意应符合施工过程的实际情况[24]。针对土石围堰高危作业过程中机械施工安全的重要性[13]，在修订 HFACS 框架时添加机械设备隐患排查不充分及施工组织计划不恰当两项安全因素。利用一致性、相关性、贝叶斯网络等多种方法，针对水利水电工程高危作业展开多层次、多角度的风险分析与评价，为预测风险发生、风险管理控制提供研究基础，并在此基础上建立危机预警系统，同样有利于降低土石围堰重大安全事故的发生概率。

水利水电工程多建于高山峡谷地带，具有点多面广、施工对象复杂、工期长、风险高及对施工技术要求高等特点，且作为大型水利水电工程，其突发事件或事故破坏性强，受灾面积广，经济损失大，具有突发性、不确定性、衍生性、耦合性和持续时间长等特点。当应急管理系统存在应急机制不完善、应急网络不健全、应急手段比较落后等问题时，一旦发生突发事件或事故，决策者往往不能迅速、科学、高效地进行应急救援决策，进而可能导致十分严重的后果。应急救援系统也具有重大的意义和作用，当发生水利水电工程安全事故或突发事件时，科学的应急调度能快速、高效、经济地保障物资分配，对于控制事故后果至关重要。因此，一方面着手建立符合水电站事故研究应急决策系统的指标体系，确立符合本行业的应急决策模型，做好事故应急预案和应急决策系统的完善；另一方面做好应急调度系统研究，着手在应急物资调度模型和算法设计求解等方面展开研究[25]。在此基础上建立完善的应急决策支持系统和应急救援系统。

第2章 土石围堰材料的力学特性

2.1 概　　述

围堰是导流工程中的临时挡水建筑物，用来围护基坑，保证水工建筑物能在干地上施工。水利工程中经常采用的围堰，按其所使用的材料可以分为：土石围堰、草木围堰、钢板桩格型围堰、混凝土围堰等[4]。其中土石围堰能充分利用当地材料，对地基适应性强，施工工艺简单，在实际工程中运用广泛。土石围堰的材料主要考虑堰体材料和防渗体材料。其中堰体材料包括风化料、石碴料、反滤料、过渡料等；防渗体材料主要是心墙和防渗墙材料，如塑性混凝土、土工膜等。

2.1.1 堰体材料

土石围堰附近的土石料的种类及其工程性质，料场的分布、储量、开采及运输条件等是土石围堰选择堰体材料的重要依据。对于堰体材料一般有几点基本要求。①堰体填料为非黏性土料，可使用各类块石料、风化料、石碴料、砂砾石料等，并尽量利用工程中的开挖弃料，但开挖弃料中的风化料和土石混合料，粒径变化较大，其特性变化也大，需要通过现场材料试验后，视材料特性确定用于围堰的不同部位。②非黏性土料的压实程度与粒径级配及压实功能有关，与含水量关系不大，级配不好的非黏性土料不易压实。其中堆石料孔隙率不大于 30%，软弱岩块含量小于 15%。③石碴料及砂砾石料中粒径小于 0.1 mm 的细粒含量不超过 10%。堰体材料的设计指标主要是压实的相对密实度、干容重、抗剪强度、渗透系数等[26]。

1. 块石料

块石料选用石质坚硬、密度较大、不易破碎与水解的岩石作为料源。块石粒径视河道截流合龙需要而定。随着现代大机械的发展，工程采用块石粒径的范围越来越广，为施工带来了极大的便捷性。

2. 石碴料

石碴料通常采用坝址两岸基础开挖的微新岩石石碴，一般粒径为 5~400 mm，其中粒径为 200~400 mm 的块石含量大于 50%，粒径大于 5 mm 的石碴含量超过 80%，粒径小于 0.1 mm 的细粒含量不大于 10%。石碴混合料通常为坝址两岸基础开挖的风化岩与微新岩石的混合料和河床砂砾覆盖层与基岩的混合料。

3. 砂砾石料

砂砾石料通常采用坝区河床开采的天然砂砾石料，具有抗剪强度高、压实密度大、沉降变形小等特性，是良好的填筑材料。水下抛投砂砾石料应控制粒径小于 0.1 mm 的细粒含量小于 10%。其中堰体中部防渗墙部位，为有利于造孔成槽，加快防渗墙施工进度，在防渗墙轴线两侧各 10 cm 的范围内，要求砂砾石料经过筛选除去粒径大于 15 cm 的超径卵石，控制含砂量为 30%~40%，粒径小于 0.1 mm 的细粒含量小于 10%。

4. 风化料

风化料是由岩石经长期风化而形成的具有一定强度和粒径的材料，这种材料母岩石质软，抗压强度低，石块小，细粒多，但级配良好，碾压密实，孔隙率低，其工程性能满足筑坝要求。但是在实际应用时，应按石料质量分区使用，将堰体由内向外分成几个区，质量差的、粒径小的石料放在内侧，质量好的、粒径大的石料放在外侧，以扩大材料的适用范围。

5. 反滤料和过渡料

反滤料和过渡料在堰体防渗和变形协调方面起着至关重要的作用。应采用质地致密坚硬，具有高度抗水性和抗风化能力的中高强度的岩石材料。风化料一般不能用作反滤料。宜尽量利用天然砂砾料筛选，当缺乏天然砂砾料时，也可人工轧制，但应选用抗水性和抗风化能力强的母岩材料。对反滤料的要求，除透水性和母岩质量外，还应满足级配要求。根据一般经验，粒径小于 0.075 mm 的颗粒含量影响反滤料的透水性，故其含量不应超过 5%。

2.1.2 防渗体材料

土石围堰多是在流水中直接填筑的临时挡水建筑物，其安全直接关系主体工程的安全。保持其渗流稳定是维持其稳定的重要因素。因此研究围堰的堰体及堰基防渗体材料的特性是十分必要的，这是关系围堰工程成败的关键技术问题。一般地，对于围堰防渗体土料有几点基本要求：①围堰防渗体土料的渗透系数不大于 10^{-5} cm/s，对于挡水头在 20 m 以内的围堰防渗体，渗透系数不大于 10^{-4} cm/s 的土料也可以使用；②土料中水溶盐含量按重量比不大于 5%，有机物含量不大于 2%；③土料具有一定的抗剪强度，有较好的渗流稳定性，有适应堰体变形的塑性、良好的施工性、低压缩性，浸水和失水时体积变化较小，不存在影响围堰稳定的膨胀性或收缩性；④土料的天然含水量在最优含水量附近，无影响压实的超径材料；⑤用于水中抛填防渗体的土料最适宜的是轻粉质壤土、重粉质壤土、团粒结构砾质风化土等。土料黏粒含量小于 30%，湿化崩解要求 5 cm^3 的土块放在水中，10 min 完全浸透，有 2/3 以上的土块崩解。围堰防渗体土料设计指标主要是确定填筑土料的干容重、抗剪强度及抗渗性等指标。一般采用砾石土、黏土混凝土、塑性混凝土、自凝灰浆、固化灰浆、土工膜等[26-27]。

1. 砾石土

砾石土也称为含砾黏性土，是一种含有相当多粗砾土（粒径大于 5 mm）及一定数量细粒土（粒径小于 5 mm）的混合料。一些天然状态下的砾石土是透水的，但经过压实后可变成相对不透水的。试验表明，砾石土的渗流系数与粒径小于 0.075 mm 颗粒的含量密切相关，当含量小于 10%时，渗流系数大于 1×10^{-5} cm/s，不适用于作防渗料。一般要求粒径小于 0.075 mm 颗粒的含量不小于 15%。级配良好的砾石土，其抗冲蚀能力很强，用作防渗料，一旦出现裂缝，粗粒不易被冲动带走，对缝壁起稳定作用，可防止裂缝进一步扩大。同时，砾石土粒径范围广，即使被冲动，小颗粒也可堵塞大颗粒间的孔隙，使裂缝自愈。

2. 黏土混凝土

在混凝土中掺入一定量的黏土（一般为总量的 12%~20%），不仅可以节省水泥，还可以降低混凝土的弹性模量，改变其变形性能，增加其和易性，改善其易堵性。黏土混凝土的强度在 10 MPa 左右，抗渗性相对普通混凝土要差。黏土混凝土渗透系数主要取决于水泥、黏土胶凝材料用量及黏土性质[28]。

3. 塑性混凝土

塑性混凝土是以黏土和（或）膨润土取代普通混凝土中的大部分水泥所形成的一种柔性墙体材料。其抗压强度不高，一般为 0.5~2.0 MPa，弹性模量为 100~500 MPa。

塑性混凝土与黏土混凝土有着本质的区别，因为后者的水泥用量降低并不多，掺黏土的主要目的是改善和易性，并未过多改变弹性模量。塑性混凝土的强度低，特别是弹性模量值低到与周围介质（基础）相接近，这时，墙体适应变形的能力大大提高，几乎不产生拉应力，减少了墙体出现开裂现象的可能性[29]。

我国 1990 年首次在福建水口水电站的主围堰中成功运用了塑性混凝土，其后在其他水利水电工程建设中迅速普及，十三陵抽水蓄能电站、小浪底水利枢纽工程、长江三峡水利枢纽工程等围堰防渗墙的墙体材料均采用了塑性混凝土。

4. 自凝灰浆

自凝灰浆是在固壁浆液（以膨润土为主）中加入水泥和缓和剂所制成的一种灰浆，凝固前作为造孔用的固壁泥浆，槽孔造成后则自行凝固成墙。自凝灰浆每立方固化体需水泥 200~300 kg，膨润土 30~60 kg，水 850 kg，采用糖蜜或木质素磺酸盐类材料作为缓凝剂，其强度在 0.2~0.4 MPa，变形模量 40~300 MPa，与土层和砂砾石层比较接近，可以很好地适应墙后介质的变形，墙身不易开裂[30]。自凝灰浆减少了墙身的浇筑工序，简化了施工程序，使建造速度加快、成本降低。其在水头不大的堤坝基础及围堰工程中使用较多。

5. 固化灰浆

在槽段造孔完成后，向固壁泥浆中加入水泥等固化材料，砂子、粉煤灰等掺合料，水玻璃等外加剂，经机械搅拌或压缩空气搅拌后，凝固成墙体。其强度在 0.5 MPa 左右，弹性模量 100 MPa，一般能够满足中低水头对抗渗的要求[31]。

以固化灰浆作墙体材料，可省去导管法混凝土浇筑工序，提高造接头孔功效，减少泥浆废弃，使劳动强度减轻，施工进度加快。在四川铜街子、汉江王甫洲等水利水电工程中，应用了此种方法。

6. 土工膜

土工膜为高分子聚合物或由沥青制成的一种相对不透水薄膜。聚合物薄膜所用的聚合物有合成橡胶和塑料两类。合成橡胶薄膜可用尼龙丝布加筋，其抗老化及各种力学性能都较好，但价格比塑料薄膜高。水利水电工程采用的塑料薄膜主要是聚氯乙烯和聚乙烯制品。此外，还有各种复合型土工膜，如将土工膜与土工织物复合成一体，土工织物能起缓冲受力作用，可弥补土工膜强度的不足，又能改善接触面的抗磨性能。

2.1.3 新型材料

1. 柔性材料

随着我国水利水电事业的蓬勃发展，包括围堰在内的各种水工建筑物的防渗体系面临着越来越多的更加艰难的工程环境，对于防渗材料的研究也不断地深入。如以往的防渗墙采用的都是刚性混凝土材料（弹性模量在 10 000 MPa 以上）。刚性混凝土弹性模量高，在荷载作用下，极限变形能力小，墙和坝基的变形差异大，致使防渗墙与围堰的应力不一致，墙内产生应力集中现象，导致墙内产生裂缝，甚至有墙体被压碎的可能，使防渗墙遭到损坏。在这样的背景下，国内开始使用低弹性模量混凝土，弹性模量在 3 000 MPa 以下。例如，塑性混凝土防渗墙，它可以解决刚性混凝土的缺陷[32]。

低弹性模量混凝土防渗墙比普通混凝土防渗墙具有较低的弹性模量，更能适应不均匀受力及相应的变形，使墙体的应力状态得到较大的改善，还具有较高的强度和抗渗能力、较强的抗溶蚀性和耐久性，同时又节省投资，得到了广泛的应用。在三峡工程二期围堰、小浪底工程围堰、锦屏二级水电站上下游围堰均采用了塑性混凝土防渗墙，取得了良好的效果。其中在三峡工程中，根据现场实际情况，利用风化砂配置了一种新型的柔性混凝土材料。它主要由风化砂、膨润土和一定量的水泥，再加少量的添加剂拌和而成，是一种性能优良兼环保性、经济性的防渗墙体材料，不论在临时工程中还是永久工程中都具有良好的推广应用价值。

2. 复合土工膜

复合土工膜作为一种新型的防渗材料被广泛地应用，它是将土工膜和土工织物复合在一起的一种不透水的材料，积聚了土工膜和土工织物的优点。复合土工膜是用聚乙烯或聚氯乙烯的增强改性，压延成膜与涤纶针刺土工布热合而成，具有质轻、抗拉、抗顶破、延展性能好、变形模量大、抗老化、防渗性能好、造价低等特点，是一种理想的防渗材料。

另外，复合土工膜作为一种防渗材料，其渗透系数很小，在水压力的作用下抗渗能力强。我国对于复合土工膜的研究起步较晚，但发展十分迅速。在汉江王甫洲工程、黄河西霞院工程、三峡二期工程等均有利用，在这些工程的基础上，复合土工膜特性的研究及实际防渗情况都取得了良好的效果，丰富了工程的防渗体系。

随着水利水电工程防渗体系的不断发展，新的防渗材料和防渗工艺将不断地涌现，这都会极大地促进水工建筑物的建设，丰富施工手段，增强工程的安全性和适用性。

2.2 土石围堰的堰体材料的力学特性

土石围堰具有就地、就近取材,减少外线运输量的优点。其主要的堰体材料一般包括风化料、堆石料、石碴料、反滤料、过渡料等。常用的土石围堰堰体填筑的主体材料往往是各种材料的混合料,如坝址两岸基础或是料场开采的石碴与风化料的混合料等,而对于常用的反滤料及过渡料通常是采用级配良好的砂、卵石或砾石,以满足结构的渗透稳定及变形协调需求。

2.2.1 风化料

风化料是由岩石经长期风化而形成的具有一定强度和粒径的材料,按其颗粒组成可分为风化砾石、风化砂和风化土三类。风化料筑坝容易压实,可充分利用开挖弃碴或当地材料,有时可取得节省劳动力、降低造价的效果。风化料属于抗压强度小于 30 MPa 的软岩类,往往存在湿陷问题。因此,用作坝壳料,其填筑含水量必须大于湿陷含水量,压实到最大密度,以改善其工程特性[33]。

根据国内外一些工程的经验来看,有的细料(粒径小于 5 mm)含量达 10%~30%的尚能够自由排水,施工期无孔隙水压力。风化料中细粒含量较多,而且粒间接触点也较多,压实后,其压缩性并不很大。

在对三峡二期土石围堰材料研究之前,国内对于风化砂研究不多,对其特性知之甚少。而在高土石围堰中,为了适应水头作用下产生的较大变形,会采用塑性混凝土或者能适应更大变形的柔性材料,其中风化砂用于填筑防渗墙的组成材料。例如,在三峡二期围堰中采用了此种材料,在 2.3.3 小节中有详细描述。风化料还是承担静定结构的堰体组成材料。为了解风化砂的特性,国内众多专家对风化砂的物理性质和力学性质进行了一系列的试验,其结果也成为后续围堰工程的重要参考。

1. 风化砂的物理性质和压实性质

风化砂是三斗坪坝址两岸的前震旦纪闪云斜长花岗岩风化壳中的全、强风化层,主要矿物成分为正长石、石英、更长石、云母等,其中正长石占 48%,石英占 25%,更长石占 15%,云母总含量约 10%,属一般花岗岩风化料。其化学成分见表 2-1。风化砂的天然状态结构紧密,干密度为 1.65~2.00 t/m³,平均为 1.82 t/m³。天然含水量为 5%~11%,平均为 8.6%。相对密度为 2.71~2.77,平均为 2.76。

表 2-1 风化砂的化学成分

成分	SiO_2	Al_2O_3	Fe_2O_3	CaO	MgO	Na_2O	K_2O
含量/%	62.52~69.78	15.40~15.80	3.54~4.71	4.88~12.94	3.16~11.60	3.83	1.20

风化砂的颗粒是不稳定的,有些颗粒稍一加力就可粉碎变细,故采用不同的级配分析方法将得出不同的结果。总的来说,风化砂的最大粒径为 20~40 mm,一般为 10~20 mm,小于 0.1 mm 的细粒含量在 3%左右。

在研究风化砂的压实性质时,使用了多种方法,除室内大型击实外,还有振动压实法和其他压实方法。试验表明，风化砂的击实能量及压实方法对压实密度影响很大。P_5 代表粗粒（粒径大于 5 mm）含量。图 2-1 和图 2-2 反映风化砂压实性质的典型试验结果。图中：ρ_d 为风化砂压实密度；N 为击数；n 为孔隙率；d_x 为试验中保留的最大粒径。风化砂的压实特性呈现以下规律性。

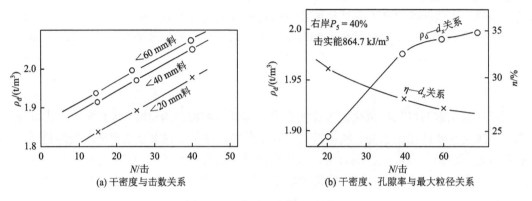

(a) 干密度与击数关系   (b) 干密度、孔隙率与最大粒径关系

图 2-1　风化砂压实性质试验 1

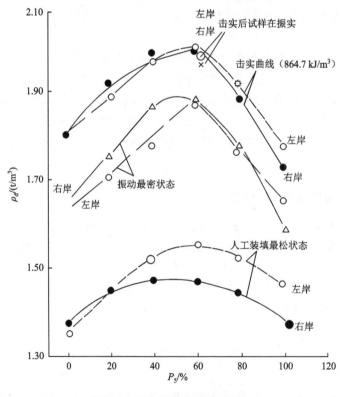

图 2-2　风化砂压实性质试验 2

（1）击实试验的最大密度大于振动压实法的最大密度，主要原因是击实法颗粒被破碎，改变原级配，振动压实法基本上未改变颗粒级配。若将击实后的试样弄散重新振实，那么所得到的最大干密度分别为右岸 1.97 t/m³，左岸 1.99 t/m³，很接近击实试验的相应结果。

（2）在研究风化砂的压实性时发现，当压实功能由 520 kg/m³ 增大至 1 380 kg/m³ 时，干密度几乎呈直线增大。因此，风化砂干填时，宜采用较重的机具，以获得较高密度的堰体。

（3）击实干密度随试料的最大粒径增长有所提高，孔隙率则相应地减少，实际上反映了级配对击实干密度的影响。

（4）经配制 P_5 为 0%、20%、60%、40%、80%和100%的代表性级配试样进行比较试验，发现风化砂的 P_5 对最大干密度的影响尤为明显，且 P_5 为 60%时为最佳。因此，对于料场 P_5 为 30%～60%的风化砂经较大能量的碾压后，可以得到较大干密度。另外，击实试验结果表明，风化砂的最优含水量约为 10%，和天然含水量比较接近。

2. 风化砂的抗剪强度特性

风化砂的抗剪强度基本符合莫尔-库仑定律的线性关系，在高侧压力（0.5～0.8 MPa）作用下，强度包线略呈下弯，强度指标：有效内摩擦角（φ'）为 31.5°～37.70°，平均为 34.50°；有效黏聚力（c'）为 12.5～55 kPa。风化砂的强度指标与试样密度、级配、P_5、应力状态、风化程度、不同应力历史、饱和状态等因素有关。影响强度的因素如下。

（1）强度指标随试样的起始干密度增加而略有增大。

（2）深层的风化砂强度比表层风化砂略高，各料场之间风化砂的强度指标也有差别（±2%～±3%）。对此曾进行过比较性试验，在取料位置、相对密度相同时，分别取 P_5 为 20%、40%、60%、70%、80%，试验表明，风化砂在 $P_5 = 60$% 左右时，强度指标最优。

（3）针对工程中的风化砂将受到重复荷载作用的现实，研究了应力历史对强度的影响，即在固结后，轴向荷载按峰值强度 50%作 4～6 次循环加卸荷，最后按常规三轴试验剪切，发现重复荷载使强度有所提高（约 2%）。

（4）风化砂饱和与非饱和的强度指标基本接近，一般非饱和样的强度略大于饱和样。

（5）平面应变试验与二轴试验成果间的比较表明，应力状态对风化砂的强度指标也是有影响的，平面应变状态内摩擦角要大些，差别在 4.5°～7.6°。因此，按轴对称三轴试验确定设计参数是偏于安全的。

3. 风化砂的变形特性

风化砂的应力-应变关系基本上为应变硬化型材料，应力-应变关系曲线的形状与试样起始干密度有关。当干密度小于 1.75 t/m^3 时，即使应变达 15%以后，仍然没有明显的峰值；当干密度较高时，级配较为均匀的风化砂在应变超过 10%以后，有峰值出现，但应变软化现象不明显。经多种试验得出风化砂的变形特性有以下规律性。

（1）风化砂的模量（包括压缩模量、初始切线模量及弹性模量）随风化砂的干密度提高而提高。

（2）初始切线模量（E_i）与围压（σ_3）之间，压缩模量（E_s）与压应力（p）之间，在双对数坐标系中可视为直线关系，且模量随应力提高而提高。

（3）饱和过程对弹性模量有影响，经先非饱和状态、后饱和状态的弹性模量试验表明，饱和状态的弹性模量将降低 10%～20%。

（4）风化砂压缩试验结果表明，风化砂在上部填土荷载作用下将进一步变密实，如起始干密度 1.4 t/m^3（孔隙比 $e = 0.97$）的风化砂，当压应力达 1.0 MPa 时，孔隙比可减少到 0.52（干密度 $\rho_d = 1.82$ t/m^3）；当压应力达 4 MPa 时，孔隙比减少到 0.38（$\rho_d = 2.0$ t/m^3）。

2.2.2 砂砾石料

砂砾石料通常采用坝区河床开采的天然砂砾石料，与堆石料相比具有压实性能好、强度高、软化系数高及开采方便等优点，特别是砂砾石料由于自身强度较高、浑圆度较好，在高应力状态下颗粒破碎率较低，后期附加变形小，广泛地运用于各种围堰及土石坝的填筑。

砂砾石料抗剪强度与粒径小于 0.1 mm 的细粒含量有关，砂砾石料内摩擦角（φ）与粒径小于 0.1 mm 的细粒含量（$P_{0.1}$）的关系如图 2-3 所示。水下抛投砂砾石料应控制粒径小于 0.1 mm 的细粒含量小于 10%。

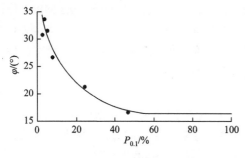

图 2-3　砂砾石料 φ 与 $P_{0.1}$ 的关系　　　　图 2-4　粗粒料含量与最大干密度关系

影响砂砾石料碾压特性的最主要因素是土料的自身性质和颗粒级配等内在因素，粗粒料 P_5（粒径大于 5 mm）含量即是反映土体性质和颗粒组成的重要指标。图 2-4 是根据不同的粗粒料含量进行击实试验所得的粗粒料含量与最大干密度的关系曲线图，图中显示，在砂砾石料的压实过程中存在最佳粗粒料含量，即干密度先是随粗粒料含量增加而增加，当粗粒料含量增至某一值时，干密度达到最大值，此后，干密度反而随粗粒料含量的增大而减小。其主要原因是细粒料的比表面积和孔隙率较大且干密度较小，而干密度随粗粒料含量增加而增加；且随着粗粒料含量增加，粗粒颗粒逐渐形成骨架，细粒料充填其中，干密度不断增大；当粗粒料含量达到最佳粗粒料含量时，粗粒颗粒形成完整骨架，细粒料又能填满骨架孔隙，干密度取得最大值；当粗粒料含量大于最佳粗粒料含量时，细粒料不能填满骨架孔隙，填料呈架空状态，干密度反而减小[34]。

在向家坝二期围堰堰体填料技术要求中，砂砾石料要求连续级配，最大粒径不超过 150 mm，含泥量（小于 0.075 mm）不大于 8%。对于主河床平抛垫层，采用了天然砂砾石料粒径在 150 mm 以下的毛料，含砂率为 30%～40%，含泥量小于 3%。

2.2.3 堆石料

堆石料具有压实性能好、填筑密度大、沉陷变形小、承载力高等优良工程特性，在工程中运用广泛。堆石按施工方式可分为抛填、分层碾压、手工干砌石、机械干砌石等；按其材料来源可分为采石场玄武岩、变质安山岩、砂岩、砾岩、采石场花岗岩、片麻岩、石灰岩、冲积的漂卵石等。

工程中常用的堆石体有两种：一种是天然堆石体，包括卵石、砾石等；另一种是爆破堆石体。它们的粒度组成各不相同，堆石体的粒度成分反映着颗粒大小及其组合特征，所以是堆石体结构的重要指标之一。由原岩爆破得到的堆石体，是由不同粒径的颗粒以不同的比率组成。工程中也常把堆石体分为粗粒料和细粒料，一般认为粒径大于 5 mm 的颗粒为粗粒料，粒径小于 5 mm 的颗粒为细粒料。堆石体的颗粒级配具有两个明显特点：一是在受力条件下，因颗粒破碎，其级配是变化的；二是试验级配往往不是原型级配。堆石体的级配特征对其渗透特性有很大影响，不均匀系数（C_u）是堆石体中粗细颗粒含量的一个重要衡量指标。

堆石料渗透系数的大小与细颗粒的含量息息相关，二者存在负指数关系。而且堆石料中的泥岩含量也是影响其渗透系数的重要因素。泥岩遇水易软化、膨胀、破碎、泥化，使得堆石料中细颗粒含量增加，从而使其渗透系数减小[35]。

溪洛渡工程上游围堰堰顶高程为 436.0 m，堰顶宽度为 12.0 m，堰顶总长度 300.12 m，围堰最大高度 78.0 m，堰体堆石料（防渗墙施工平台以上部位）主要采用坝肩和基坑开挖的弃碴。上游围堰截流戗堤等水下抛填和防渗墙完成前进行的 D 区填筑，从左岸上游的料场回采后上游围堰填筑，防渗墙施工完成后进行的 E 区填筑石碴料采用基坑开挖碴料直接上游围堰，不足部分采用备料。上游围堰填筑分区如图 2-5 所示，堰体堆石料使用规划见表 2-2。

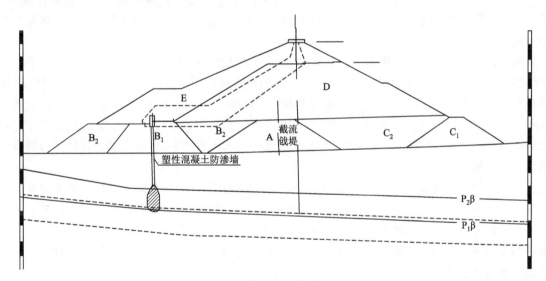

图 2-5 溪洛渡工程上游围堰填筑分区图

表 2-2 溪洛渡工程上游围堰堆石料使用规划

堰体填筑分区		工程量/万 m³	填筑时段	料源	
				名称	可利用量/万 m³
上游围堰	A、B 区	41.24	2007 年 11 月	豆沙溪沟口备料场	100.00
	C 区	18	2007 年 12 月		
	D 区	100.6	2008 年 1 月～3 月	豆沙溪沟口备料场，另加基坑开挖弃碴	187.72
	E 区	45.62	2008 年 4 月～6 月 20 日		
下游围堰	374.2 m 高程以下	18.40	2007 年 11 月～12 月	豆沙溪沟口备料场	50.00
	374.2 m 高程以上	39.9	2008 年 4 月～6 月 20 日	基坑开挖弃碴	35.61

在溪洛渡工程上游围堰的填料中，堆石料要求岩块的湿抗压强度大于 40 MPa，干容重不小于 2.05×10^4 N/m³，最大粒径为 800 mm，小于 5 mm 的颗粒含量不超过 20%，小于 0.075 mm 的颗粒含量不超过 5%，并具有低压缩性、高抗剪强度。堆石料的填筑标准按孔隙率控制为 20%～25%。在防渗墙区域填料粒径不大于 300 mm。

另外，在向家坝二期围堰堰体填料中，要求堆石料岩块的饱和抗压强度大于 30 MPa，不易破碎或水解，最大粒径为 800 mm，小于 5 mm 的颗粒含量不超过 20%，小于 0.075 mm 的颗粒含量不超过 5%，并具有低压缩性、高抗剪强度的特性。

2.2.4　石碴料

在土石围堰工程中经常使用经爆破开挖后的石碴料作为堰体的填筑材料。其特性与岩石的风化程度、料场和爆破工艺等相关。石碴料通常采用坝址两岸基础开挖的微新岩石石碴，一般粒径为 5～400 mm，其中粒径为 200～400 mm 的块石含量大于 50%，粒径大于 5 mm 的石碴含量超过 80%，粒径小于 0.1 mm 的细粒含量不大于 10%。抗剪强度试验表明，石碴中少量大粒径块石在小粒径块石之中，或大量大粒径块石构成骨架，小粒径块石只填充在骨架孔隙中，其内摩擦角均小于粒径大小相近或级配连续的石碴料。为此要求石碴料级配较均匀、连续，并控制超大粒径的块石。

例如，在三峡二期工程围堰中，石碴料主要为花岗岩弱风化层爆破开挖料，主要用于截流戗堤进占和迎水面稳定压坡部位。现场对石碴料的特性进行了大量的试验，采用中型三轴仪（试验试样尺寸 $\Phi = 300$ mm）、中型平面应变仪（200 mm×400 mm×400 mm）和大型三轴仪（$\Phi = 500$ mm）对三峡围堰石碴料共进行 6 组固结排水剪切试验，其中 4 组试验典型成果如图 2-6、图 2-7 所示，相应的 E-B 模型和 E-μ 模型参数列于表 2-3。可以看出，石碴料的变形和强度具有下述特性。

（1）石碴料的强度曲线基本符合莫尔-库仑定律，强度指标与石料的级配、风化程度、起始干密度及应力状态有关。三轴试验成果可以看出，试样级配越好，风化程度越弱，起始干密度越高，其有效内摩擦角越大，但有效黏聚力变幅却越小，介于 91.2～111 kPa。关于粗粒料的有效黏聚力的力学意义，很多文章曾述及，即颗粒间的咬合作用。对于石碴料，其有效黏聚力较高，数值分析中不宜忽略。

（2）石碴料的应力-应变关系与其级配和起始干密度等有关。级配良好、起始干密度越高的石碴料具有应变软化特性，有一定的剪胀性，相反，起始干密度小于 1.91 t/m³ 的石碴料具有应变硬化特性。然而峰值前的应力-应变关系均基本符合双曲线模式，且试验成果与 E-B 模型拟合曲线吻合较好。

（3）在三轴条件下，干密度为 1.91～1.97 t/m³ 的石碴料，弹性模量系数 $K = 535$～719，弹性模量指数 $n = 0.34$～0.35，体积模量系数 $K_b = 116$～123，体积模量指数 $m = 0.26$～0.89。根据 2.1.1 小节所述的石碴料的基本性质，石碴料的模型参数将水下的抛填密度 $\rho_d = 1.95$ t/m³ 作为取值依据是可行的。

根据试验研究成果及堰体稳定分析成果，并与三峡坝区料源情况及大规模开挖爆破施工条件相结合，提出石碴料控制指标：石碴料要求石质坚硬，不易破碎和水解，主要采用弱风化及弱风化以下的岩石开挖料。石碴料的颗粒级配的一般粒径为 5～600 mm。其中粒径为 200～600 mm 块石含量大于 50%，粒径小于 200 mm 的颗粒含量为 10%～20%，粒径大于 5 mm 的石

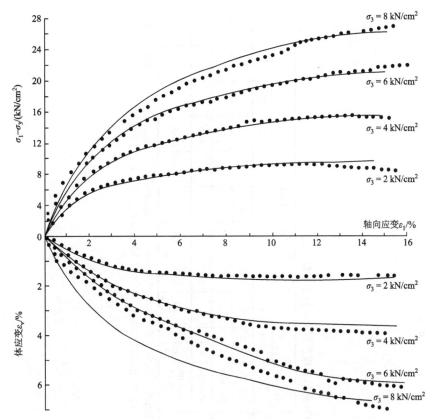

图 2-6　石碴料（$\rho_d = 1.77$ t/m³）三轴试验与 E-B 模型拟合曲线

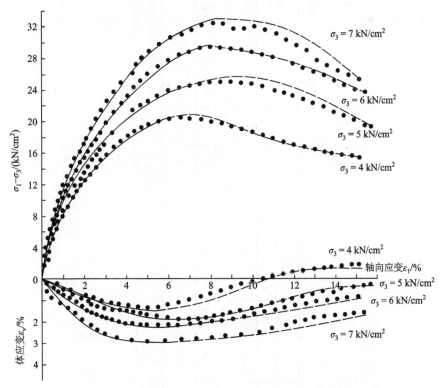

图 2-7　石碴料（$\rho_d = 1.97$ t/m³）三轴试验与 E-B 模型拟合曲线

表 2-3 堆石料（石碴料）物理、力学及 E-B 模型和 E-μ 模型参数

序号	文件名	试样名	颗粒尺寸/mm				C_u	C_c	$P_5/\%$	$\rho_d/(t/m^3)$	应力 σ_3 范围/MPa	试样尺寸/mm	E-B 模型和 E-μ 模型参数									
			D_{60}	D_{50}	D_{30}	D_{10}							c'/kPa	$\varphi'/(°)$	R_f	K	n	K_b	m	D	G	F
1	SX26	试样1	36	29	17	8	4.5	1.003	100	1.77	0.2~0.8	$\Phi=300$	91.2	37.2	0.82	412	0.34	235	−0.28	2.7	0.41	0.30
2	SX27	试样2	37	28.6	15.5	7.25	5.1	0.896	95.7	1.91	0.2~0.6	$\Phi=500$	111	34.3	0.89	535	0.35	123	0.26			
3	SX28	试样3	17	11.8	5	1.3	13.1	1.131	70	1.97	0.4~0.7	$\Phi=300$	103.3	42	0.71	719	0.34	116	0.89			
4	SX29	试样4	17	11.8	5	1.3	13.1	1.131	70	1.97	0.4~0.7	$200\times100\times100$	288.3	43.4	0.61	760	0.10	400	0.01			

注：D_{60} 表示砂砾石地层颗粒级配曲线上累计含量为 60%的粒径，mm；D_{50} 表示砂砾石地层颗粒级配曲线上累计含量为 50%的粒径，mm；D_{30} 表示砂砾石地层颗粒级配曲线上累计含量为 30% 的粒径，mm；D_{10} 表示砂砾石地层颗粒级配曲线上累计含量为 10%的粒径，mm；C_u 表示不均匀系数；C_c 表示曲率比，一般取值小于 1.0；R_f 表示破坏率系数；D、G、F 均为试验参数。

碴含量超过 90%，粒径小于 0.1 mm 的细粒含量不大于 5%。石碴料干密度标准为水下抛填料控制干容重 $\gamma_d = 2.0 \times 10^4 \sim 2.1 \times 10^4$ N/m³，石碴料抛填边坡按 1 : 1.5 控制。

2.2.5 其他堰体材料

1. 混合料

土石围堰填料中的混合料一般都是坝址两岸基础或者料场开挖的各种石碴、风化料、砂砾石等粗粒土的混合料。其性质与组成土体岩石的种类和颗粒级配等息息相关。

在三峡二期工程土石围堰中，堰体填筑有风化砂和石碴混合而成的石碴混合料。石碴混合料通常为坝址两岸基础开挖风化岩与微新岩石的混合料或河床砂砾覆盖层与基岩的混合料。石碴混合料的粒径范围一般为 0.1～400 mm，粒径大于 5 mm 的石碴含量为 50%～70%，粒径小于 0.1 mm 的细粒不大于 20%。三峡二期工程围堰水下部位抛填的花岗岩石碴与风化砂的混合料，控制含量大于 50%，粒径小于 0.1 mm 的细粒含量小于 10%[26]。

2. 反滤料

反滤料一般采用砂石、卵石或砾石，要求级配性能较好。粒径小于 0.075 mm 的颗粒不宜大于 5%。渗透系数应大于被保护土渗透系数的 50 倍。对于砂砾石与块石之间的过渡层，常用土工织物作反滤层，也能起到反滤作用。在土质心墙或土质斜墙与堰壳之间均需设置反滤层。反滤层设计应满足渗透稳定要求。反滤层的作用使滤土排水，防止土工建筑物在渗流逸出处遭受管涌、流土等渗流变形的破坏，以及不同土层界面处的接触冲刷，对下游侧具有承压水的土层，还可起压重作用。在土质防渗体与堰壳之间，堰壳与地基的透水部位均应尽量满足反滤原则[3]。

例如，在溪洛渡上游围堰工程中，在斜心墙上下游面均设置了一道反滤层。反滤料采用人工砂石料调配，要求具有连续的级配，并且要求含泥量小于 3%，小于 0.075 mm 的颗粒含量不超过 5%；干容重大于 2.04×10^4 N/m³，具有一定的抗剪强度；最大粒径不超过 40 mm，应满足心墙防渗土料反滤要求；反滤料的填筑标准按相对密度控制为 0.7。斜心墙下游面的反滤料的基本特性指标见表 2-4。

表 2-4　斜心墙下游面的反滤料的基本特性指标

级配组成/%					特征粒径/mm						C_u	C_c
5～2 mm	2～0.5 mm	0.5～0.25 mm	0.25～0.1 mm	<0.1 mm	D_{10}	D_{15}	d_{30}	d_{50}	d_{60}	d_{85}		
27.0	44.0	17.0	11.0	1.0	0.22	0.29	0.53	0.96	1.32	3.0	6.0	1.0

注：D_{15} 表示砂砾石地层颗粒级配曲线上累计含量为 15% 的粒径，mm；d_{30} 表示灌浆材料颗粒级配曲线上累计含量为 30% 的粒径，mm；d_{50} 表示灌浆材料颗粒级配曲线上累计含量为 50% 的粒径，mm；d_{60} 表示灌浆材料颗粒级配曲线上累计含量为 60% 的粒径，mm；d_{85} 表示灌浆材料颗粒级配曲线上累计含量为 85% 的粒径，mm

3. 过渡料

过渡料对于堰体的变形协调起到十分重要的作用。一般通过料场爆破开采，利用洞挖料或当地石材加工而得到。过渡层可避免刚度相差较大的两侧土料之间产生急剧变化的变形和应力，一般在堰体堆石与垫层之间，心墙或斜墙与堰壳之间要设置过渡层。

在溪洛渡上游围堰工程中，在斜心墙上下游面均设置了一层过渡层，上游过渡层厚度为 2.33 m，下游过渡层厚度为 2.0 m，如图 2-8 所示。

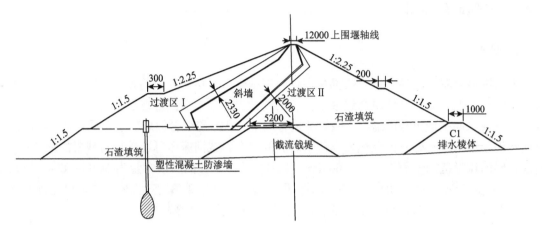

图 2-8　溪洛渡上游围堰基本剖面

过渡料 I 区的填筑标准按孔隙率控制为 15%～20%，要求采用连续级配，最大粒径不超过 20 mm。

过渡料 II 区同样要求采用连续级配，最大粒径不超过 180 mm，粒径 150～180 mm 颗粒占 5%，粒径 80～150 mm 颗粒占 40%，粒径 40～80 mm 颗粒占 30%，粒径 20～40 mm 颗粒占 10%，粒径 5～20 mm 颗粒占 10%，粒径小于 5 mm 的颗粒占 5%；压实后具有低压缩性和高抗剪强度并具有自由排水性。过渡料的填筑标准按孔隙率控制为 18%～22%。

2.3　土石围堰防渗体材料的力学特性

围堰是在河道中首先修建的挡水建筑物，其挡水后，河水仍有部分将通过堰体及基础向下游渗透。若围堰基础及堰体防渗处理失当，在高水头作用下，堰体及基础渗水流速增大，可能将堰体填料及基础的砂砾覆盖层中的细粒充填物带走，引起堰体及基础渗透变形加大；同时围堰在自重及荷载作用下产生较大的沉陷及不均匀变形，致使基础渗透破坏而危及围堰安全运行。土石围堰的防渗设计主要在于选择填筑土料及防渗的结构形式等。在土石围堰中，常用的防渗体材料一般包括土质防渗体材料、刚性防渗体材料和柔性防渗体材料。随着坝体越来越高，土石围堰的高度及安全级别也越来越高。近些年土石围堰的研究发展趋势表明，以塑性混凝土为主的柔性防渗体应用得越来越广泛，特别是对三峡二期土石围堰的防渗材料的研究为其他工程的防渗材料的选用提供了参考。

2.3.1　土质防渗体材料

土质防渗体土石围堰按其防渗体的位置分为土质斜墙土石围堰和土质心墙土石围堰；土质斜墙土石围堰的防渗体设置在堰体上游面；土质心墙土石围堰的防渗体设置在堰体中部，即围堰轴线处。土石围堰的堰体可利用坝址建筑物基础开挖的弃料，适用于坝址附近具有防渗土料场的水利水电工程。土质防渗体土石围堰具有就地取材、修建和拆除都比较简便的优点，其缺点是围堰断面较大，不能抵御过大的流速冲刷，通常用于横向围堰。对于宽阔河道，采取防冲保护措施，也可用作纵向围堰。

土质防渗体的土料按颗粒组成分为黏土、砂质黏土、粉质黏土、砂壤土、砾质土等；按土的成因划分为坡积土、残积土、冰积土、沉积砂砾土及风化岩等。砂壤土强度高，透水性大。砾质土的粗颗粒及黏粒含量较大，呈团粒和块状结构，有利于堰体稳定。土石围堰防渗土料的一般要求见表 2-5。土石围堰防渗体常用防渗土料的物理力学指标见表 2-6[26]。

表 2-5 土石围堰防渗土料的一般要求

项目	干填土料	水中抛填土料
黏粒含量/%	15~50	10~35
塑性指数	10~25	9~22
渗透系数/(cm/s)	$<1\times10^{-4}$	1×10^{-6}~1×10^{-4}
天然含水量	接近最优含水量或塑限	≥6%，且<$1.2\omega_p$（塑性极限）
崩解性能	—	30 min 崩解 50%~70%，24 h 完全崩解
宜用土料	—	砂质黏土或砂壤土

表 2-6 土石围堰防渗体常用防渗土料的物理力学指标

土料名称	渗透系数/(cm/s)	抗剪强度		干容重/(N/m³)	备注
		内摩擦角/(°)	黏聚力/kPa		
黏土	10^{-8}~10^{-6}	10~15	25~100	1.45×10⁴~1.70×10⁴	—
黏壤土	10^{-7}~10^{-5}	15~20	20~50		—
粉质黏壤土	10^{-6}~10^{-4}	18~22	10~50		—
砂壤土	10^{-5}~10^{-3}	20~25	0~10		—
砾质土	10^{-7}~10^{-4}	15~30	25~100	1.8×10⁴~2.0×10⁴	粒径小于 5 mm 的细粒含量 40%~70%

1. 黏土

黏土是由各种含有铝硅酸盐矿物的岩石经过长期的风化、热液蚀变或沉积、变质作用等生成的，它主要是由细小结晶质的黏土矿物所组成的土状材料。根据塑性指数的不同，对黏土的定义如下：塑性指数大于 10 的为黏性土，其中塑性指数为 10~17 的为粉质黏土，塑性指数大于 17 的为黏土。黏土的干密度一般为 1.4~1.7 g/cm³，含水量一般为 25%~45%，孔隙度一般为 45%~50%，孔隙比一般为 0.75~1.00，黏土的抗剪强度由摩擦阻力和黏聚力两部分构成。黏土的含水量对其抗剪强度影响很大（表 2-7）。当土被水饱和时，土颗粒吸附有较厚的水膜，土颗粒间分子引力降低，土的抗剪强度降低；当含水量减少时，土颗粒间分子引力增加，土的抗剪强度提高。黏土具有良好的抗渗性、压实性和塑性，作为心墙防渗料被广泛应用于围堰和土石坝工程中[36]。

表 2-7　黏土内摩擦角和黏聚力与液性指数的关系

液性指数	内摩擦角/(°)	黏聚力/(MPa)
<0	22	0.10
0～0.25	20	0.06
0.25～0.50	18	0.04
0.50～0.75	14	0.02
0.75～1.00	8	0.01

2. 砾质土

砾质土既能作防渗材料，又能作堰体填料，具有压实性好、抗剪强度高等优点。但作为防渗料，若分离成层，影响防渗效果及渗透稳定。砾质土作为防渗材料时，其干密度、抗剪强度及渗透系数有如下规律。

（1）干密度。当砾石含量小于 30%时，干密度随砾石含量增大而增大；当砾石含量达 60%～70%时，干密度达到最大值；当砾石含量大于 70%时，压实干密度反而降低。

（2）抗剪强度。当砾石含量小于 30%时，抗剪强度基本由细粒土所决定；当砾石含量大于 50%时，抗剪强度显著增大。

（3）渗透系数及管涌坡降。一般只要砾石含量不超过 60%，其渗透系数基本与细粒土相同。当砾石含量超过此范围，渗透系数会增大很多，管涌坡降显著减小。因此，作为防渗体土料时，砾石含量不宜超过 60%，设计渗透坡降也较细粒土小，一般可取 2%～3%。砾质土的强度、压缩性、渗透系数和抗渗流破坏的能力与砾土含量和压实干容重有关。砾石含量大于 50%时，强度急剧增大，压缩性减小，而渗透系数明显增大，抗渗流破坏能力减弱，不能用作防渗体土料，只适于用作堰壳填料。同样，砾石含量小于 50%的砾质土，压实干密度大时，强度大，压缩性小，渗透系数小。所以，对砾质土最好采用重型碾压机碾压后得到较高的压实干容重。

3. 碎石土

碎石土是指粒径大于 20 mm 的颗粒质量超过总质量 50%的同时含有碎石和细颗粒的岩土材料，其级配一般超宽超限，其分类见表 2-8。

表 2-8　碎石土分类

土的名称	颗粒形状	颗粒级配
漂石	以圆形及亚圆形为主	粒径大于 200 mm 的颗粒质量超过总质量的 50%
块石	以棱角形为主	
卵石	以圆形及亚圆形为主	粒径大于 20 mm 的颗粒质量超过总质量的 50%
碎石	以棱角形为主	
圆砾	以圆形及亚圆形为主	粒径大于 2 mm 的颗粒质量超过总质量的 50%
角砾	以棱角形为主	

碎石土的基本性质如下。

（1）碎石土的渗透系数随土中碎块砾石粒组含量的增加而呈自然指数增大，随土中小于粒径 2 mm 或小于 0.1 mm 的细粒土含量的增加而呈自然指数降低。

（2）碎石土的密度随含石量的增加呈现先增加后减小的趋势，其峰值出现在含碎石质量分数为 70%左右。

（3）碎石土的抗剪强度随含水量的增加而降低。当碎石含量小于临界含石量时，黏聚力随含水量的增加而增加，内摩擦角基本保持不变；当碎石含量大于临界含石量时，黏聚力随含水量的增加而减少，内摩擦角出现显著增加的趋势；当碎石含量超过 70%时，黏聚力开始逐渐减小[37]。

例如，溪洛渡工程围堰采用的是碎石土斜心墙，碎石土斜心墙墙顶高程 435.50 m，顶宽 12.0 m，堰顶高程 421.0 m，上、下游坡均为 1∶2.25，高程 383.0 m 以下坡比为 1∶1.5，如图 2-8 所示；在斜心墙的上下游均设置一道反滤层和过渡层，上游反滤层和过渡层厚度分别为 1.0 m、2.33 m，下游反滤层和过渡层厚度分别为 1.0 m、2.0 m，在斜心墙底与石碴堆筑体之间设 1.0 m 厚的反滤层；要求碎石土料中粒径大于 5 mm 的颗粒含量不宜超过 50%，最大粒径不大于 100 mm。0.075 mm 以下的颗粒含量不小于 15%；渗透系数不大于 1×10^{-5} cm/s；碎石土料的填筑标准按压实度控制为 0.98～1.00。

2.3.2　刚性防渗体材料

刚性防渗体材料包括普通混凝土、粉煤灰混凝土和黏土混凝土等，其抗压强度大于 5 MPa，弹性模量大于 10 000 MPa。采用刚性防渗体材料的围堰一般可就地取材，充分利用坝区建筑物基础开挖的弃料填筑堰体；堰体抛填至水面后，采用抽槽灌筑法施工混凝土防渗墙，宜用在大流量河道中修建水利水电工程的围堰，但刚性防渗体拆除难度较大。

纵观国外已建水利水电工程，20 世纪 60 年代以前基本上采用刚性混凝土防渗墙，但由于刚性混凝土防渗墙的受力条件和约束条件，并且刚性混凝土防渗墙在运行期间承受水推力作用下产生较大的剪力，往往容易出现挤压破坏，或与基岩部位产生拉应力与剪应力而导致防渗墙体拉裂和剪切破坏，从而降低刚性混凝土的防渗效果。20 世纪 60 年代以后，刚性混凝土防渗墙逐渐被塑性混凝土和其他柔性材料所替代。

1. 普通混凝土

普通混凝土是指胶凝材料除水泥外不掺加其他混合材料，在高流动性泥浆下浇筑的混凝土。普通混凝土常用的设计标号抗压强度 R_{28} 为 100#～200#，抗渗标号为 P，弹性模量为 1.5×10^4～1.8×10^4 MPa，坍落度为 18～22 cm，扩散度为 34～38 cm。混凝土材料要求水泥标号不低于 325#，石子粒径不大于 40 mm，砂以中粗砂为宜。

普通混凝土防渗墙的特点：①与其他材料防渗墙相比，普通混凝土防渗墙具有较高的强度和抗渗性能，其抗压强度大于 7.5 MPa，可以达到 20 MPa 以上，相应的抗拉、抗折强度都较大，渗透系数可以小于 10^{-8} cm/s，所以适用于高强度、高水头的地下连续墙；②弹性模量大，一般为 2×10^4 MPa，接近钢筋的弹性模量，因为与钢筋有较好的协调性，适合于钢筋混凝土承重墙；③因为弹性模量大，其适应变形的能力较差，如地基和土体变形模量小，与土变形不协调，就会导致墙和土结合面脱开。虽然这种情况只发生在墙的上部，但由于墙和土不能共同工作，墙体上部可能发生断裂，不利于加固和防渗。国内若干工程防渗墙的普通混凝土配合比及物理力学指标见表2-9[38]。

表2-9　国内若干工程防渗墙的普通混凝土配合比及物理力学指标

工程	材料用量/(kg/m³)						抗压强度R_{28}/MPa	抗渗标号	弹性模量/MPa	坍落度/cm	水泥品种
	水泥	粉煤灰	砂	小石 $d=5\sim20$ mm	中石 $d=20\sim40$ mm	水					
铜子街水电站	384	—	519	425	637	246	35.0	>P	2.0×10^4	18~22	普 525#
隔河岩水电站下游围堰	240	110	950	950（1：1混合）		220	10.5~15.0	P	$2.1\times10^4\sim2.5\times10^4$	18~22	矿 425#

2. 粉煤灰混凝土

粉煤灰是电厂燃烧煤粉后获得的工业废料。将粉煤灰作为一种外加活性矿物材料来配制的混凝土就是粉煤灰混凝土。粉煤灰的加入对粉煤灰混凝土性能具有很大的影响[39]。首先，后期抗压强度大。与普通混凝土相比，粉煤灰混凝土早期的强度较低，但到90天或更长一些龄期时，粉煤灰混凝土的强度一般能赶上甚至超过不掺粉煤灰的普通混凝土，并在3~5年以后，其后期强度仍不断增长。其次，粉煤灰混凝土的和易性得到改善，混凝土凝结时间延长，并且后期抗渗性能较好。

例如，在小浪底工程西霞院围堰中防渗墙采用了粉煤灰混凝土，设计标号C15，强度保证率为80%，抗渗标号为P，墙体厚度60 cm。其配合比见表2-10[40]。

表2-10　粉煤灰混凝土配合比

混凝土体积/m³	胶体用量/kg		水/kg	砂/kg	小石/kg	中石/kg	NAF-Ⅱ减水剂/kg
	水泥	粉煤灰					
1	233	150	182	815	548	468	1.16
0.43	100	64.4	78.3	350.5	235.2	200.9	0.5

配合比 1.00：0.64：0.78：3.50：2.35：2.00：0.005

3. 黏土混凝土

黏土混凝土是在混凝土中掺加一定量的黏土，以降低混凝土的弹性模量，使混凝土具有很好的变形性能，同时节约水泥用量，改善混凝土拌合物的和易性，使浇筑时不易堵管。由于弹性模量低，适应地基变形能力强，抗震性能高，抗渗性能好，是一种优良的永久性防渗墙材料。

黏土混凝土与普通混凝土在构成材料上的最大区别是胶凝材料组成不同，黏土混凝土的胶凝材料除水泥外还有黏土。在构成材料作用上，黏土混凝土中水泥砂浆起骨架作用，石子之间包裹较厚的砂浆层悬浮于砂浆中，骨架作用不明显，水泥砂浆支配着黏土混凝土的力学性能，砂浆中的黏土黏粒成分分散于水泥浆中，影响着混凝土的变形性能。

黏土混凝土容重一般为 $2.1\times10^4\sim2.3\times10^4$ N/m³，与黏土混凝土构成材料的比例密切相关，随水泥用量、粗骨料用量增大而增大，随黏土用量、细骨料用量增大而减小。黏土混凝土坍落度为 18～22 cm。黏土混凝土抗压强度一般在 2～16 MPa，主要取决于水泥砂浆强度，影响因素为水胶比与黏土掺量等。黏土混凝土弹性模量一般在 4 000～28 000 MPa，主要取决于柔性成分与刚性成分的比例及柔性成分的性质，影响因素为水胶比、黏土掺量和黏土黏粒含量等。黏土混凝土渗透系数一般在 10^{-9}～10^{-8} cm/s，主要取决于水胶比及黏土性质[26]。

2.3.3 塑性混凝土及柔性防渗体材料

塑性混凝土具有良好的力学变形性能，且具有较好的技术经济效果，在多项水利水电工程土石坝和围堰中得到广泛而成功的应用。我国于 20 世纪 80 年代后期兴建了一批塑性混凝土土石坝和围堰，如水口工程二期上下游围堰、小浪底工程围堰、三峡工程一期围堰等。随着水利水电工程建设的发展，在实际工程中，由于围堰堰体水下部位为水中抛填，其填料结构松散，变形模量低。围堰挡水运行后，在荷载作用下，堰体变形大，致使防渗墙墙体承受较大的变形。为此，要求防渗墙材料具有较高的强度和较好的柔韧性，以适应墙体较大的变形及承受较大的水平推力，柔性材料相比刚性材料更能适应这种工程特性。柔性材料抗压强度小于 5 MPa，弹性模量小于 10 000 MPa，包括塑性混凝土、自凝灰浆、固化灰浆等。目前，塑性混凝土已在我国大中型水利水电工程围堰防渗墙中广泛使用。特别是在三峡二期围堰中，专家根据具体的工程特性，提出了具有较低的弹性模量，可以适应较大的变形，同时又具有一定的强度，可以承受墙体上作用的荷载的一种"高强低弹"的柔性墙体材料，为柔性防渗体材料的研究提供了工程参考。

1. 自凝灰浆

自凝灰浆属于一种低强低弹的柔性材料。自凝灰浆防渗墙的抗压强度、弹性模量主要取决于灰水比，一般灰水比越大，这两个指标越大。同一配比中这两个指标的大小又取决于地层中含泥量、含砂量的多少，一般与含砂量成正比，与含泥量成反比。相反含砂量、含泥量对渗透系数的影响较小。自凝灰浆防渗墙施工工效高，防渗效果好，工程造价比混凝土防渗墙低。用于临时围堰既可降低成本，又便于拆除；用于病险水库的处理，可大大降低工程造价，具有其他防渗墙不能比拟的优点。自凝灰浆防渗墙固壁材料即为墙体材料，减少了常规防渗墙施工时的废弃浆，从而减少了环境污染[41]。

三峡工程三期围堰采用了自凝灰浆防渗墙，相比原计划采用的塑性混凝土防渗墙，降低了工程造价，增加了施工速度，节约了成本，达到了设计要求。其形成的墙体性能指标见表 2-11。

表 2-11 自凝灰浆墙体性能指标[42]

配比	抗压强度/MPa				渗透系数/(10^{-6} cm/s)			弹性模量/MPa			渗透比降
	最大	最小	平均	离差系数	最大	最小	平均	最大	最小	平均	
Z-2	0.78	0.17	0.42	0.092	4.65	0.297	1.31	91	83	87	>40
Z-3	1.0	0.16	0.47	0.097	4.04	0.239	0.98	231	134	174	>40

2. 固化灰浆

固化灰浆是在自凝灰浆的基础上发展起来的，它是在单元槽段造孔完毕后，向槽孔内的泥浆中加入水泥等固化材料，砂、粉煤灰等掺合料及水玻璃等固化剂和外加剂，经机械搅拌或压缩空气搅拌后，凝固成墙。

固化灰浆凝固体是化学性能较稳定的物质。从外观上看，固化灰浆呈灰黄色或灰褐色，类似于硬黏土；质地密实，无空洞、裂缝或软弱层；局部有直径小于 5 mm 的气孔。其物理力学性能见表 2-12。

表 2-12　固化灰浆物理力学性能

种类	密度/(t/m³)	抗压强度 R_{28}/MPa	弹性模量 E_{28}/MPa	渗透系数 K_{28}/(cm/s)
黏土固化灰浆	1.2～1.5	0.3～1.0	70～500	10^{-8}～10^{-6}
膨润土固化灰浆	1.0～1.3	0.1～0.5	50～80	10^{-8}～10^{-6}

固化灰浆与自凝灰浆的区别：自凝灰浆是在造孔的过程中将自凝灰浆浆液注入槽孔内，造孔时起固壁作用；槽孔完成后，不需要更换浆体，也不需要浇筑混凝土，灰浆成为墙体的材料，此时灰浆起承压防渗的作用。固化灰浆是在造孔工序完成后，加入槽孔泥浆中，同时加入水泥、外加剂、固化剂等。因此，固化灰浆不必像自凝灰浆受造孔时间的限制（使用自凝灰浆，槽孔造孔速度慢时，造孔尚未完成，槽内泥浆已凝固），浆液浓度可适当增加，浆体密度较高，其强度和抗渗性能都比自凝灰浆高。

在汉江王甫洲水利枢纽工程围堰中采用了建筑三道固化灰浆防渗墙的技术，先后使用了两种配比的固化灰浆[43]，室内试验各项物理力学指标见表 2-13。

表 2-13　固化灰浆物理力学指标

项目	密度/(t/m³)	抗压强度 R_{28}/MPa	弹性模量 E_{28}/MPa	渗透参数 K_{28}/(cm/s)	渗透破坏比降
配比 1	1.468	0.303	530.4	1.27×10^{-6}	>100
配比 2	1.511	0.591	262.6	9.49×10^{-7}	>100

最终围堰运行情况表明，固化灰浆防渗墙防渗效果良好，渗透稳定，未见大的集中渗流，确保了基坑开挖的顺利进行。两道围堰的渗透水量原估算各为 800 m³/h，实际为 300～400 m³/h，根据此渗透量估算，固化灰浆防渗墙的渗透系数小于 1×10^{-5} cm/s，满足设计要求。

3. 塑性混凝土

塑性混凝土是一种介于土与普通混凝土之间的柔性材料，它是一种由水泥、水、黏土、膨润土、石子、砂子等原材料经搅拌、浆体浇筑、凝结而成的混合材料，为了改善塑性混凝土的特性同时节约水泥，有时还要掺加粉煤灰、外加剂。塑性混凝土原材料组成与普通混凝土原材料组成的最大差异是胶凝材料组成不同，塑性混凝土的胶凝材料除水泥外，还有膨润土、黏土等，也可以同时掺入两种材料。它的力学特点如下[44-45]。

（1）塑性混凝土具有较低的弹性模量和较低的模强比，且可以人为控制。国内外的试验研究和工程实践表明，改变配合比可以使塑性混凝土的变形模量变化范围达 50～1 000 MPa。

（2）塑性混凝土的初始模量不随围压的加大而增大。

（3）水泥用量少。塑性混凝土水泥用量少，每立方米水泥用量为 60～160 kg，与刚性混凝土相比可节约水泥 200～300 kg/m³。

（4）具有极好的变形性能。塑性混凝土的弹性模量与周围土体的弹性模量很接近，这就决定了它具有很好的变形性能，能适应较大变形而不至于在墙体内部产生很大的应力。这也是塑性混凝土防渗墙优于刚性混凝土防渗墙最重要的方面。

（5）具有良好的抗渗性能。由于塑性混凝土掺有较多的透水性小的黏土和膨润土，尤其是后者对提高塑性混凝土的抗渗性起着积极的重要作用，使其渗透系数接近甚至小于刚性混凝土的渗透系数，一般为 10^{-9}～10^{-6} cm/s。而且随着时间的推移，其防渗效果越来越好，能满足各种规模土石坝工程基础防渗墙的要求。

塑性混凝土具有高强度、低弹性模量的特点，在大中型水利水电工程围堰防渗墙中应用广泛。国内若干工程防渗墙的塑性混凝土配合比及物理力学指标见表 2-14。

表 2-14　国内若干工程防渗墙的塑性混凝土配合比及物理力学指标[26]

工程	材料用量/(kg/m³)							抗压强度 R_{28}/MPa	渗透系数 K_{28}/(cm/s)	弹性模量 E_{28}/MPa	坍落度/cm	水泥品种
	水泥	粉煤灰	黏土	膨润土	砂	碎石	水					
三峡工程围堰	190	80		100	1 339	72	280	4.46～5.27	$2.5×10^{-8}$	815～1 284	20～22	矿 425#
水口水电站围堰	170		85	40	748	888	275	4.50		832.2	20.2	普 525#
小浪底工程围堰	150			40	760	910	230	3.80	$3×10^{-8}$			普 425#
十三陵水库	130		40	120	770	630	410	2.32	$7×10^{-7}$	379.0	20.0	
山西省册田水库	80		140	50	700	740	370	1.17	$2×10^{-8}$	379.0	21.0	
湖北省民强水库	120			40	780	920	260	3.70	$3×10^{-7}$	603.4	20.0	普 425#

例如，在锦屏二级水电站上下游围堰均采用了塑性混凝土防渗墙。上游围堰最大墙深为 58.5 m，混凝土工程量为 4 240 m³；下游围堰最大墙深 54 m，混凝土工程量为 3 135 m³，其防渗墙主要力学指标与混凝土配合比，见表 2-15 和表 2-16。

表 2-15　防渗墙塑性混凝土主要力学性能技术指标及拌和物理性能指标表

项目	抗压强度 R_{28}/MPa	弹性模量 E_{28}/MPa	渗透系数 K_{28}/(cm/s)	28 天破坏比降	出机口坍落度/cm	出机口扩散度/cm	初凝时间/h	终凝时间/h
技术指标	4～6	500～800	$K≤10^{-7}$	≥200	18～22	34～40	≥6	≤24

表 2-16　防渗墙塑性混凝土配合比表

水胶比	含砂量/%	材料用量/(kg/m³)						
		水	水泥	膨润土	砂	小石	减水剂	补气剂
0.947	80	275	150	140	1 266	319	1.16	0.064

围堰完工后，通过对上下游围堰塑性混凝土防渗墙进行钻孔压水试验得出，渗透系数最大值为 1.1×10^{-8} cm/s，渗透系数最小值为 9.7×10^{-9} cm/s，平均渗透系数为 1.0×10^{-8} cm/s，满足设计要求，达到了止水防渗的效果，确保了闸坝工程施工进度和安全。

4. 土工膜

土工膜为高分子聚合物或沥青制成的一种相对不透水薄膜。聚合物薄膜所用的聚合物有合成橡胶和塑料两类。水利工程实际应用的绝大多数为塑料类，主要是聚氯乙烯膜和聚乙烯膜，渗透系数一般为 $10^{-12} \sim 10^{-11}$ cm/s，极限延伸率在 300% 以上，相对密度在 $0.9 \sim 1.3$，具有防渗性能高、适应变形能力强、施工简捷、造价低等特点。常用的土工膜可分为三大类：土工膜、加筋土工膜和复合土工膜。

在三峡二期土石围堰的研究中，国内专家针对当时土工合成材料的研究现状进行了一系列的试验研究。例如，围绕着复合土工膜在三峡二期围堰中的应用技术研究，在力学特性、渗透特性与材料复合程度的影响三个方面对土工膜的特性进行试验与分析[46-47]。

通过一系列的试验研究，得出了以下结论。

（1）抗拉试验中，当试样宽度大于 100 mm 后，得到的强力比的差别很小，因此取 100 mm 作为复合膜测试宽度即可满足精度要求。

（2）在有关试验中，复合膜受顶破压力时，得到的径向拉强高于其窄条受拉强度，而变形率则相反，这表明顶破试验中不存在拉伸试验中的"颈缩"现象，径向拉强成果更接近复合膜用于防渗目的的工程应用实际情况，因而复合土工膜的抗法向力试验成果更有实用意义。

（3）复合膜中，膜的变形率对复合膜的防渗性能影响很大。

（4）水利水电工程应用中，坝（堰）体和堤防变形，施工和运行荷载要求复合膜有一定的强度和变形率。

（5）通过一系列水力试验和对比国内外资料，可得到复合膜的渗透系数远远低于传统防渗材料。另外，采用针刺无纺布加筋的复合土工膜，在薄膜产生破坏时其渗透特性与单一薄膜破坏时也不一样。复合土工膜中布不仅能改进复合土工膜的强度，而且有利于改善薄膜破损时的渗流特性。

（6）复合膜的力学强度并不是其组合材料布与膜的力学强度的简单叠加，而是与布膜之间的复合程度紧密相关。通过复合程度影响试验可知，布膜复合的松紧对复合土工膜的拉伸、顶破强度特性产生显著的影响，从而从侧面证明，复合膜的整体工程特性要优于单一布和膜叠加所产生的性能，复合膜的设计不能简单对照单一布和膜的性能指标。

借鉴三峡二期围堰取得的成功经验，向家坝上游围堰防渗采用了复合土工膜。防渗体系为塑性混凝土防渗墙、墙下帷幕及复合土工膜斜心墙形式（图 2-9）。上游围堰 275.0 m 高程以上、下游围堰 274.0 m 以上防渗体采用复合土工膜，呈"之"字形铺设至堰顶。土工膜底部与防渗墙体以盖帽混凝土的形式相接，与二期纵向围堰和护坡混凝土以预留槽的形式相接，与岩石岸坡的连接采用刻槽后浇底座混凝土的连接形式。土工合成材料选用两布一膜形式（以下简称土工膜），规格为 350 g/0.5 mm/350 g，其主要指标要求为：抗拉强度（经、纬向）≥5 kN/m，主膜厚度≥0.5 mm，渗透系数为 $10^{-12} \sim 10^{-11}$ cm/s，伸长率 $N > 30\%$[48]。

5. 风化砂柔性材料

三峡二期围堰采用风化砂在 60 m 水中抛填形成堰体后，再在其中浇筑混凝土墙的防渗方

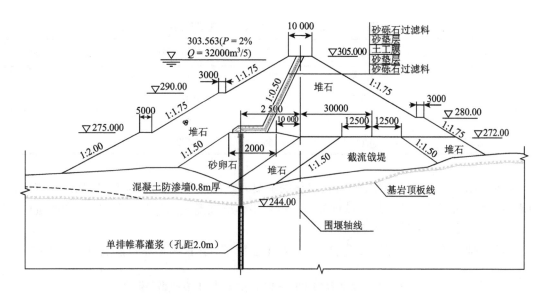

图 2-9　向家坝上游围堰结构图

案。由于抛填的风化砂堰体密度较低，刚度较小，以至于其中的墙体应力和变形情况不佳，影响围堰运行的安全。如何寻找到一种既具有较低的弹性模量，可以适应较大的变形，又具有一定的强度，可以承受墙体上作用的荷载的材料成为关键的问题，为此专家根据具体的工程特性，在深入分析塑性混凝土的功能基础之上，结合三峡坝区花岗岩风化砂储量丰富且为主体建筑物基础开挖弃料的实际情况，提出了用风化砂代替塑性混凝土中的砂石骨料，经过大量试验研究，研制出柔性材料，称为柔性混凝土（就三峡工程而言也称为风化砂型混凝土），在三峡工程一期围堰和二期围堰防渗墙中应用，取得良好效果。以下就是清华大学针对三峡二期土石围堰风化砂柔性材料的试验研究[49]。

三峡二期土石围堰风化砂柔性材料的组成为水泥、膨润土、风化砂、少量外加剂。经过大量前期的试验研究，优选风化砂柔性材料的配合比的试验结果见表 2-17。

表 2-17　优选风化砂柔性材料配合比及参数复核结果

配比编号	优选配合比				水胶比	坍落度/cm		初凝时间/h	复核参数				
	水泥	黏土	风化砂	水		初始	1 h 后		抗压强度 R_{28}/MPa	初始切线弹性模量 E_i/MPa	模强比 E_i/R_{28}	抗折强度 T/MPa	渗透系数/(cm/s)
TKF2	280	120	1 250	368	0.92	20.3	19.2	9.8	5.82	1 186	200	1.94	$<10^{-8}$
TKF2-1	280	160	1 200	369	0.90	23.5	20.5	13	4.52	980	216	1.61	$<10^{-8}$

借鉴清华大学水利工程系研究成果，针对 TKF2 配合比的柔性材料进行了三轴剪切试验。三轴剪切试验分别采用围压 0.1 MPa、0.4 MPa 和 0.7 MPa 进行固结排水试验。试验是按照《土工试验规程》（SL 237—1999）中的相关部分的要求进行的。试样均为尺寸 150 mm×300 mm 的圆柱体。轴向压缩速率为 0.02 mm/min。试验设备是从英国进口的 WF-10 072 三轴仪。试验结果见表 2-18。

表 2-18　柔性材料（TKF2）三轴试验结果

围压 σ_3/MPa	$\sigma_1 - \sigma_3$/MPa	E_i/MPa	弹性模量百分比/%	c/MPa	φ/(°)
0.1	4.988	1 729	0.374		
0.4	5.107	1 097	0.87		
0.7	5.491	1 086	1.48	1.6	21.35
单轴压缩	4.949	1 168	0.587		

从表 2-18 可以看出，围压对柔性材料的主要力学特性有显著的影响。例如，其破坏强度随围压的增加而有较大的增加，试样的体变过程由体缩逐渐变为体胀。表 2-19 中的抗剪强度指标 c'、φ' 是采用应力路径法确定的。

根据三轴试验结果及相应参数的计算，将 E-μ 模型、E-B 模型参数值汇总于表 2-19。

表 2-19　柔性材料（TKF2）E-μ 模型、E-B 模型参数

试样编号	c'/MPa	φ'/(°)	K	n	R_f	G	D	F	K_b	m
TKF2	1.6	21.35	28 184	−0.234	0.65	0.326	0.243	0.121	21 379	0.085

对柔性材料（TKF2）用于三峡二期围堰防渗墙的安全性进行的 E-B 模型（$j=1$）和 E-μ 模型（$j=2$）的计算复核，结果见表 2-20。

表 2-20　柔性材料（TKF2）防渗墙墙体 σ_1、σ_3、D_x、D_y、S_e 汇总

编号	上游墙							下游墙						
	上游面			下游面			水平位移 D_x/mm	垂直位移 D_y/mm	上游面			下游面			水平位移 D_x/cm	垂直位移 D_y/cm
j	σ_1/MPa	σ_3/MPa	应力水平 S_e	σ_1/MPa	σ_3/MPa	应力水平 S_e			σ_1/MPa	σ_3/MPa	应力水平 S_e	σ_1/MPa	σ_3/MPa	应力水平 S_e		
1	4.73	1.06	0.52	4.35	0.73	0.65	42	13.5	4.62	0.84	0.63	4.51	0.60	0.70	13.3	10.8
2	4.19	1.03	0.50	3.82	0.90	0.57	41.3	16.7	4.13	0.78	0.51	4.02	0.59	0.68	12.7	11.8

计算结果表明，墙体最大应力水平为：在应力集中区为 0.7，在非应力集中区为 0.6 左右，相应安全系数分别为 1.7 左右，按莫尔-库仑强度准则判断，用柔性材料构筑三峡二期围堰防渗墙是安全的。

由于室内条件和现场施工条件之间存在一定的差异，在工程施工前需在现场进行试验，在室内配合比的基础上确定出柔性材料的施工配合比。在现场施工的要求下，在 TKF2 配比基础上，将水泥用量减少至 260 kg/m³，并适当增加风化砂用量以补偿柔性材料在水泥掺量减少情况下的强度损失；同时为保持柔性，膨润土用量视风化砂的级配情况适当调整。如此提出基准配合比：水泥用量 260 kg/m³，膨润土用量 80 kg/m³，风化砂（风化砂含泥量6%，P_5 为 22%）用量为 350 kg/m³。当风化砂含泥量分别为 8%、10%、12%，相应 P_5 为 19%、16%、13%时，保持坍落度不变，调整水泥和膨润土用量[50]。试验结果见表 2-21 和表 2-22。

表 2-21　柔性材料的力学性能

编号	抗压强度/MPa		初始切线模量/MPa		模强比 E_i/R_{28}
	7 天	28 天	7 天	28 天	
I-1	2.87	5.47	1 008	1 226	224
I-2	2.71	5.05	555	1 109	219
I-3	3.08	5.52	1 023	1 068	193
I-4	2.90	5.70	810	1 128	198
II-1	2.46	4.31	776	1 080	249
II-2	2.22	4.68	777	1 248	266
II-3	2.53	4.47	701	898	189
II-4	2.98	5.24	616	830	158

表 2-22　三峡二期围堰柔性材料施工配合比

水泥/(kg/m³)	膨润土/(kg/m³)	风化砂			木钙/(kg/m³)	水/(kg/m³)
		含泥量/%	P_5/%	掺量/(kg/m³)		
260	70	6.0	22	1 370	1.40	370

从表 2-21 可以看出，尽管柔性材料的原材料有较大的变动，8 组配合比中仍有 2 组配合比（II-3、II-4）满足设计指标要求（即 R_{28}>4 MPa、E_i<1000 MPa），还有三组配合比（II-1、I-3、I-2）的力学参数与设计指标十分接近。根据上述试验结果并综合各种因素，优选出施工配合比（表 2-22）。在施工过程中根据风化砂的实际检测级配，对施工配合比中的膨润土进行局部适当的调整[51]。

随着大中型和巨型水利水电工程的兴建和坝工技术的发展，围堰规模逐渐增大，围堰基础地质条件趋于复杂，对围堰材料的要求也越来越高，特别是对于围堰的防渗体材料要求越来越高。其中塑性混凝土的配比研究，如混凝土中掺膨润土、粉煤灰、合适的外加剂等来改善混凝土性能，增加材料的柔韧性、抗渗性能等，来满足工程的实际需求。除此之外利用复合土工膜作为防渗材料也是众多大中型围堰的首选。随着对围堰技术要求的增加，围堰填料的研究也在不断地进步，新材料、新工艺不断地涌现，增强工程的安全性和经济性。

第3章 土石围堰的力学特性

3.1 土石围堰本构模型

土石围堰材料的本构关系是一个很复杂的问题，长期以来，土石体材料的强度和变形特性研究以非线性弹性邓肯模型为基本模型，经过一定时间的发展，本构模型的研究也在不断地进步。本章简要介绍几种常用的本构模型，并描述适用于在水下施工和工作状态的土石围堰湿化模型。

3.1.1 常用的多种本构模型

由于土石围堰材料构成的多样性和土石料本身力学性能的复杂性，从理论上要完全反映众多因素影响条件的计算方法是十分困难的。目前国内外还没有统一的计算模型和计算公式，使用得较多的模型主要有：E-μ 模型、E-B 模型、B-G 模型、弹塑性模型等，我国部分学者提出的双屈服面弹塑性模型在分析中也有应用[2]。下面对这些本构模型做简要介绍。

1. E-μ 模型

增量型的应力-应变关系为

$$\Delta \boldsymbol{\sigma} = \boldsymbol{D} \Delta \boldsymbol{\varepsilon} \tag{3-1}$$

式中：$\Delta \boldsymbol{\sigma}$ 为应力增量矩阵；$\Delta \boldsymbol{\varepsilon}$ 为应变增量矩阵；$\boldsymbol{D}$ 为弹性矩阵常量。

平面应变条件下，式（3-1）改写为

$$\begin{Bmatrix} \Delta \sigma_x \\ \Delta \sigma_y \\ \Delta \sigma_z \end{Bmatrix} = \begin{bmatrix} d_{11} & d_{12} & d_{13} \\ d_{21} & d_{22} & d_{23} \\ d_{31} & d_{32} & d_{33} \end{bmatrix} \begin{Bmatrix} \Delta \varepsilon_x \\ \Delta \varepsilon_y \\ \Delta \gamma_{xy} \end{Bmatrix} \tag{3-2}$$

本模型采用切向弹性模量 E_t 和切向泊松比 ν_t 两个参数，此时上列 $\boldsymbol{D}$ 矩阵中各元素为

$$\begin{cases} d_{11} = d_{22} = \dfrac{E_t(1-\nu_t)}{(1+\nu_t)(1-2\nu_t)} \\[3mm] d_{12} = d_{21} = \dfrac{E_t \nu_t}{(1+\nu_t)(1-2\nu_t)} \\[3mm] d_{33} = \dfrac{d_{11}-d_{12}}{2} = \dfrac{E_t}{2(1+\nu_t)} \\[3mm] d_{13} = d_{23} = d_{31} = d_{32} = 0 \end{cases} \tag{3-3}$$

E_t 和 ν_t 则按式（3-4）和式（3-5）计算

$$E_t = E_i(1 - R_f S_e)^2 \tag{3-4}$$

式中：R_f 为破坏比；S_e 为应力水平。

$$v_t = \frac{G - F\lg(\sigma_3 / P_a)}{\left[1 - \dfrac{D(\sigma_1 - \sigma_3)}{E_i(1 - R_f S_e)}\right]^2} \qquad (3\text{-}5)$$

式中：P_a 为标准大气压；G 为剪切模量；F 为作用在基础上的竖向力。

其中

$$E_i = KP_a\left(\frac{\sigma_3}{P_a}\right)^n \qquad (3\text{-}6)$$

$$S_e = \frac{(\sigma_1 - \sigma_3)(1 - \sin\varphi)}{2c\cos\varphi + 2\sigma_3\sin\varphi} \qquad (3\text{-}7)$$

式中：K 为稳定安全系数；φ 为土的内摩擦角；c 为土的黏聚力。

v_t 的最大限制值为 0.49，回弹模量 E_{ur} 按式（3-8）计算

$$E_{ur} = K_{ur} P_a\left(\frac{\sigma_3}{P_a}\right)^n \qquad (3\text{-}8)$$

式中：K_{ur} 为再加载模量系数。

令 SS_m 为历史上的最大值，SS 为应力状态函数（$SS = S_e\sqrt[4]{\sigma_3/P_a}$），按现有 σ_3 计算最大应力水平 S_c，得到的公式为

$$\frac{S_c - S_e}{0.25 S_c}(E_{ur} - E_t)S_c = \frac{SS_m}{\sqrt[4]{\sigma_3/P_a}} \qquad (3\text{-}9)$$

弹性模量按下列关系确定

$$S_e \geqslant S_c, \quad E = E_t$$
$$S_e \geqslant 0.75 S_c, \quad E = E_{ur}$$
$$0.75 S_c < S_e < S_c, \quad E = E_t + \frac{S_c - S_e}{0.25 S_c}(E_{ur} - E_t) \qquad (3\text{-}10)$$

2. E-B 模型

此模型以切向弹性模量 E_t 和切向体积模量 B_t 为参数，此时由式（3-2）有

$$d_{11} = d_{22} = \frac{3B_t(3B_t + E_t)}{9B_t - E_t}$$

$$d_{12} = d_{21} = \frac{3B_t(3B_t + E_t)}{9B_t - E_t} \qquad (3\text{-}11)$$

E_t 仍然按式（3-4）计算，而 B_t 则按式（3-12）计算

$$B_t - K_b P_a\left(\frac{\sigma_3}{P_a}\right)^m \qquad (3\text{-}12)$$

式中：K_b 为体积模量系数；m 为体积模量指数。

卸荷准则仍用式（3-10）。

3. 双屈服面弹塑性模型

河海大学的殷宗泽建议了一种双屈服面弹塑性模型，两个屈服面分别为

$$\begin{cases} \sigma_{\mathrm{m}} + \dfrac{\sigma_{\mathrm{s}}^2}{M_1^2(\sigma_{\mathrm{m}} + \sigma_{\mathrm{r}})} = \dfrac{h\varepsilon_{\mathrm{v}}^{p_1}}{1 - t\varepsilon_{\mathrm{v}}^{p_1}} P_{\mathrm{a}} \\ \dfrac{\alpha\sigma_{\mathrm{s}}}{G_{\mathrm{e}}}\sqrt{\dfrac{\sigma_{\mathrm{s}}}{M_2(\sigma_{\mathrm{m}} + \sigma_{\mathrm{r}}) - \sigma_{\mathrm{s}}}} = \varepsilon_{\mathrm{s}}^{p_2} \end{cases} \tag{3-13}$$

式中：σ_{m} 为球应力；σ_{s} 为广义剪应力；参数 $\sigma_{\mathrm{r}} = c\cos\varphi$；$M_1$、$h$、$t$ 均匀为与剪缩有关的殷宗泽模型参数，M_1 与土体破坏方程有关，h、t 可通过似合体应变相关曲线得到；M_2 为与剪缩有关的殷宗泽模型参数，与土体的破坏方程有关；G_{e} 为弹性剪切模量；参数 a 与应力水平为 0.75～0.95 的应变曲线相关。$\varepsilon_{\mathrm{v}} = \dfrac{1}{3}(\sigma_1 + \sigma_2 + \sigma_3)$；$\sigma_{\mathrm{s}} = \dfrac{1}{\sqrt{2}}[(\varepsilon_1 - \varepsilon_2)^2 + (\varepsilon_2 - \varepsilon_3)^2 + (\varepsilon_3 - \varepsilon_1)^2]^{1/2}$；$\varepsilon_{\mathrm{v}}^{p_1}$ 为第一屈服面产生的塑性体积应变；$\varepsilon_{\mathrm{s}}^{p_2}$ 为第二屈服面产生的塑性剪应变。上述两种塑性应变均遵从正交流动法则。该模型还假定了另一种不遵从正交流动法则，而遵从广义胡克定律的第三种塑性应变 $\Delta\varepsilon^{p_3}$，其相应的塑性模量按式（3-14）计算

$$E_{\mathrm{p}} = K_{\mathrm{p}} P_{\mathrm{a}} \left(\frac{\sigma_3}{P_{\mathrm{a}}}\right)^n (1 - 0.8S_{\mathrm{e}})^2 \tag{3-14}$$

式中：K_{p} 为塑性体变模量。

4. B-G 模型

该模型用切线体积模量 B_{t} 和切线剪切模量 G_{t} 进行计算，此时式（3-2）中的各元素为

$$\begin{cases} d_{11} = d_{22} = B_{\mathrm{t}} + 1.33G_{\mathrm{t}} \\ d_{21} = d_{12} = B_{\mathrm{t}} - 0.667G_{\mathrm{t}} \end{cases} \tag{3-15}$$

式中：G_{t}、B_{t} 根据不同材料的试验结果，可得出不同的经验计算公式（单位 0.1 MPa）。

1）风化砂

$$B_{\mathrm{t}} = b\sigma_{\mathrm{m}} \tag{3-16}$$

式中：b 为土条宽度参数；σ_{m} 为摩擦抗剪强度。

卸荷时

$$\begin{cases} G_{\mathrm{t}} = a\sigma_{\mathrm{m}} \mathrm{e}^{-\beta\left(\frac{\sigma_{\mathrm{m}}}{\sigma_{\mathrm{yc}}}\right)} \left(1 - \frac{\sigma_{\mathrm{s}}}{\sigma_{\mathrm{sf}}}\right)^2 \\ \sigma_{\mathrm{sf}} = a\sigma_{\mathrm{m}} \left(\frac{\sigma_{\mathrm{m}}}{\sigma_{\mathrm{yc}}}\right)^{-n} \\ B_{\mathrm{u}} = b_{\mathrm{u}}\sigma_{\mathrm{m}} \end{cases} \tag{3-17}$$

式中：a、β、B_{u}、n 均匀风化砂的土条分布参数；σ_{yc} 为试验测得的抗剪强度；σ_{sf} 为有效抗剪强度。

2）堆石

$$B_{\mathrm{t}} = \begin{cases} 38.11 + 30.4\sigma_{\mathrm{m}} \\ 51.2\sigma_{\mathrm{m}} \end{cases} \tag{3-18}$$

卸荷时

$$\begin{cases} B_{\mathrm{u}} = 576.04\sigma_{\mathrm{m}} \\ G_{\mathrm{t}} = 6.682 + 30.272\sigma_{\mathrm{m}} - 17.444\sigma_{\mathrm{s}} \end{cases} \tag{3-19}$$

对于水上和水下风化砂各参数的取值由经验公式得出。

5. 剪胀模型

该模型由长江科学院程展林提出,概述如下。为了考虑材料的剪胀性(或剪缩性),采用坐标变模建立剪胀性曲线表达式

$$\eta = \frac{\xi}{a + b\xi} \tag{3-20}$$

式中:a、b 为试验参数;ξ、η 分别为广义剪应变 ε_{s} 和剪胀体应变 ε_{v} 的旋转变量,可表达为

$$\begin{cases} \xi = -\varepsilon_{\mathrm{v}}^{\mathrm{q}}\sin\alpha + \varepsilon_{\mathrm{s}}\cos\alpha \\ \xi = \varepsilon_{\mathrm{v}}^{\mathrm{q}}\cos\alpha + \varepsilon_{\mathrm{s}}\sin\alpha \end{cases} \tag{3-21}$$

经推导,剪胀性切线体变模量为

$$K_2 = 3G_{\mathrm{t}} \frac{\sin\alpha \cdot a + \cos\alpha(a + b\xi)^2}{\cos\alpha \cdot a - \sin\alpha(a + b\xi)^2} \tag{3-22}$$

式中:G_{t} 为切线剪切模量;a、b、α 为试验参数。

假定土的应变由弹性应变与剪胀性应变两部分组成,且弹性应变服从胡克定律,以及压缩变形、剪切变形、剪胀变形符合各自的卸荷准则,建立非线性剪胀性应力-应变模型。弹性体变模量 K_1 由各向等压固结试验确定,切向剪切模量 G_{t} 根据切向弹性模量 E_{t} 及 K_1 换算确定,即

$$G_{\mathrm{t}} = \frac{3K_1 - E_{\mathrm{t}}}{9K_1 - E_{\mathrm{t}}} \tag{3-23}$$

式中:E_{t} 参考 E-μ 模型中式(3-4),根据常规三轴试验计算。在整理 E_{t} 中,弹性轴向应变为总轴向应变扣除剪胀性引起的轴向应变,即

$$\varepsilon_{\mathrm{a}}' = \varepsilon_{\mathrm{a}} - \varepsilon_{\mathrm{v}}^{\mathrm{q}}/3 \tag{3-24}$$

试验表明,剪胀模型的计算曲线与试验成果是很吻合的,尤其是体变曲线。该模型分清了静水压力 P 和剪力 q 在土体变形中的作用,故更为合理。

以上介绍的是堰体材料的本构模型,塑性混凝土墙体也用同种模型。

堰体与墙之间的接触面单元模型做如下讨论。基本方案中采用了 Goodman 接触单元,其切向刚度为

$$K_{\mathrm{st}} = K_{\mathrm{s}}\,\gamma_{\mathrm{w}}\left(\frac{\sigma_{\mathrm{n}}}{P_{\mathrm{s}}}\right)^n \left(1 - \frac{\tau R_{\mathrm{fs}}}{C_{\mathrm{s}} + \sigma_{\mathrm{n}}\tan\delta_{\mathrm{s}}}\right)^2 \tag{3-25}$$

式中:K_{s} 为剪切劲度系数;C_{s}、δ_{s} 为接触面的强度参数;τ 为剪应力;σ_{n} 为法向应力;γ_{w} 为水容重;n 为无因次指数。法向刚度采用 $K_{\mathrm{n}} = 109\ \mathrm{kPa/m}$。当 $\sigma_{\mathrm{n}} < 0$ 时,令 K_{st} 和 K_{n} 等于 10 kPa/m;R_{fs} 为接触面破坏比。

此外,还有样条函数模型、应变空间模型及沈珠江双屈服面模型等。

3.1.2　适用于土石围堰湿化的 G-B 亚塑性本构模型及其改进

亚塑性本构模型能较好地描述堆石料的非弹性、非线性、压硬性、剪胀剪缩性等主要力学特

性，具有模型参数适用范围广的特点。并且 G-B 亚塑性本构模型能够反映密实度、应力状态和含水率等对湿化变形的影响，能比较合理地反映土石围堰湿化变形规律，这是模型的一大特点。

1. G-B 亚塑性本构模型及其在土石围堰湿化的适用性

G-B 亚塑性本构模型是在研究土石体湿化模型基础上建立的[52-53]，由 Karlsruhe 大学[52]和 Grenoble 大学[53]的 Gudehus 和 Bauer 针对颗粒材料本构关系研究而形成的理论。以连续介质力学理论为基础，以张量函数和符号为工具，摒弃了弹塑性本构中把总应变分解为塑性应变和弹性应变的思想，以及在其理论中引入了硬化规律、屈服准则和塑性势等概念，建立了应力率与应变率之间的关系，在最大限度上减少了人为假定，形成了一种新型的本构理论。

G-B 亚塑性本构模型的一般表达式由线性项和非线性项组成，其具体形式为

$$\mathring{\boldsymbol{\sigma}} = f_s(e,\boldsymbol{\sigma})[L(\hat{\boldsymbol{\sigma}},\dot{\boldsymbol{\varepsilon}}) + f_d(e)N(\hat{\boldsymbol{\sigma}})\|\dot{\boldsymbol{\varepsilon}}\|] \tag{3-26}$$

式中：$\mathring{\boldsymbol{\sigma}} = \dot{\boldsymbol{\sigma}} - \boldsymbol{W}\boldsymbol{\sigma} + \boldsymbol{\sigma}\boldsymbol{W}$，为 Jaumann 应力率张量；$\boldsymbol{\sigma}$ 为 Cauchy 应力张量；$\dot{\boldsymbol{\sigma}}$ 为 $\boldsymbol{\sigma}$ 的时间导数；$\boldsymbol{W} = (\boldsymbol{L} - \boldsymbol{L}^T)/2$，为旋转张量，是速度梯度 $\boldsymbol{L}$ 的对称部分，不考虑应力主轴旋转时，$\mathring{\boldsymbol{\sigma}} = \dot{\boldsymbol{\sigma}}$；$f_s$ 为刚度因子，其和压力、孔隙比相关；e 为孔隙比；$\hat{\boldsymbol{\sigma}} = \boldsymbol{\sigma}/\mathrm{tr}(\boldsymbol{\sigma})$，tr 为张量的迹；$\dot{\boldsymbol{\varepsilon}}$ 为应变率张量；f_d 为与孔隙比有关的密度因子；$\|\dot{\boldsymbol{\varepsilon}}\| = \sqrt{\dot{\varepsilon}_{ij}\dot{\varepsilon}_{ij}}$ 为应变率张量的模。式（3-26）右边第一个式子是和应变率相关的线性项，第二个式子是和应变率相关的非线性项，此本构模型中采用的是理论力学中定义的以拉为正。

Bauer 以式（3-26）为基础，把函数 $L(\hat{\boldsymbol{\sigma}},\dot{\boldsymbol{\varepsilon}})$ 和 $N(\hat{\boldsymbol{\sigma}})$ 细化，式（3-26）可以写成如下具体的形式

$$\mathring{\boldsymbol{\sigma}} = f_s\left[a_1^2\dot{\varepsilon}_{ij} + \hat{\sigma}_{ij}\mathrm{tr}(\hat{\boldsymbol{\sigma}}\dot{\boldsymbol{\varepsilon}}) + f_d a_1(\hat{\sigma}_{ij} + \hat{S}_{ij})\sqrt{\dot{\varepsilon}_{kl}\dot{\varepsilon}_{kl}}\right] \tag{3-27}$$

G-B 亚塑性本构模型中表示同一砂土材料的 e-p 方程为

$$\frac{e_i}{e_{i0}} = \frac{e_c}{e_{c0}} = \frac{e_d}{e_{d0}} = \exp\left\{-\left[\frac{-\mathrm{tr}(\boldsymbol{\sigma})}{h_s}\right]^n\right\} \tag{3-28}$$

式中：e_{i0}，e_{c0}，e_{d0} 分别为对应的应力路径下，在拟零应力状态下的孔隙比；h_s 和 n 为常数。

刚度因子 f_s 可以表示为 $f_s = f_e f_s^* f_b$。其中，$f_e = \left(\frac{e_i}{e}\right)^\beta$，$f_s^* = \frac{1}{\mathrm{tr}(\hat{\sigma}^2)}$，而 f_b 可用某应力路径下得出的孔隙比时的相应的应力，和 e-p 平面中的临界状态线对应的孔隙比时的应力相同，可联立方程求得。$e = e_0 + (1+e_0)\mathrm{tr}(\dot{\boldsymbol{\varepsilon}})$ 为当前应力状态下的孔隙比，e_0 为加载前的实际初始孔隙比。

2015 年，Bauer[54] 用更适合砂土材料的 Matsuoka-Nakai 极限强度准则说明 G-B 亚塑性本构模型的临界状态面，从而求得式（3-27）中的 a_1 的表达式为

$$a_1(\theta) = \frac{\sin\varphi_c}{3 - \sin\varphi_c} \times \left[\sqrt{\frac{8/3 - 3\|\hat{S}\|^2 + \sqrt{3/2}\|\hat{S}\|^3\cos(3\theta)}{1 + \sqrt{3/2}\|\hat{S}\|\cos(3\theta)}} - \|\hat{S}\|\right] \tag{3-29}$$

式中：θ 为 Lode 角，$\cos(3\theta) = -\frac{3\sqrt{3}}{2}\frac{J_3}{J_2^{3/2}}$；$J_2$ 为第二偏应力不变量；J_3 为第三偏应力不变量；

φ_c 为三轴压缩路径下临界摩擦角。密度因子 f_d 可以表示为 $f_d = \left(\dfrac{e - e_d}{e_c - e_d} \right)^{\alpha}$，其中，$\alpha$ 为无量纲因子。

亚塑性本构模型与传统的弹塑性本构模型相比，亚塑性本构模型有着很大的不同。首先亚塑性本构模型不需要为了考虑材料的非线性问题，而人为地将总应变划分成弹性分量和塑性分量，也不需要为了区分加载和卸载时刚度的不同，而引入特定的屈服准则，更不用通过流动法则来判断塑性应变增量的方向。但是，弹塑性理论中的这些基本概念，在亚塑性理论中都能找到相应的解释[55]。

一般来说，围堰是在枯水期内迅速填筑，堰体水位以上的土体在汛期来临之前是非饱和的，施工中采用水上抛填，水下碾压，但这种碾压仍然不能很密实。浸水后的土颗粒之间受水的润滑在自重作用下将重新调整其间位置，改变原来结构，使土体压缩下沉，这种变形称为湿化变形。围堰的主要材料为爆破山体得到的堆石料。无论是水利水电还是道路交通，大量的监测资料表明，堆石料由自然风干状态浸水饱和后，均会造成不同程度的湿化变形，这种湿化变形会造成不均匀沉降，进而导致开裂，甚至工程破坏。因此，有效预测并针对性地采取施工措施显得尤为重要。

进行工程建筑物有效变形预测的首选方式就是数值模拟，而数值模拟的核心是材料的本构模型。岩土类材料本构关系的建立通常需要考虑应力或应变路径的影响，其应力和应变之间不存在唯一的对应关系，因此对一般的复杂加载历史和应力路径不可能建立全量本构关系，只能追踪应力路径建立应力增量和应变增量之间的增量本构关系。

同时，堆石料是一种点点接触、点面接触呈多面体外形的散粒型粗颗粒土。堆石料在外力作用下会引起颗粒位置的偏移和重排，同时颗粒接触点上的高应力会导致堆石颗粒破碎，使得堆石料体积收缩，孔隙比减小，变得密实。这种在不同的应力水平和加载状态下，具有不同的密实度的材料，以往通常分别使用不同参数模拟不同初始密实度，而这种方法给数值模拟带来了极大的局限性。于是在 Roscoe 等剑桥模型提出的临界状态基础上，提出了采用相同应力水平下的三组特征孔隙比表示该应力状态下孔隙比的变化范围的方法。

G-B 亚塑性本构模型含有 φ、h_s、n、e_{d0}、e_{c0}、e_{i0}、α、β 这 8 个材料常数。由于模型能反映孔隙比和应力状态的相互关系，模型考虑了因含水率增加导致堆石料孔隙比减小所引起的变形量增加的现象。另外，本构参数的确定研究表明，这种较为简便的拓广并未引起其他 7 个材料参数的显著变化，因此，可以认为这些参数在湿化前后保持不变。扩展的 G-B 亚塑性本构模型将湿化变形作为总变形中不可分割的一部分，与堆石料自身的受力变形有机地结合起来，因此，模型能够反映密实度、应力状态和含水率等对湿化变形的影响，能比较合理地反映土石围堰湿化变形规律，这是模型的一大特点。

2. G-B 亚塑性本构模型的改进及在土石体边坡稳定的应用

通常认为堆石料湿化是从天然风干状态浸水饱和时，由于被水润滑和颗粒中矿物浸水软化，骨架中的颗粒相互滑移、破碎和重新排列的结果。因此，G-B 亚塑性本构模型中认为颗粒材料在相同应力水平下的最大孔隙比 e_i、临界孔隙比 e_c、最小孔隙比 e_d 是等比例变化的，如图 3-1 所示，即随着压力水平增大，孔隙比的变化范围越来越小是不太符合堆石料的实际情况的。因为随着应力水平的增大，堆石料将发生颗粒破碎，破碎后小粒径颗粒含量逐渐增加，

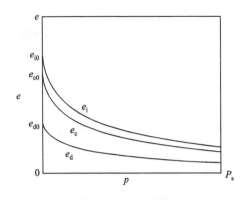

图 3-1   G-B 亚塑性本构模型中孔隙
比随压力变化的曲线

在剪切或循环应力作用下，相较各向同性压缩，颗粒之间会发生更大的滑移填充，应力水平高时，相较于各向同性压缩的体变更大。因此，由通常不发生颗粒破碎的砂土得到的孔隙比变化特性的 G-B 亚塑性本构模型在堆石料中具有一定的局限性，需要进行相应的改进。

除由于颗粒破碎，孔隙比变化特征有别于 G-B 亚塑性本构模型外，湿化过程会造成矿物浸水软化，其相应力学性能发生弱化，与强度准则相应的临界摩擦角势必也发生相应的变化，这一点势必也需在改进的亚塑性本构模型中考虑。

1）G-B 亚塑性本构模型的改进

在等向压缩应力路径，孔隙比 $e = e_i$ 下，可以得到应力率为

$$-\dot p = f_s(a_0^2 + 1/3 - a_0 f_d / \sqrt{3})\dot\varepsilon = \frac{1}{3} f_{e_i} f_{s_i}^* f_b \left(a_0 f_d / \sqrt{3}\right) \frac{\dot e_i}{1 + e_i} \qquad (3\text{-}30)$$

式中：$f_{e_i} = 1$；$f_{s_i}^* = 3$；$a_0 = \sqrt{\dfrac{8}{3}} \left(\dfrac{\sin\varphi_c}{3 - \sin\varphi_c}\right)$；$f_d = \left(\dfrac{e_{i0} - e_{d0}}{e_{c0} - e_{d0}}\right)^\alpha$。

考虑颗粒破碎时最大孔隙比在 e-p 平面中的临界状态线

$$\begin{cases} e_i = e_{i0} - \lambda_i \lg p & (p \leqslant p_i) \\ e_i = e_{i0} - \lambda_i \lg p - \xi_i \lg(p/p_i) & (p > p_i) \end{cases} \qquad (3\text{-}31)$$

式中：e_{i0} 为 $p = 1\,\text{kPa}$ 时所对应的孔隙比。得到应力率为

$$\begin{cases} -\dot p = \dfrac{p}{\lambda_i} \dot e_i & (p \leqslant p_i) \\ -\dot p = \dfrac{p}{\lambda_i + \xi_i} \dot e_i & (p \leqslant p_i) \end{cases} \qquad (3\text{-}32)$$

联立式（3-30）和式（3-32），可得

$$\begin{cases} f_b = \dfrac{-\text{tr}(\boldsymbol{\sigma})}{\lambda_i} \times (1 + e_i)\left[3a_0^2 + 1 - \sqrt{3}a_0\left(\dfrac{e_{i0} - e_{d0}}{e_{c0} - e_{d0}}\right)^\alpha\right]^{-1} & (p \leqslant p_i) \\ f_b = \dfrac{-\text{tr}(\boldsymbol{\sigma})}{\lambda_i + \xi_i} \times (1 + e_i)\left[3a_0^2 + 1 - \sqrt{3}a_0\left(\dfrac{e_{i0} - e_{d0}}{e_{c0} - e_{d0}}\right)^\alpha\right]^{-1} & (p > p_i) \end{cases} \qquad (3\text{-}33)$$

由以上分析总结及结合 G-B 亚塑性本构模型原有的参数，改进后可知，该本构模型共有 13 个参数：三轴压缩下的极限摩擦角 φ_c；材料常数 λ_i、λ_c、λ_d；破碎参数 ξ_i、ξ_c、ξ_d；1 kPa 压力下的上限孔隙比 e_{i0}；临界孔隙比 e_{c0}；下限孔隙比 e_{d0}；颗粒开始破碎时刻起始的平均有效应力 p_i；指数 α；指数 β。

2）改进 G-B 亚塑性本构模型在土石体边坡中的应用

目前 G-B 亚塑性本构模型只在天然库区边坡中运用，其改进模型更适合水库区的边坡和围堰运行时的边坡稳定计算。采用分别为 400 kPa、1 200 kPa、2 000 kPa、3 500 kPa 的 4 组围

压，对加载前实际初始孔隙比为 0.65 的堆石料，进行常规三轴试验。因为计算结果与模型试验中所用的单位尺寸无关，在计算过程中，先施加初始等向的压力至相应的围压，然后在保持围压不变的条件下，施加轴向应变率为 0.002/步的轴向应变，直到轴向应变达到 16%。

模型验证中参数，依据刘恩龙等[56]文献中的相应的试验数据进行确定，所选取的堆石材料的平均粒径 $d_{50} = 16.1$ mm，颗粒级配不均匀度 $C_u = 16.41$，确定 $\varphi_c = 40°$、$\lambda_1 = 0.053\ 6$、$\lambda_c = 0.055\ 5$、$\lambda_d = 0.059\ 2$、$p_i = 1\ 213.42$ kPa、$\zeta_i = 0.016$、$\zeta_c = 0.11$、$\zeta_d = 0.12$、$e_{i0} = 0.696$、$e_{c0} = 0.58$、$e_{d0} = 0.48$、$\alpha = 0.27$、$\beta = 1.3$。

图 3-2 和图 3-3 为试验与计算结果的比较。可知，堆石料由低围压时的应变软化，到高围压时的应变硬化在此模型中能够较好地进行模拟。对于堆石料在低围压时的剪胀至高围压时的剪缩同样能够进行模拟。综上，对于堆石料从低围压到高围压的应力-应变特性在改进后的模型中能够很好地模拟出来。

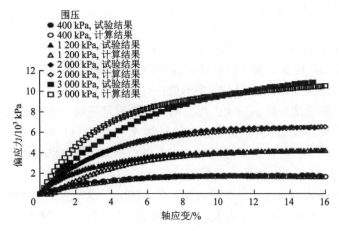

图 3-2　偏应力-轴应变关系曲线

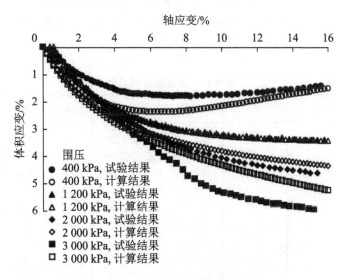

图 3-3　体积应变-轴应变关系曲线

以乌东德库区金沙江右岸的小汉头边坡为例，边坡前缘滑体的组成物质多为周边岩石在力与水等自然作用下，风化后而形成的岩石颗粒破碎造成的土、碎石、碎块石等混合物的堆石体，更接近改进后的 G-B 亚塑性本构模型的适用条件，故在边坡体的基岩以上的堆积体材料本构分析中使用改进后的 G-B 亚塑性本构模型。建立简化的计算模型，分成 2 673 个单元格进行计算。其结果与用其他模型计算结果进行比对，发现其与工程的实际情况拟合更加贴近。

由于库区边坡属于天然有湿化条件下的边坡，与人工的土石围堰虽还有一定差距，但此研究方法为处在水下状态的土石体边坡提供了一种更加适合的方法。而围堰本身施工及工作的状态更加复杂，在运用 G-B 亚塑性本构模型进行研究时可能遇到更多更新的问题，希望后面的工作能够进行深一步的研究。

3.2 土石围堰应力-应变

3.2.1 堰体结构应力-应变

在高水头作用下的应力-应变的研究有助于对围堰结构在运行过程中的受力状况有更清楚的认识，从而为围堰结构能否安全运行提供有效的参考，采用 E-μ 模型和有限元分析方法对在高水头荷载作用下的堰体结构的应力和变形进行计算分析。

以三峡工程二期围堰为例。三峡工程二期土石围堰是三峡大坝施工的屏障，其中上游围堰为 2 级临时建筑物，堰顶高程 88.5 m，设计洪水标准为 1%频率，全年最大日平均流量 83 700 m^3/s，相应水位 85 m，拦蓄库容近 20 亿 m^3；下游围堰为 3 级临时建筑物，堰顶高程 81.5 m，设计洪水标准为 2%频率，全年最大日平均流量 79 000 m^3/s。

由其自运行期以来的实际工作状况可知，堰体在运行期间的荷载条件（主要是堰体承担的水头）随着时间的改变而不断发生改变，而这种改变是一个十分复杂的过程，要彻底地模拟这种荷载条件的变化过程是十分困难的。而计算分析的目的是要认识围堰结构在运行的最不利运行工况下的应力和位移。为此，研究堰体高水头作用下的位移及应力，荷载主要考虑堰体材料的自重荷载（分级加载）及 1998 年长江特大洪水过洪期间实测的堰体内浸润线下的水荷载。而堰体材料的有关计算参数见表 3-1。

表 3-1　围堰堰体材料计算参数

非线性材料	ρ/(t/m³)	φ/(°)	c/MPa	K	n	R_f	G	D	F
风化砂 （水下▽40 m 以上）	1.85	33.0	0	200	0.42	0.72	0.4	4. 0	0. 1
风化砂 （水下▽40 m 以下）	1.95	34.0	0	300	0.37	0.79	0.4	3.76	0.18
风化砂 （水上干填）	2.01	35.0	0	500	0.34	0.90	0.4	3.58	018
堆石	1.99	38.0	0	630	0.34	0.8	0.37	2.70	0.30
覆盖层	2.23	40.0	0	800	0.4	0.8	0.36	1.45	0.15
反滤料	1.95	38.0	0	500	0.73	0.86	0.4	4.3	150
石碴	1.99	38.0	0	630	0.34	0.8	0.37	2.70	0.30
塑性混凝土	2.07	27.9	122	1 763	0.025	0.76	0.36	0.11	0.11

线性材料	天然密度 $\rho/(t/m^3)$	E/MPa	泊松比 ν
混凝土	2.35	2.0×10^4	0.17
基岩（弱风化）	2.60	2.0×10^4	6.2
基岩（强风化）	2.40	5.0×10^3	0.25
沉渣	2.30	1.0×10^3	0.25

接触面参数	$\varphi/(°)$	三项体积压缩系数 $c_s/(t/m^3)$	稳定系数 R_{+s}	滑裂面半径 R_s	变形后土样高度 h_s
泥皮与混凝土	21.65	0.58	0.75	2.0×10^4	0.65
风化砂与风化砂	34.00	0	0.88	1.0×10^4	0.51

采用有限元分析方法对在高水头荷载作用下的堰体结构应力和位移进行了计算，建立有限元计算模型，进行有限元网格剖分。本次划分节点 598 个，单元 680 个，单元形态以 4 节点等参单元为主，在部分不易划分 4 节点单元的部位采用了少量的 3 节点常应变单元。为了更好地了解墙体的受力与变形情况，把防渗墙划分成三排单元。同时，由于墙体与基岩接触处墙体的受力情况最为复杂，模拟了墙体嵌入基岩 1 m 的情况，并在墙体底部设置沉渣单元以与实际情况相吻合[57-58]。计算分析断面的材料分区如图 3-4 所示。有限元的计算网格单元划分如图 3-5 所示。采用 E-μ 模型进行分析研究，根据式（3-1）～式（3-10）进行建模计算。

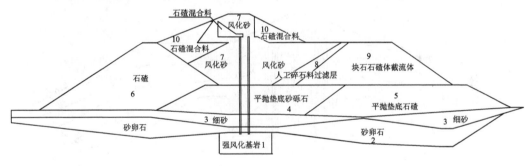

图 3-4　材料分区图

分析结果如图 3-6～图 3-9 所示，计算结果表明，在高水头作用下，堰体结构在一次荷载作用下的瞬时应力及变形呈现的规律：①堰体变形的主要趋势向下游方向，最大水平位移和垂直位移均发生在 2/3 堰体高处，符合一般规律，其值分别为 0.352 1 m 和 0.976 9 m。堰体大部分单元的垂直位移均表现为沉降位移，只有少量单元在高水头作用下出现向上的位移。经监测资料表明，沉降差并不对防渗墙的正常工作带来不利影响。②从堰体及防渗墙的应力水平来看，只有少量紧靠防渗墙的围堰堰体单元的应力水平达到 1.0，说明围堰结构在高水头作用下能够安全运行[9]。

3.2.2　防渗墙应力–应变及抗弯性能

1. 防渗墙体应力-应变分析

由于防渗墙材料采用塑性混凝土，采用 E-μ 模型进行计算，堰体和防渗墙之间设立 Goodman

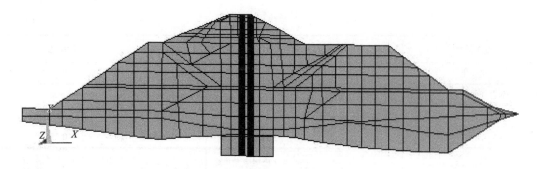

图 3-5　有限元计算网格图

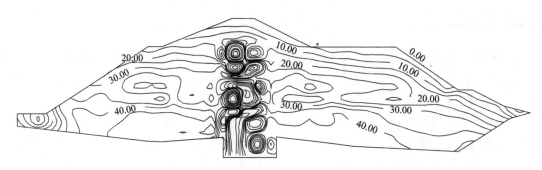

图 3-6　水平应力等值图（单位：MPa）

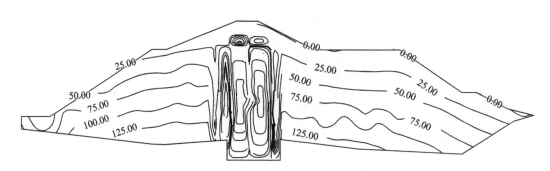

图 3-7　垂直应力等值图（单位：MPa）

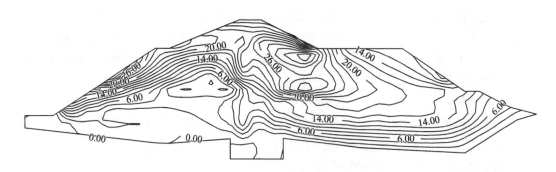

图 3-8　水平位移等值图（单位：mm）

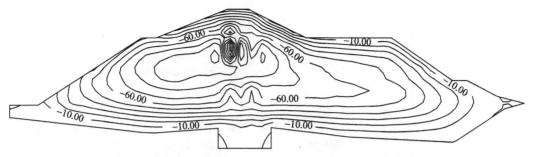

图 3-9　垂直位移等值图（单位：mm；上游为正，下游为负）

接触单元[6]。在高水头作用下，其上下游防渗墙结构在一次荷载作用下的瞬时应力及位移结果如图 3-10～图 3-13 所示。

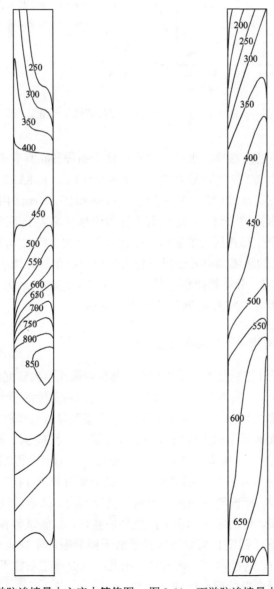

图 3-10　上游防渗墙最大主应力等值图　　图 3-11　下游防渗墙最大主应力等值图

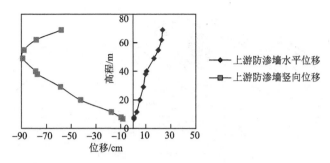

图 3-12　上游防渗墙位移沿高程分布图

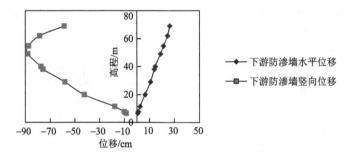

图 3-13　下游防渗墙位移沿高程分布图

计算结果表明：上下游防渗墙的水平与垂直位移沿高程分布具有相似的规律。上下游防渗墙的垂直位移在防渗墙高 2/3 处达到最大值，分别为 89.01 cm 和 85.72 cm。上下游防渗墙的水平位移最大值一般出现在防渗墙墙顶，分别为 26.12 cm 和 23.38 cm。由此可以看出防渗墙结构变形与堰体结构变形基本协调一致；上游墙前堰体的位移普遍大于下游墙后堰体的位移，主要原因在于受孔隙水压力产生渗透压力的影响；防渗墙的最大主应力 σ_1 是堰体最大主应力 σ_1 的 3 倍左右，这说明刚度大的防渗墙单元分担了较大的应力；在基坑抽水情况下，上下游防渗墙的最大主应力 σ_1 有所不同，分布规律也不尽相同，上游防渗墙的最大主应力 σ_1 发生在 1/3 高度附近，下游防渗墙的最大主应力 σ_1 则位于防渗墙下端。

2. 防渗墙材料在不同状况下的力学性能研究

二期围堰防渗墙的设计指标是根据柔性材料和塑性混凝土室内研究结果经过计算后确定的，但室内和现场施工的实际情况有明显差异，为此对柔性材料和塑性混凝土分别进行常规成型和模拟水下成型时的各项指标的比较研究，分析不同成型环境差异对墙体材料力学指标的影响。

三峡二期围堰的防渗墙采用的主要材料为塑性混凝土（材料 A）和柔性材料（材料 B），分别在恒温（38℃）、恒湿（湿度大于 60%）烘箱中进行，以及在泥浆池中（泥浆温度一般在 6~11℃），对材料 A 和材料 B 进行五组试验，材料的龄期分别为 14 天、28 天、60 天和 90 天。通过单轴和三轴压缩试验，研究塑性混凝土材料的抗压强度、初始切线模量及渗透系数与龄期的关系对围堰安全的影响。针对常规和水下成型环境条件，比较试件各自的实际力学指标，发现在水下成型条件下，抗压强度和初始切线模量低于同龄期的常规成型试件力学指标 20%~40%，并且随着时间增加，这种差异逐渐减小。因此，高温施工条件下，为保证墙体材料坍落度满足设计要求，应选择合理的配合比和外加剂。

1）单轴压缩试验成果与龄期的关系

由于塑性混凝土和柔性材料已经大大降低了混凝土本身的性能，而单轴压缩试验仅用于确定防渗墙材料无侧限抗压强度和初始切线模量，单轴压缩试验更多用于与三轴试验进行对比。

根据不同龄期的测试结果建立防渗墙材料力学参数与龄期的关系。材料 A 力学指标与龄期的关系采取 10 组配合比，分别进行 28 天、60 天、90 天、180 天和 360 天龄期的力学指标测试，得到其抗压强度和初始切线弹性模量指标，其结果如图 3-14 所示。从测试结果发现：材料 A 随龄期的增长，其抗压强度和初始切线模量也有较大增长。虽然材料 A 随龄期的增长其抗压强度和初始切线模量均有较大的增长，但是其增长趋势不一样，抗压强度增长较快，初始切线模量增长较慢。从图 3-15 可以看出，10 组配合比的弹强比随龄期的增长有降低的趋势，并且逐渐趋于稳定。也就是说，如果防渗墙材料 28 天龄期的弹强比满足设计要求（即弹强比小于 250），随着龄期的增长，弹强比始终小于 250，即弹强比始终满足设计要求，这一特点不受龄期影响。

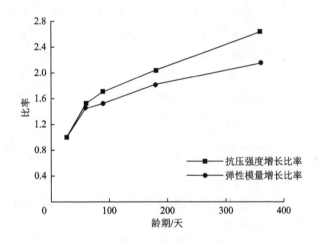

图 3-14　材料 A 强度增长系数和弹性模量增长系数的变化趋势

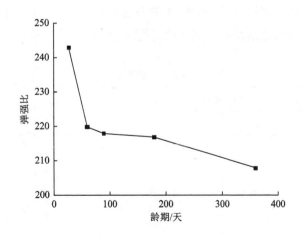

图 3-15　材料 A 弹强比随龄期变化的趋势

2）三轴压缩试验成果与龄期的关系

三轴压缩试验除用于确定防渗墙材料在不同围压下的抗压强度、初始切线模量和破坏应变外，还用于确定防渗墙材料的计算模型参数。试验选取两组材料 A 和 B，模拟预进占段、漫滩段和深槽段防渗墙体材料的实际情况，进行三轴压缩试验，确定防渗墙材料有关计算参数随龄期的变化情况。

两组材料 A 试件和一组材料 B 试件分别在 28 天龄期和 180 天龄期时的三轴压缩试验结果见表 3-2。

表 3-2　防渗材料 A、材料 B 在 28 天和 180 天的三轴压缩试验结果

围压 σ_3 /MPa		材料 A-1				材料 A-2				材料 B-1			
		0	0.1	0.4	0.7	0	0.1	0.4	0.7	0	0.1	0.4	0.7
抗压强度/ MPa	28 天	4.76	5.38	5.64	6.71	3.50	3.93	4.68	5.28	4.40	4.36	5.17	6.04
	180 天	8.32	8.50	9.10	9.96	5.70	6.69	6.92	7.06	6.35	6.84	7.33	7.52
初始模量/ MPa	28 天	1 026	1 235	1 195	1 397	583	796	1 402	1 220	759	1 318	1 574	2 017
	180 天	1 774	1 582	1 890	1 684	754	1 439	1 435	2 203	1 240	1 626	2 155	2 181
破坏应变/ %	28 天	0.95	0.59	0.99	1.65	0.76	0.98	1.50	2.50	0.53	0.80	1.33	2.94
	180 天	0.606	0.685	0.654	1.091	0.53	0.70	0.92	1 054	—	0.67	0.70	1.02
c/MPa	28 天	1.28	—	—	—	0.91	—	—	—	1.16	—	—	—
	180 天	2.26	—	—	—	1.88	—	—	—	2.06	—	—	—
φ /(°)	28 天	34.3	—	—	—	34.8	—	—	—	32.5	—	—	—
	180 天	32.66	—	—	—	26.3	—	—	—	24.2	—	—	—

3）抗渗透性能指标与龄期的关系

渗透试样是直径 150 mm、高 120 mm 的圆柱试样，装样前将试样的顶面和底面锉毛，以清除其水泥浆膜。试样周围的麻坑用石膏补平，以免在围压作用下使乳胶膜击穿漏水。处理好的试样放入清水中浸泡 2～3 天或在饱和器中进行饱和待用，并在试样安装时将其周围涂上一层防水材料。材料 A 渗透试验结果见表 3-3 与图 3-16 所示。表中数据为该组试件在不同龄期分别测得的渗透系数。从测试结果看，材料 A 的渗透系数较小，一般小于 2×10^{-8} cm/s，并且随着龄期的增长，渗透系数逐渐减小；破坏比降均大于 300。

表 3-3　材料 A 的渗透系数

龄期/天	渗透系数/(10^{-9} cm/s)		平均渗透系数 /(10^{-9} cm/s)	破坏 比降
	试件 1	试件 2		
28	21.2	15.5	18.4	>300
60	8.38	6.24	7.31	>300
90	2.64	1.10	1.87	>300
180	1.64	1.31	1.48	>300
360	0.496	0.57	0.53	>300

单轴、三轴压缩试验和抗渗透性能试验结果表明，随着龄期的增长，防渗墙材料的抗压强度和初始切线模量均有较大的增长，但抗压强度增长较快，初始切线模量增长较慢。材料 A 弹强比随龄期的增长有降低的趋势，并且逐渐趋于稳定。随着龄期的增长，材料的渗透系数逐渐减小。这些成果可以为类似工程提供有益的参考和借鉴。

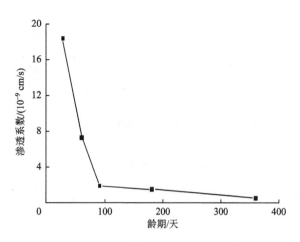

图 3-16　材料 A 渗透系数随龄期的变化趋势

3. 防渗墙体抗弯性能研究

三峡工程二期围堰防渗墙在运行期间产生了较大变形，基于现场实测变形资料，对其抗弯性能进行反馈分析研究，以此为依据预测围堰防渗墙的变形趋势、安全运行趋势及发生破坏的可能性，以确保围堰的安全运行。防渗墙的工作机理可以看成是弹性梁结构进行力学分析。

防渗墙体变形和应力状态直接关系到围堰堰体结构的安全运行和功能的正常发挥。例如深槽段（桩号 0 + 522）墙体内埋设的测斜管 1998 年 9 月 13 日实测防渗墙向基坑方向变形结果（图 3-17），防渗墙的水平位移最大值达 59.7 cm，超过原设计值 42.2 cm。在此情况下，对防渗墙体变形超过预期值的条件下如何评价防渗墙的安全性显得至关重要。为此，结合实测的防渗墙变形资料，对防渗墙的抗弯性能进行了较为深入的反馈分析研究[59]。

假定堰体的防渗墙服从弹性梁的受力特性，由此便可以反算出防渗墙的弯矩，进而分析墙体位移与弯矩、应力的关系。弹性梁的弯矩和变形之间的关系可以由式（3-34）来表达：

$$M = FIy''$$ （3-34）

式中：EI 为梁的抗弯刚度；y'' 为梁的挠度对梁轴线方向的二阶导数。

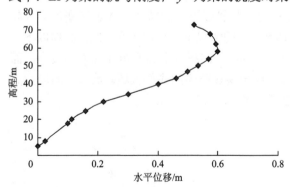

图 3-17　防渗墙的实测水平位移图（上游墙）

对实测水平位移曲线用 n 次多项式进行曲线拟合。由于施工等各方面的原因，要准确地确定塑性混凝土的弹性模量是一件十分困难的事情，弹性模量的取值具有不确定性。为此在进行反馈分析时，分别对弹性模量为 500 MPa、700 MPa 和 1 500 MPa 三种情况进行分析。

根据所选定的计算参数，可反演求出防渗墙沿高程的弯矩分布，如图 3-18～图 3-20 所示。防渗墙上的荷载分布，如图 3-21 所示。

正应力分布情况，如图 3-22～图 3-24 所示。

计算结果表明：随着塑性混凝土弹性模量的增加，防渗墙的弯矩也跟着增加；弹性模量等于 500 MPa、700 MPa 和 1 500 MPa 时，最大弯矩均发生在 40 m 高程左右，由此引起的墙身最大拉应力不大于 0.34 MPa、0.479 MPa、1.027 MPa。根据《三峡工程二期上游围堰设计报告》

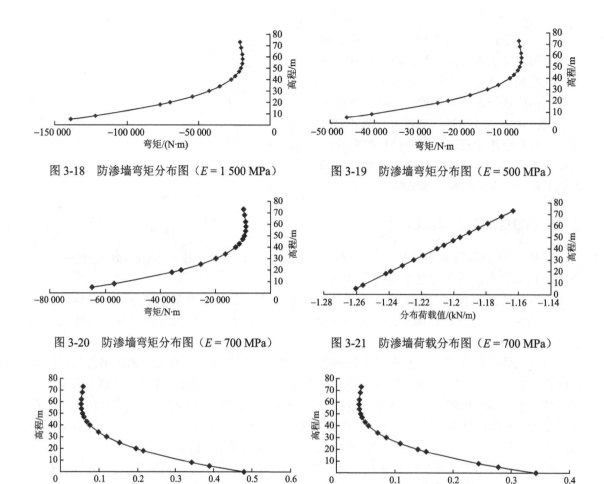

图3-18　防渗墙弯矩分布图（$E = 1\,500\,\text{MPa}$）　　　图3-19　防渗墙弯矩分布图（$E = 500\,\text{MPa}$）

图3-20　防渗墙弯矩分布图（$E = 700\,\text{MPa}$）　　　图3-21　防渗墙荷载分布图（$E = 700\,\text{MPa}$）

图3-22　防渗墙正应力分布图（$E = 700\,\text{MPa}$）　　图3-23　防渗墙正应力分布图（$E = 500\,\text{MPa}$）

（1999年11月）防渗墙材料设计指标为：抗压设计强度为4.0～5.0 MPa，抗折设计强度为1.5 MPa，因此防渗墙不会发生拉压破坏。由此得出，尽管在目前的防渗墙体水平变形大大超过设计值的情况下，防渗墙仍然是安全的；在参数一定的情况下，防渗墙在40 m高程以下的弯矩和应力均较大，而且变化幅度较大；而防渗墙在40 m高程以上的弯矩和应力均较小，而且变化幅度都很小。以上说明防渗墙的最危险部位应出现在防渗的底部区域。墙体上的应力分布和悬臂梁有些类似，但又不完全按照悬臂梁的受力机理模式进行工作。

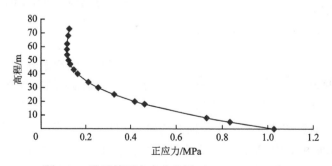

图3-24　防渗墙正应力分布图（$E = 1\,500\,\text{MPa}$）

3.3　土石围堰的变形模型

由土石围堰变形理论可知，土石体的变形分为两部分，一部分是应变，另一部分是蠕变。本节介绍蠕变的计算原理和方法。

3.3.1　土石围堰三参量固体模型

常见的蠕变本构模型有黏弹性、黏塑性、黏弹塑性及弹黏塑性模型等。在黏弹性模型中，最简单的是 Maxwell 模型和 Kelvin 模型[60]。

Maxwell 模型由弹性元件和黏性元件串联而成，此能描述瞬时应变、稳定蠕变和非线性松弛特性。Kelvin 模型由弹簧和阻尼器并联而成，此模型能体现松弛现象，但不表示蠕变，只有稳态的流动。这两种模型都不能体现土石体的蠕变过程，且它们反映的松弛或蠕变过程都只是时间的一个指数函数。因此在实际工程应用中，必须采用另一种更为有效的模型。为了克服 Kelvin 模型及 Maxwell 模型的应用局限性，提出采用既能考虑蠕变，又能反映应力松弛现象的三参量固体模型，其理论如下[61]。

三参量固体模型由一个 Kelvin 模型和一个弹簧串联而成，如图 3-25 所示。

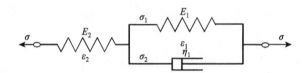

图 3-25　三参量固体模型

显然模型的应力 σ 和应变 ε 可以用元件参量表示为

$$\varepsilon = \varepsilon_1 + \varepsilon_2 \tag{3-35}$$

$$\sigma = E\varepsilon_1 + \eta_1\dot{\varepsilon}_1 \tag{3-36}$$

$$\sigma = E_2\varepsilon_2 \tag{3-37}$$

式中：η_1 为黏滞系数。

做拉普拉斯变换（简称拉氏变换）得

$$\bar{\varepsilon} = \bar{\varepsilon}_1 + \bar{\varepsilon}_2 \tag{3-38}$$

$$\sigma = (E + \eta_1 s)\bar{\varepsilon}_1 \tag{3-39}$$

式中：s 为拉式变换中的复变量。

$$\bar{\sigma} = E_2\bar{\varepsilon}_2 \tag{3-40}$$

然后做逆变换得

$$E_1E_2\varepsilon + E_2\eta_1\dot{\varepsilon} = (E_1 + E_2)\sigma + \eta_1\dot{\sigma}$$

令 $P_1 = \dfrac{\eta_1}{E_1 + E_2}$，$q_0 = \dfrac{E_1E_2}{E_1 + E_2}$，$q_1 = \dfrac{E_1\eta_1}{E_1 + E_2}$，可得三参量固体模型的本构关系方程

$$\sigma = p_1\dot{\sigma} = q_0\varepsilon + q_1\dot{\varepsilon} \tag{3-41}$$

为了讨论模型的蠕变行为，得

$$\bar{\varepsilon}(s) = \frac{\sigma_0}{s}\left(\frac{1 + p_1 s}{q_0 + q_1 s}\right) = \frac{\sigma_0}{q_1}\left[\frac{1}{s\left(s + \dfrac{q_0}{q}\right)} + \frac{p_1}{s + \dfrac{q_0}{q_1}}\right] \tag{3-42}$$

其中把有理分式化为简分式，为的是便于查表进行逆变换

$$\varepsilon(t) = \frac{\sigma_0}{q_1}[\tau_1(1 - e^{-t/\tau_1}) + p_1 e^{-t/\tau_1}]$$

或

$$\varepsilon(t) = \frac{\sigma_0}{E_1 E_2 / (E_1 + E_2)} - \frac{\sigma_0}{E_1}e^{-t/\tau_1}$$

$$= \frac{\sigma_0}{E_2} + \frac{\sigma_0}{E_1}(1 - e^{-t/\tau_1}) \tag{3-43}$$

式中：t 为时间；$\tau_1 = q_0/q_1$。

式（3-43）是三参量固体模型的蠕变方程表达式。分析式（3-43）可以发现，三参量固体模型有瞬时弹性和平衡态的近似值

$$\varepsilon(0^+) = \frac{\sigma_0}{E_2}$$

$$\sigma(\infty) = \frac{E_1 + E_2}{E_1 E}\sigma_0 \equiv \sigma_0/E_\infty \tag{3-44}$$

式中：E_∞ 为 $t \to \infty$ 时的弹性模量。

综合分析三参量固体模型的蠕变表达式可以发现式（3-43）实际上是弹簧和 Kelvin 模型的叠加（图 3-26）。

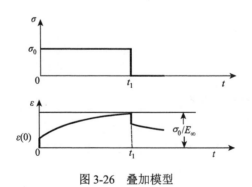

图 3-26　叠加模型

在 $t = t_1$ 时刻作用一个应力 $-\sigma_0 H(t - t_1)$，则它所产生的应变响应为

$$\varepsilon'(t) = \frac{-\sigma_0}{E_\infty} + \frac{\sigma_0}{E_1}e^{-(t-t_1)/\tau_1} \tag{3-45}$$

式中：下标 0 表示初始状态。

因此在 $t = t_1$ 时刻卸除应力后，回复过程的应变为

$$\varepsilon^r(t) = \varepsilon(t) + \varepsilon'(t) = \frac{\sigma_0}{E_1}[e^{-(t-t_1)/\tau_1} - e^{-t/\tau_1}] \tag{3-46}$$

为了讨论应力松弛现象，通过拉普拉斯变换与反演可求得应力表达式

$$\bar{\sigma} = (1 + p_1 s) = (q_0 + q_1 s)\varepsilon_0/s$$

或

$$\bar{\sigma}(s) = \frac{\varepsilon_0}{p_1}\left[\frac{q_1 - p_1 q_0}{(1/p_1) + s} + \frac{p_1 q_0}{s}\right] \tag{3-47}$$

逆变换得

$$\sigma(t) = \frac{\varepsilon_0}{p_1}[(q_1 - p_1 q_0)e^{-t/p_1} + p_1 q_0 H(t)]$$

$$= q_0 \varepsilon_0 + \left(\frac{q_1}{p_1} - q_0\right)\varepsilon_0 e^{-t/p_1} \tag{3-48}$$

应力松弛过程的关系式如下

$$\sigma(t) = E_2 \varepsilon_0 - \frac{E_2^2 \varepsilon_0}{E_1 + E_2}(1 - \varepsilon_0 e^{-t/p_1}) \tag{3-49}$$

式中：$p_1 = \eta_1/(E_1 + E_2)$，为材料松弛特性的参量。

式（3-49）表明 $t = 0$ 时刻，$\sigma(0^+) = E_2 \varepsilon_0$，表示弹簧承受瞬时应力；当 $t \to \infty$ 时 $\sigma(\infty) = \frac{E_1 E_2}{E_1 + E_2}\varepsilon_0 = E_\infty \varepsilon_0$ 为稳态应力，表明应力松弛并不是可以无限制产生的。当时间达到某一程度后，可以认为结构的应力将保持在某一恒定值，从而表现出固体的特性。

综上所述，三参量固体模型既可以描述材料的蠕变过程行为，又可以描述材料的应力松弛特性，符合大多数材料的黏弹性力学特性，故研究选用三参量固体模型作为后面的分析研究围堰堰体结构的应力-应变关系的本构模型。

3.3.2　其他蠕变模型

河海大学的朱晟、长江科学院的程展林等学者在堆石料的蠕变实验基础上，根据实验得到离散点，由实验曲线模拟方程，提出不同参数的蠕变求解模型，以下做简单介绍。

1. 七参量蠕变模型

河海大学朱晟指出全量型流变模型的流变仅与应力状态有关，难以反映应力路径或应力历史对堆石蠕变的影响，不能考虑变应力作用下堆石蠕变的遗传效应。以滞后变形理论为基础，在工程堆石料的三轴蠕变试验的基础上，提出了适合于土石坝筑坝材料，可反映应力路径影响的增量型七参量蠕变模型[62]。

粗粒料的蠕变变形近似于指数型衰减规律，可由 Kelvin 模型控制其滞后变形，同时考虑岩土体的黏滞系数随时间而改变，其蠕变方程为[63]

$$\varepsilon = \varepsilon_f(1 - e^{-Ct^\alpha}) \tag{3-50}$$

式中：ε_f 为最终蠕变量；C、α 为试验参数，通过拟合试验得到。

根据继效理论，在变应力作用下土石坝筑坝粗粒料的蠕变过程，可以看作前后一系列外

力共同作用效应的叠加。设在 ξ_i 时刻，作用外加应力 $\Delta\sigma_i$，则 n 个应力增量后，所产生的蠕变量为

$$\varepsilon = \int_0^{\sigma_n} \frac{\mathrm{d}\sigma}{E_2}[1 - \mathrm{e}^{-C(t-\xi_i)^\alpha}] \qquad (3\text{-}51)$$

式中：$\sigma_n = \Delta\sigma_1 + \Delta\sigma_2 + \cdots + \Delta\sigma_n$。

假定粗粒料的体积蠕变 ε_v 和剪切蠕变 ε_s 与一维蠕变形态完全一致，根据广义胡克定律和 Leaderman 原理[64]，计算 n 级应力增量作用下的累积蠕变量，当 $t > \xi_n$ 时

$$\varepsilon_v(t) = \sum_{i=1}^{n} \Delta\varepsilon_{vfi}[1 - \mathrm{e}^{-C(t-\xi_i)^\alpha}] \qquad (3\text{-}52)$$

$$\varepsilon_s(t) = \sum_{i=1}^{n} \Delta\varepsilon_{sfi}[1 - \mathrm{e}^{-C(t-\xi_i)^\alpha}] \qquad (3\text{-}53)$$

式中：$\Delta\varepsilon_{vfi} = \dfrac{\Delta p_i}{3K_i}$，$\Delta\varepsilon_{sfi} = \dfrac{q_i}{3G_i}$，分别为第 i 级应力增量作用下的最终体积蠕变和最终剪切蠕变量；p、q 分别为体积应力和广义剪应力；K_i、G_i 为控制滞后变形部分的参数，称为蠕变体积模量和蠕变剪切模量，为对应加载应力路径下应力状态的函数。

通过系统试验，绘制不同应力状态下体积应力和最终体积蠕变之间的关系曲线，发现两者近似为线性关系。假定堆石料的蠕变体积模量与应力水平无关，根据弹性理论，求得切线蠕变体积模量：

$$K = \frac{\partial p}{\partial \varepsilon_{vf}} = \frac{1}{3}\frac{(\sigma_1 - \sigma_3)}{\varepsilon_{vf}} \qquad (3\text{-}54)$$

认为蠕变体积模量一般随试验围压的变化而变化，以式（3-55）近似表示为

$$K = k_v p_a \left(\frac{\sigma_3}{p_a}\right)^{n_v} \qquad (3\text{-}55)$$

式中：k_v、n_v 均为模型参数，由试验结果整理得到。

采用双曲线关系表示不同应力状态下广义剪应力和最终剪切蠕变之间的关系为

$$q = \frac{\varepsilon_{sf}}{\dfrac{1}{3G_i} + \dfrac{1}{q_{ult}}\varepsilon_{sf}} \qquad (3\text{-}56)$$

式中：$3G_i$ 为试验曲线的初始线斜率；G_i 为初始蠕变剪切模量；q_{ult} 为试验曲线渐进线。对式（3-56）微分计算，得切向蠕变剪切模量为

$$G = \frac{1}{3}\frac{\partial q}{\partial \varepsilon_s} = G_{i0}(1 - R_{sf}S_e)^2 \qquad (3\text{-}57)$$

式中：S_e 为应力水平；p_a 为大气压力；R_{sf} 为破坏比；k_s、n_s 为模型参数，可根据试验资料得到。

以上构成复杂应力条件下堆石料的七参量蠕变模型，参数为 R_{sf}、C、α、k_s、n_s、k_v、n_v 共 7 个。

2. 九参量蠕变模型

长江科学院程展林[65-66]、左永振等[67]针对水布垭面板堆石坝粗粒料，采用应力式大型三轴仪进行系统试验，提出当应力增量足够大时，堆石料的蠕变只与最终的应力状态相关，而与应力增量大小无关，并提出了九个参数蠕变的数学表达式及相应的参数指标。试验研究发现，蠕变量与时间曲线在双对数坐标系下呈很好的线性关系，剩余蠕变、应变与时间曲线在双对数坐标系下也呈很好的线性关系，采用幂函数表达堆石料的蠕变量的时间曲线，提出了九参量蠕变模型。武汉大学周伟[68-71]在程展林的蠕变试验成果基础上，推导了应用于数值模拟计算的三维蠕变数值表达式，并编制了相应的计算蠕变的程序，应用到水布垭面板堆石坝的施工、蓄水全过程的蠕变仿真计算。

按照滞后变形理论，总应变可以分为瞬时产生的弹塑性应变 $\Delta\varepsilon_{ep}$ 和滞后产生的黏滞应变（即蠕变）$\Delta\varepsilon_L(t)$ 两部分，即

$$\Delta\varepsilon = \Delta\varepsilon_{ep} + \Delta\varepsilon_L(t) \tag{3-58}$$

采用式（3-59）的幂函数来表达蠕变量与时间的关系

$$\varepsilon_L = \varepsilon_f(1 - t^{-\lambda}) \tag{3-59}$$

由式（3-58）和式（3-59）整合可得剩余蠕变量

$$(\varepsilon_f + \varepsilon_{ep}) - \varepsilon = \varepsilon_f - \varepsilon_L = \varepsilon_f \cdot t^{-\lambda} \tag{3-60}$$

试验表明，剩余蠕变量与时间曲线在双对数坐标下呈良好的线性关系，ε_f 可理解为某一应力状态下的最终蠕变量，也可理解为蠕变曲线的拟合参数。根据不同时间 t 的试验应变 ε 可拟合 ε_f 和 λ，且 ε_f 和 λ 都是应力状态的函数。不同应力水平下的 ε_f 与围压 σ_3 有很好的线性关系，且 ε_f 与围压 σ_3 成正比

$$\varepsilon_f = \beta \cdot \sigma_3 \tag{3-61}$$

九参量蠕变模型是用双曲线函数表达堆石料系数 β 与应力水平 S_L 两者间的关系，拟合曲线和试验结果有较好的一致性

$$\beta = \frac{c \cdot S_L}{1 - d \cdot S_L} \tag{3-62}$$

式中：c、d 为轴向蠕变参数。

从而式（3-61）为

$$\varepsilon_f = \frac{c \cdot S_L}{1 - d \cdot S_L} \sigma_3 \tag{3-63}$$

不同应力水平下的 λ 变化幅度很小，λ 仅与围压相关。且 λ 与应力 σ_3 服从幂函数关系

$$\lambda = \eta \cdot \sigma_3^{-m} \tag{3-64}$$

式（3-59）、式（3-63）、式（3-64）及轴向蠕变参数 c、d、η、m 完整地给出了粗粒料轴向应变蠕变特征。

体积蠕变量的时间曲线同样采用幂函数表达

$$\varepsilon_{Lv} = \varepsilon_{vf}(1 - t^{-\lambda v}) \tag{3-65}$$

不同应力水平的最终体积蠕变量 $\varepsilon_{\mathrm{vf}}$ 与围压的关系曲线，在本次试验的围压范围内，$\varepsilon_{\mathrm{vf}}$ 与围压有很好的线性关系，可以采用线性函数拟合，拟合表达式为

$$\varepsilon_{\mathrm{vf}} = \alpha_{\mathrm{v}} + \beta_{\mathrm{v}} \cdot \sigma_3 \tag{3-66}$$

围压与应力水平之间的相互关系，两者可采用幂函数表达

$$\begin{aligned} \alpha_{\mathrm{v}} &= c_{\alpha} \cdot S_{\mathrm{L}}^{d_{\alpha}} \\ \beta_{\mathrm{v}} &= c_{\beta} \cdot S_{\mathrm{L}}^{d_{\beta}} \end{aligned} \tag{3-67}$$

得到最终体积蠕变量 $\varepsilon_{\mathrm{vf}}$ 与应力状态函数的表达式

$$\varepsilon_{\mathrm{vf}} = c_{\alpha} S_{\mathrm{L}}^{d_{\alpha}} + c_{\beta} S_{\mathrm{L}}^{d_{\beta}} \cdot \sigma_3 \tag{3-68}$$

λ_{v} 与应力状态试验曲线显示，λ_{v} 与应力状态关系不明显，稍有波动，可以假定 λ_{v} 为常数。

综上所述，体积蠕变参数 c_{α}、d_{α}、c_{β}、d_{β}、λ_{v} 可以表达体积蠕变特性。以上建议的粗粒料蠕变表达式共 9 个参数，即 c、d、η、m、c_{α}、d_{α}、c_{β}、d_{β}、λ_{v}[31]。

上述模型的研究成果在我国土石围堰蠕变分析中得到了很好的应用。在对围堰堰体结构进行蠕变分析时，其关键因素之一是确定材料的蠕变计算参数。目前材料蠕变参数的试验取值往往是十分困难的，因此，在现有条件下，对围堰堰体进行蠕变分析时，一般均采用反分析的方法。而反分析数值方法的困难来自监测数据和优化算法两个方面。其中监测数据的质量不高从而导致反问题的不适应性更加突出，这些问题使数据的处理也更加困难[72]。

尽管反分析问题存在较多困难，为解决此类问题，不少研究者探索运用各种数值方法来提供解决工程实际问题的途径。目前工程分析中运用较多的是最小二乘法和人工神经网络（artificial neural network，ANN）法。结合三峡二期土石围堰的实际监测资料，采用 B-P 神经网络方法（Back-Propagation algorithm）对围堰体的蠕变参数进行研究，得出一些相关基础研究成果。

3.3.3　三峡工程堰体及防渗墙蠕变

基于三峡工程二期围堰以上的工作状态，其堰体和堰基采用柔性或塑性混凝土防渗墙下接帷幕灌浆、上接土工膜进行防渗。上游围堰深槽段为双排防渗墙，墙厚 1 m，两墙中心距为 6 m，最大高度 74 m。下游围堰是单墙方案，墙厚 1.1 m。二期围堰堰体主要由风化砂、石碴、石碴混合体、过渡料和块石等填筑而成，总填筑量为 1 032 万 m³，其中 80%为水下抛填，最大施工水深为 60 m。二期围堰的技术难度之高、工程规模之大和重要程度是一般围堰工程无法比拟的，因此其变形研究更为需要[73]。

土石体结构蠕变变形是在一定的应力作用下，保持应力不变，而应变随时间的增加而不断增加的结果。因此在对结构进行蠕变分析时，必须对结构的初始应力状态进行正确的模拟。弹性阶段采用了 E-μ 模型[74]。蠕变变形采用三参量固体本构模型。

一次加载情况下，堰体应力及变形计算的 E-μ 模型的增量型应力-应变关系详见 3.2 节。利用上述本构模型计算出堰体结构的初始应力后，即可利用蠕变本构模型进行流变变形的仿真分析。蠕变本构模型采用三参量固体本构模型，其变形随时间变化的关系式可用式（3-69）来表述

$$\varepsilon(t) = \frac{\sigma_0}{E_2} + \frac{\sigma_0}{E_1}(1 - \mathrm{e}^{-t/\tau_1}) \qquad\qquad (3\text{-}69)$$

式中：$\tau_1 = \eta_1 / E_1$，反映蠕变系数同弹性系数的比值。

在对三峡二期围堰进行的单元格划分的基础上，采用防渗墙部分划分式三排单元[75-76]并以此为根据进行蠕变分析，堰体材料非线性分析所需的参数取试验值，见表 3-4。蠕变计算所需的黏弹性计算参数取值见表 3-5。

表 3-4　围堰堰体材料计算参数

非线性材料	ρ_d /(t/m³)	φ /(°)	C	K	n	R_f	G	D	F
风化砂（水上碾压）	1.85	35.0	0	500	0.34	0.9	0.4	3.58	0.18
风化砂（水下振密区）	1.83	34.0	0	300	0.35	0.9	0.4	3.58	0.18
风化砂（振密区外）	1.70	33.0	0	170	0.42	0.72	0.4	4.0	0.10
堆石或石碴	1.95	30	0	630	0.34	0.80	0.37	2.70	0.30
平抛垫底砂砾石	1.96	35	0	580	0.34	0.80	0.35	5.0	0.17
河床覆盖层	2.02	39	0	700	0.34	0.82	0.36	1.45	0.15
淤沙	1.40	35	20	350	0.30	0.82	0.25	5.0	0.13
反滤料	1.94	37.0	0	420	0.73	0.85	0.4	4.3	0

线性材料	ρ /(t/m³)	E/MPa	μ						
基岩（弱风化）	2.60	2.0×10^3	0.20						
基岩（强风化）	2.40	0.5×10^3	0.25						

接触面参数	δ_s /(°)	C_s /kPa	R_{fs}	K_s	N_{ss}				
泥皮与塑性混凝土	11.0	0.0	0.75	1×10^4	0.65				

表 3-5　黏弹性系数取值表

黏弹性系数	1	2	3	4	5	6
E_1/MPa	13 795.6	2 440.75	4 153.38	2 507.425	2 482.75	2 419.25
η/MPa	29 745.6	149 517.2	177 616.4	150 198.3	14 684.48	14 546.79
黏弹性系数	7	8	9	10	11	12
E_1/MPa	2 153.58	37 445.2	2 221.116	2 173.16	7 964.8	3 003.236
η/MPa	9 768.52	79 165 84	50 217.5	29 595.9	146 796.8	40 052.96

图 3-27 为 610#节点实测与计算蠕变位移比较图。由图 3-27 可知，610#节点垂直位移的计算值与实测值在 180 天以前相差较大，而 180 天以后的计算值与实测值则非常接近，最后收敛在 800 mm 左右。节点水平位移的计算值与实测值同样表现出与垂直位移相近似的变化规律，100 天以前相差较大，而 100 天以后的计算值与实测值则非常接近，最后收敛在 350 mm 左右[77]。

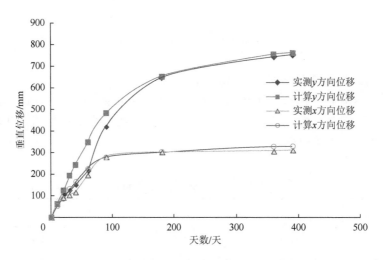

图 3-27　610#节点实测与计算蠕变位移比较图

分析原因有二：①蠕变本构模型是一种理想化的本构模型，它反映的是在某一特定应力情况的变形不断发展的结构，因此计算值的规律性应该是服从某一特定的指数曲线；②堰体运行的前 180 天，外界环境因素（堰体内外水位变化）变化较大，导致蠕变计算的初始应力在不断变化，主要是前 180 天水位较低，引起的堰体内应力较小，从蠕变本构方程可知，变形也相应较小，这与实际情况是相吻合的。此外，从该点位移随时间变化的情况可以得出下述结论：垂直位移变形发展的稳定时间在 180 天左右，而水平位移变形发展的稳定时间在 100 天左右，说明不同方向的变形发展变化及稳定时间是不一致的。

图 3-28～图 3-35 为堰体结构随时间变化的 x 向（水平）与 y 向（垂直）位移等值图。同样表明：堰体垂直位移在 180 天后变化趋于稳定，而在 180 天前垂直位移变化幅度较大。堰体水平位移在 100 天后变化趋于稳定，而在 100 天前水平位移变化幅度较大。堰体结构垂直位移的最终蠕变值最大值约为 83 cm，位置在 88.5 m 高程的堰顶；水平位移的最终蠕变值最大值约为 90 cm，位置在 69 m 高程平台下的截流体内。同时蠕变位移的变化情况表明：堰体结构的后期蠕变位移平均值是蠕变初期位移的 2～3 倍；堰顶最终垂直蠕变位移约为堰体高度的 1%，与实测堰顶垂直位移基本一致（实测堰顶沉降约 79 cm），表明采用三参量固体模型对堰体结构进行仿真分析是合理的[78-79]。

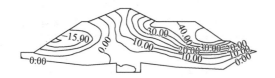

图 3-28　第 100 天堰体 x 向蠕变位移等值图

图 3-29　第 100 天堰体 y 向蠕变位移等值图

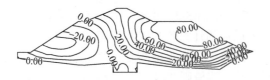

图 3-30　第 180 天堰体 x 向蠕变位移等值图

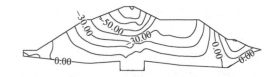

图 3-31　第 180 天堰体 y 向蠕变位移等值图

图 3-32　第 360 天堰体 x 向蠕变位移等值图

图 3-33　第 360 天堰体 y 向蠕变位移等值图

图 3-34　第 540 天堰体 x 向蠕变位移等值图

图 3-35　第 540 天堰体 y 向蠕变位移等值图

研究表明：基坑排水完成后，堰体上游部位由于存在高水头产生的压力作用，上游部分堰体的水平位移值明显小于靠基坑方向部分堰体的水平位移。由于蠕变作用的影响，堰体结构局部地方的位移方向也发生了变化，说明变形对堰体的影响是不可忽视的[42]。

图 3-36～图 3-43 为第 30 天、180 天、360 天、540 天防渗墙蠕变位移在不同高程上的分布情况。防渗墙的最大水平及垂直蠕变位移均发生在防渗墙顶部，垂直蠕变位移沿高程的变化基本上服从线性关系，而水平蠕变位移沿高程的变化呈现出明显的非线性关系，这一计算结果与实测结果基本一致。从而说明对塑性混凝土防渗墙采用蠕变本构模型也是合理的。同时，计算结果也说明由于上下游防渗位置不同，承担水头不同，其蠕变位移值也是不相同的。上游防渗墙的最大垂直蠕变位移约为 70 cm，最大水平蠕变位移约为 32 cm；下游防渗墙的最大垂直蠕变位移约为 76 cm，最大水平蠕变位移约为 40 cm。

综上，针对土石围堰的基本特性选取了相应的研究模型和方法，并相应做出了修改，使广普的土石体力学模型和方法更好地适应土石围堰的施工和工作状态。以三峡二期土石围堰为例，从堰体和防渗墙两个角度进行研究，对其变形、应力-应变及抗弯性能进行细致的研究。

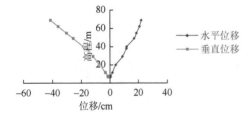

图 3-36　第 30 天上游防渗墙蠕变位移分布图

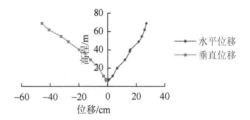

图 3-37　第 30 天下游防渗墙蠕变位移分布图

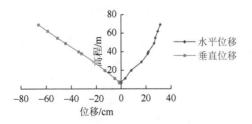

图 3-38　第 180 天上游防渗墙蠕变位移分布图

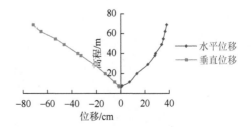

图 3-39　第 180 天下游防渗墙蠕变位移分布图

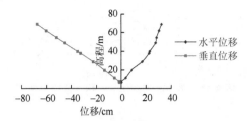

图 3-40　第 360 天上游防渗墙蠕变位移分布图

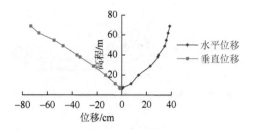

图 3-41　第 360 天下游防渗墙蠕变位移分布图

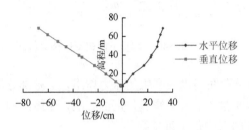

图 3-42　第 540 天上游防渗墙蠕变位移分布图

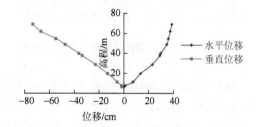

图 3-43　第 540 天下游防渗墙蠕变位移分布图

第4章 土石围堰的稳定分析

本章从土石围堰稳定的基本理论入手，以三峡二期高土石围堰为研究背景，在地震、爆破等特殊工况下进行高土石围堰堰体和防渗墙的应力及变形研究，以及堰体结构的动力稳定分析。以乌东德水电站上游围堰为背景，进行坐落在深厚覆盖层的高土石围堰的渗流变形及稳定分析，因为深厚覆盖层的高土石围堰运行环境更加复杂多变，工程安全的不确定性因素更多，研究起来更为复杂。如今，随着围堰规模的扩大、建筑物级别的提高，对地质条件复杂的高土石围堰的研究显得越发重要。

4.1 土石围堰渗流分析及边坡稳定分析

土石围堰的工作原理和结构形式与土石坝相同。其稳定性可以从渗流稳定和边坡稳定两方面来考虑；但是土石围堰作为一种临时建筑物，只对于规模较大的土石围堰考虑其边坡稳定。其原理基本采用改进的土石坝及自然边坡理论基础。

作为稳定分析基础的土的强度破坏与破坏理论，目前获得广泛应用的是莫尔-库仑定律（图4-1）。其计算公式（4-1）中土的抗剪强度有两种计算方法：总应力法与有效应力法[3]。

$$\tau = c + \sigma \tan \varphi \tag{4-1}$$

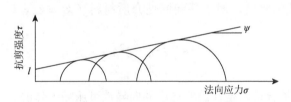

图 4-1 抗剪强度与法向应力的关系

在土石围堰边坡稳定分析中，极限平衡法是目前工程应用较多的一种方法。它假设边坡出现滑动面且处于极限平衡状态，然后将边坡离散成有垂直边界的土条，假设土条为刚体（即不考虑土条的变形），建立土条的静力平衡方程。这种方法也称为条分法。其中一直以来被运用较多的有瑞典圆弧法、毕肖普法、Morgenstern-Price 法与 Spencer 法等。除此之外，当涉及地震、爆破等特殊工况时，往往也采用萨尔玛法进行围堰的稳定分析。

4.1.1 土石围堰的渗流分析

土石围堰的渗流分析可以为堰体稳定分析打下基础，深入研究渗流问题和设计有效的控制渗流措施是十分必要的。土石围堰渗流分析的内容包括：①确定围堰堰体浸润线的位置，绘制堰体及堰基的流网图；②计算围堰堰体及堰基的渗流量；③分析判断堰体及堰基的渗透稳定性及其采取的相应措施[17]。

1. 渗流分析的基本原理

由于土石围堰的渗流特性，堰体和河岸中的渗流一般均为无压渗流，有浸润面存在，大多数情况下可看作稳定渗流。但在水位急降时，则产生不稳定渗流，需要考虑渗流浸润面随时间变化对堰坡稳定的影响。

渗流流速 v 和渗透比降 J 的关系一般符合如下的规律[80]

$$v = kJ^{1/\beta} \tag{4-2}$$

式中：k 为渗流系数，量纲与流速相同；β 为参量，$\beta = 1 \sim 1.1$ 时为层流，$\beta = 2$ 时为紊流，$\beta = 1.1 \sim 1.85$ 时为过渡流态。

1）渗流分析的基本方程

达西定律的基本表达式为[81]

$$v = kJ = -k\frac{\mathrm{d}H}{\mathrm{d}s} \tag{4-3}$$

式中：v 为渗透速度；k 为土的渗透系数；J 为渗透比降；H 为流场中的测压管水头。

从质量守恒原理出发，假定渗流过程中土体不可压缩，即土体孔隙率不变，则单位时间内流入与流出单元体的水量相等，可引证出渗流连续性方程[82]

$$\frac{\partial v_x}{\partial x} + \frac{\partial v_y}{\partial y} + \frac{\partial v_z}{\partial z} = 0 \tag{4-4}$$

根据达西定律和连续条件，可得稳定渗流的微分方程

$$\frac{\partial}{\partial x}\left(k_x \frac{\partial h}{\partial x}\right) + \frac{\partial}{\partial y}\left(k_y \frac{\partial h}{\partial y}\right) + \frac{\partial}{\partial z}\left(k_z \frac{\partial h}{\partial z}\right) = 0 \tag{4-5}$$

若各个方向渗透性为常数，对于各向同性介质材料（$k_x = k_y = k_z$），则可变成拉普拉斯方程为

$$\frac{\partial^2 h}{\partial x^2} + \frac{\partial^2 h}{\partial y^2} + \frac{\partial^2 h}{\partial z^2} = 0 \tag{4-6}$$

对于非稳定渗流，符合达西定律的非均质各向异性可压缩土体的三维空间渗流微分方程为

$$\frac{\partial}{\partial x}\left(k_x \frac{\partial h}{\partial x}\right) + \frac{\partial}{\partial y}\left(k_y \frac{\partial h}{\partial y}\right) + \frac{\partial}{\partial z}\left(k_z \frac{\partial h}{\partial z}\right) = S_s \frac{\partial h}{\partial t}, \quad 在 \Omega 内 \tag{4-7}$$

式中：$h = h(x, y, z, t)$ 为待求水头函数；k_x，k_y，k_z 为以 x，y，z 轴为主方向的渗透系数；S_s 为单位贮水量或贮存率；Ω 为渗流区域。

对于各向同性介质

$$k\left(\frac{\partial^2 h}{\partial x^2} + \frac{\partial^2 h}{\partial y^2} + \frac{\partial^2 h}{\partial z^2}\right) = S_s \frac{\partial h}{\partial t} \tag{4-8}$$

式中

$$S_s = \frac{k}{C_v} \tag{4-9}$$

$$C_v = \frac{k(1+e)}{a_v \gamma} \tag{4-10}$$

其中：C_v 为多孔介质固结系数；k 为渗透系数；e 为孔隙比；a_v 为垂直压缩系数；γ 为水容重。

2）边界条件

在渗流问题的求解过程中，水的流动都是在有限范围的空间流场内进行的，对于限定这些有限空间并起支配作用的流场边界称为边界条件。流场计算开始时的条件如水头分布、位势，称为初始条件。通常把边界条件和初始条件统称为定解条件。对于稳定渗流问题，只需给出边界条件，而对于非稳定渗流场需要给出初始条件和全部过程的边界条件[83]。

边界条件可以区分渗流场的几何边界和边界上起支配作用的水力要素，主要有三类边界条件可以描述流动的数学模型。

第一类为水头边界条件，可以描述边界上的位势函数和水头函数。考虑时间因素，可以写成如下形式。

初始条件 $\qquad h|_{t=0} = h_0(x, y, z, 0)$ （4-11）

边界条件 $\qquad h|_{\Gamma_1} = h(x, y, z, t)$ （4-12）

对于稳定渗流场，渗流边界为等水头面，h 只是空间位置的函数，不随时间变化

$$h|_{\Gamma_1} = h(x, y, z)$$ （4-13）

对于自由边界，水头与位置高度相等

$$h = z(x, y)$$ （4-14）

第二类为流量边界条件，描述边界上的位势函数和水头函数的导数。考虑时间因素，可以写为

$$\left. \frac{\partial h}{\partial n} \right|_{\Gamma_2} = -\frac{v_n}{k} = h(x, y, z, t)$$ （4-15）

对于各向异性介质

$$k_x \frac{\partial h}{\partial x} l_x + k_y \frac{\partial h}{\partial y} l_y + k_z \frac{\partial h}{\partial z} l_z + q = 0$$ （4-16）

式中：q 为单位面积边界上穿过的流量；l_x, l_y, l_z 为外法线 $\boldsymbol{n}$ 与坐标间的方向余弦。稳定渗流问题，进出边界流量 $q = C$，或者 $\frac{\partial h}{\partial n} = C$。不透水层和对流面及稳定渗流的自由面 $\frac{\partial h}{\partial n} = 0$；非稳定渗流问题，变动自由面边界除满足第一类边界条件，还应满足第二类边界条件的流量补给，即

$$-k_n \left. \frac{\partial h}{\partial n} \right|_{\Gamma_2} = q$$ （4-17）

第三类为混合边界条件，即含水层边界的内外水头差和流量交换呈线性关系可以写为

$$\alpha \left. \frac{\partial h}{\partial n} \right|_{\Gamma_3} + h|_{\Gamma_3} = \beta$$ （4-18）

式中：α 为正常数，α 和 β 都是混合边界各点的已知数。

2. 渗流分析的计算方法

渗流计算的方法有很多，以下扼要介绍一些常用的方法[84]。

1）浸润线方程求解

土石围堰由于自身的条件，一般情况是坐落在有限透水地基上，心墙筑至不透水层。其渗流计算可求出单宽流量、心墙下游坡渗流水深和渗出高度

$$q = k_2 \frac{(H_1 + T)^2 - (h + T)^2}{2\delta} \tag{4-19}$$

$$q = k_1 \frac{h^2 - a_0^2}{2(l - m_2 a_0)} + k_3 \frac{T(h - a_0)}{l - a_0(m_2 + 0.5)} \tag{4-20}$$

$$q = k_1 \frac{a_0}{m_2 + 0.5} + k_3 \frac{a_0 T}{a_0(m_2 + 0.5) + 0.44T} \tag{4-21}$$

式中：k_1、k_2、k_3 分别为坝壳、心墙和坝基的渗流指数；q 为渗流量；H_1 为上游水深；l 为渗流区长度；m_2 为下游坝坡坡率；h 为渗流场中某一点的渗压水头；a_0 为下游水深；T 为透水地基深度。

无排水设备情况渗透浸润线如图 4-2 所示，浸润线方程为

$$2qx = k_1 h^2 + 2k_3 Th - k_1 y^2 - 2k_3 Ty \tag{4-22}$$

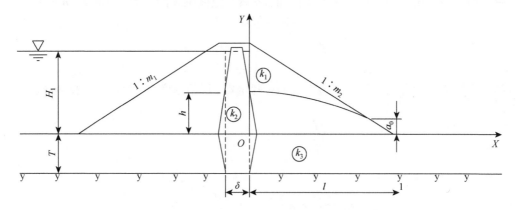

图 4-2　无排水设备情况渗透浸润线

2）流网法

流网法是一种图解法，当渗流场不是十分复杂时，流网绘制方便，其精度尚且能满足设计需要[3]，如图 4-3 所示。

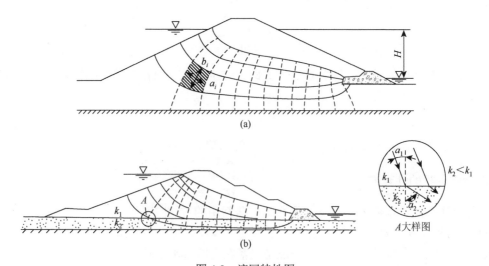

(a)

(b)

图 4-3　流网特性图

设上下游总水头 H 被等势线分割成 m 个分格，各分格的水头差 ΔH 相同，同时渗流边界所围成的区域被流线分割成 n 个分格，各分格通过的渗流量相同，则各网格流线和等势线的边长保持相同的比例。例如，某计算点所在网格 i 的流线和等势线的平均边长分别为 a_i 和 b_i，则该网格内渗流的平均渗透比降 J_i、平均流速 v_i 及通过全断面的单宽流量 q 分别为

$$J_i = \frac{H}{a_i m}, \quad v_i = kJ_i = k\frac{H}{a_i m}, \quad q = kH\frac{b_i n}{a_i m} \tag{4-23}$$

如为正方形网格，则式（4-23）中 $a_i = b_i$。

3）有限元法

有限元法是把连续体离散化为有限个单元的集合体来进行研究，引用变分原理对研究问题建立模式，推导出近似解的一组方程，最后归结为求解多阶系数矩阵的线性方程组，以电子计算机作为工具，并在矩阵分析和数值方法的基础上进行所需精度的计算[3]。

有限元法可以更好地适应复杂的边界条件和坝体、非均质坝基、各向异性等不同的情况。所以在工程设计中逐渐得到广泛应用。下面以均质坝平面渗流问题为例，阐述有限元法的基本要点。

有限元法渗流计算边界条件如图4-4所示。已知水头值的边界为第一类边界，包括：上游坝坡水头 $H_{上} = H_1$，下游坝坡水下部分水头 $H_{下} = H_2$，渗流自坝面逸出部分 $H = y$。已知渗出流速或流量的边界为第二类边界，包括：坝基不透水层 $\partial H / \partial n = 0$，$n$ 代表边界外法线方向，坝内浸润线 $\partial H / \partial n = 0$，$H = y$。

将渗流区域进行单元划分，以节点水头 H 作为待求值，计算方程为

$$\boldsymbol{KH} = 0 \tag{4-24}$$

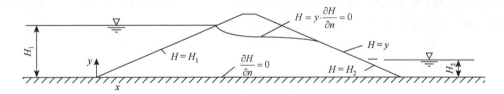

图4-4　有限元法渗流计算边界条件

矩阵 $\boldsymbol{K}$ 由各单元的 $\boldsymbol{K}^e$ 组成，单元中 i、j 元素的表达式为

$$K_{ij}^e = \iint\limits_{e} \left[k_x \frac{\partial N_i}{\partial x} \frac{\partial N_j}{\partial x} + k_y \frac{\partial N_i}{\partial y} \frac{\partial N_j}{\partial y} \right] \mathrm{d}x\mathrm{d}y \tag{4-25}$$

式中：N_i、N_j 为节点 i、j 的形函数；k_x、k_y 分别为 x、y 方向的渗流系数。在上下游坝坡节点处，水头值已知，将其表示为 $\boldsymbol{H}_1$，其余待求节点的水头值表示为 $\boldsymbol{H}_2$，可有

$$\begin{bmatrix} K_{11} & K_{12} \\ K_{21} & K_{22} \end{bmatrix} \begin{Bmatrix} H_1 \\ H_2 \end{Bmatrix} = \begin{Bmatrix} 0 \\ 0 \end{Bmatrix} \tag{4-26}$$

从而

$$\boldsymbol{K}_{22}\boldsymbol{H}_2 = -\boldsymbol{K}_{21}\boldsymbol{H}_1 \tag{4-27}$$

可以得出各节点的水头值，进而绘制等势线和流网。

3. 渗流变形及其危害

渗流对土体产生的渗流力从宏观上看，这种渗流力将影响围堰的应力和变形形态，应用连续介质力学方法可以进行这种分析；从微观角度看，渗流力作用于无黏性土的颗粒及黏性土的骨架上，可使其失去平衡，产生以下几种渗流变形：管涌、流土、接触冲刷、接触流土[3]。

对判定的可发生渗流变形的各种土层，应根据其实际承受的渗流比降是否超过容许比降，判定其是否发生管涌与流土。临界水力比降（J_{cr}）按下列各式判断。

流土型

$$J_{cr} = (G_s - 1)(1 - n) \tag{4-28}$$

管涌型或过渡型

$$J_{cr} = 2.2(G_s - 1)(1 - n)^2 d_5 / d_{20} \tag{4-29}$$

管涌型

$$J_{cr} = \frac{42d_3}{\sqrt{k / n^3}} \tag{4-30}$$

式中：G_s 为土的颗粒密度与水的密度之比；k 为渗流系数；n 为土的孔隙率；d_3、d_5、d_{20} 分别为级配曲线中含量小于 3%、5%、20% 的土粒的最大粒径，mm。

前两种渗流变形主要出现在单一土层中，后两种渗流变形则多出现在多种土层中。黏性土的渗流变形形式主要是流土。渗流变形可在小范围内发生，也可发展至大范围，导致堰体沉降、堰坡塌陷或形成集中的渗流通道等，危及围堰的安全。

4.1.2　土石围堰的边坡稳定分析

土石围堰稳定分析的可靠程度对于工程的经济性和安全性具有重要影响。围堰稳定分析的目的是围堰设计断面在自重、渗透压力、孔隙水压力和其他外荷载作用下，具有足够的稳定性，不致发生堰体或堰基的滑动、液化及塑性流动等破坏[10]。围堰静力稳定计算采用的刚体极限平衡法，常用瑞典圆弧法或毕肖普法，发展至今虽有不严密之处，但仍是目前分析边坡问题的主要手段。采用有限元法进行数值计算，可以不受边坡几何形状的不规则和材料的不均匀性的限制，是近年来边坡稳定分析研究的新趋势。

1. 瑞典圆弧法

瑞典圆弧法一般假定边坡稳定为平面应变问题，滑动面为圆弧，计算圆弧面安全系数时，将条块重量向滑面法向分解来求法向力。该方法不考虑条间力的作用，先假定土坡失稳破坏可简化为一平面应变问题，破坏滑动面为一圆弧形面计算图形如图 4-5 所示。计算时将可能滑动面以上的土体划分成若干铅直土条，略去土条间相互作用力的影响，据此，可以计算出产生滑动的作用力 S 与抗力 T。按有效应力分析时，S 与 T 的表达式为[3]

$$\begin{cases} S = \sum W_i \sin \alpha_i \\ T = \sum [c_i' b_i \sec \alpha_i + (W_i \cos \alpha_i - u_i b_i \sec \alpha_i) \tan \varphi_i'] \end{cases}$$

（4-31）

式中：i 为土条编号；W 为土条重量；u 为作用于土条底部的孔隙水压力；b、α 分别为土条宽度及其沿滑裂面的坡脚；c'、φ' 分别为有效抗剪强度指标：有效黏聚力、有效内摩擦角。

静力问题采用安全系数的评价方法，稳定安全系数 K_c 为抗力相对于圆心的阻滑力矩与作用力产生的滑动力矩的比值

$$K_c = \frac{TR}{SR} = \frac{T}{S}$$

（4-32）

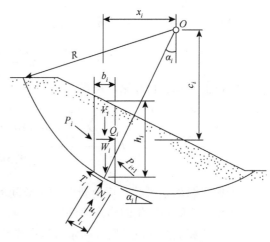

图 4-5 瑞典圆弧法计算图形

2. 简化的毕肖普法

毕肖普法在瑞典圆弧法的基础上做了改进，假定滑面形状为滑裂圆弧面、条块之间仅有水平作用力而无垂向作用力，即条块在滑动过程中无垂向的相对运动趋势。毕肖普法近似考虑了土条间相互作用力的影响。该法仍假定滑动面形状为一圆弧面。其计算简图如图 4-6 所示。e_i 为 Q_i 相对于滑动面圆心的手臂；E_i 和 X_i 分别为土条间相互作用的法向力和切向力；W_i 为土条自重；Q_i 为水平力，如地震力等；N_i 和 T_i 分别为土条底部的总法向力和总切向力[3]。

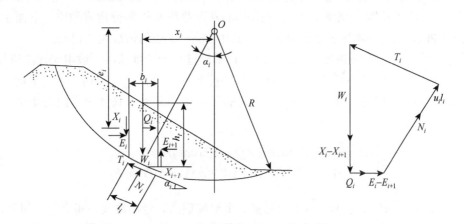

图 4-6 简化的毕肖普法的计算图形

根据莫尔-库仑定律，达到极限平衡状态时，在土条底面应有

$$T_i = \frac{1}{K_c}[c_i' b_i \sec \alpha_i + (N_i - u_i b_i \sec \alpha_i) \tan \varphi_i']$$

（4-33）

由每一土条竖向力平衡条件得

$$N_i \cos \alpha_i = W_i + (X_i - X_{i+1}) - T_i \sin \alpha_i$$

（4-34）

滑动体对圆心的力矩平衡条件为

$$\sum W_i x_i - \sum T_i R + \sum Q_i e_i = 0 \tag{4-35}$$

将以上各式联合起来，可得

$$K_c = \frac{\sum \dfrac{1}{m_i}\{c_i' b_i + [W_i - u_i b_i + (X_i - X_{i+1})]\tan\phi_i'\}}{\sum W_i \sin\alpha_i + \sum Q_i e_i / R} \tag{4-36}$$

为使问题简单可解，毕肖普假设土条间的切向力 X_i 和 X_{i+1} 近似相等，互相抵消，只记水平力作用，故称为简化的毕肖普法。其一般都能得出比较准确的解答，但在某些情况下有可能出现数值计算上的问题。所以，常常将毕肖普法与瑞典圆弧法的计算值相比较，如果出现毕肖普法的 K_c 值小于瑞典圆弧法的 K_c 值时，表明出现数值计算上的问题，此时可对滑动面进行调整。毕肖普法的一个局限性是只适用于圆弧滑动面的情况。

3. Morgenstern-Price 法与 Spencer 法

Morgenstern-Price 法分析任意曲线形状的滑面，假设潜在的滑坡体划分为无限小宽度的条块，基于构建的力和力矩平衡微分方程以确定潜在滑移面的法向应力及边坡稳定性安全系数。但收敛慢，需经多次演算方能满足极限平衡条件。Spencer 法则是 Morgenstern-Price 法的一种特殊情况。

Morgenstern-Price 法的基本假设是条块间的法向力 X_i 与剪切力 E_i 的比值用条间力函数 $f(x)$ 与一个特定的比例系数 λ 的乘积表示，即 $X_i / E_i = \lambda f(x)$。而 Spencer 法是其特例，Spencer 法假设 X_i 与 E_i 的比值是一常数，即 $X_i / E_i = \tan\theta$，并将 θ 作为待定常数[3]。下面主要介绍 Morgenstern-Price 法的基本原理及计算公式，其中 Spencer 法的情况也会说明。

根据条块力与力矩平衡条件建立方程组，且求解过程十分复杂，一般用迭代法进行求解。当滑裂面上土的抗剪强度指标达到极限平衡时的抗剪强度指标 c_e'、φ_e' 时，土坡滑动体达到极限平衡状态[85-86]，同时建立土条 x 和 y 方向力的平衡条件及土条底部中点的力矩平衡条件，可得

$$\begin{cases} \Delta N \sin\alpha - \Delta T \cos\alpha + \Delta Q - \Delta(G\cos\beta) = 0 \\ -\Delta N \cos\alpha - \Delta T \sin\alpha + (\Delta W + q\Delta x) - \Delta(G\sin\beta) = 0 \end{cases} \tag{4-37}$$

式中：W、Q、G 分别为土条单位宽度的重量、水平地震力、竖向地震力和土条间相互作用力；q 为土条顶上外荷载强度；α 为滑动弧面与水平面夹角；β 为 G 与水平面间的夹角。

$$(G + \Delta G)\cos(\beta + \Delta\beta)\left[y + \Delta y - (y_t + \Delta y_t) - \frac{1}{2}\Delta y \right]$$
$$- G\cos\beta\left[y - y_t + \frac{1}{2}\Delta y \right] + G\sin\beta\Delta x - \frac{\mathrm{d}Q}{\mathrm{d}x}h_e = 0 \tag{4-38}$$

式中：h_e 为土条水平地震惯性力作用点至滑动弧面的垂直距离。

根据平衡时土条底部法向力和切向力的关系，并消去 ΔN，令 $\Delta x \to 0$，可将式（4-37）和式（4-38）化为两个非线性常微分方程。将其积分，并代入边界条件后可得

$$\begin{cases} G = \int_a^b p(x)s(x)\mathrm{d}x = 0 \\ M = \int_a^b p(x)s(x)t(x)\mathrm{d}x - M_\mathrm{e} = 0 \end{cases} \tag{4-39}$$

式中：

$$p(x) = \left(\frac{\mathrm{d}W}{\mathrm{d}x} \pm \frac{\mathrm{d}V}{\mathrm{d}x} + q\right)\sin(\varphi_\mathrm{e}' - \alpha) - u\sec\alpha\sin\varphi_\mathrm{e}' - c_\mathrm{e}'\sec\alpha\cos\varphi_\mathrm{e}' - \frac{\mathrm{d}Q}{\mathrm{d}x}\cos(\varphi_\mathrm{e}' - \alpha)$$

$$s(x) = \sec(\varphi_\mathrm{e}' - \alpha + \beta)\exp\left[-\int_a^x \tan(\varphi_\mathrm{e}' - \alpha + \beta)\frac{\mathrm{d}\beta}{\mathrm{d}\zeta}\mathrm{d}\zeta\right]$$

$$t(x) = \int_a^x (\sin\beta - \cos\beta\tan\alpha)\exp\left[\int_a^\xi \tan(\varphi_\mathrm{e}' - \alpha + \beta)\frac{\mathrm{d}\beta}{\mathrm{d}\zeta}\mathrm{d}\zeta\right]\mathrm{d}\xi$$

$$M_\mathrm{e} = \int_a^b \frac{\mathrm{d}Q}{\mathrm{d}x}h_\mathrm{e}\mathrm{d}x \tag{4-40}$$

式中：ξ、ζ 为积分变量；a、b 为滑弧两端的 x 坐标。

根据安全系数 K 的定义，滑动体的有效抗剪强度指标 c'、φ' 与达到极限平衡时的抗剪强度指标 c_e'、φ_e' 的关系为

$$\begin{cases} c_\mathrm{e}' = c' / K \\ \tan\varphi_\mathrm{e}' = \tan\varphi' / K \end{cases} \tag{4-41}$$

方程组中的未知量为安全系数 K、土条间作用力 G 与水平面所成的夹角 β，为了便于求解，将 β 表示为

$$\tan\beta = f_0(x) + \lambda f(x) \tag{4-42}$$

求解函数 $f_0(x)$ 和 $f(x)$ 可选为以下两种形式：①取 $f_0(x) = 0$，$f(x) = 1$，这就是 Spencer 法，应用较广，但在某些情况下可能出现难以收敛等数值计算上的问题；②取 $f(x)$ 为一正弦曲线，$f_0(x)$ 为一直线，滑动体两段土条的 β 取该处土坡的坡脚。

4. 各种分析方法的比较

各种极限平衡法最大的不同之处在于对相邻土条之间的内力作何假设，也就是如何增加已知条件使超静定问题变成静定问题。这些假定的物理意义不同，所能满足的平衡条件也不同，因此计算步骤繁简不同。各种极限平衡法的滑裂面形式和所满足的平衡条件见表 4-1[1]。

表 4-1　典型极限平衡法的主要特点

方法	特点
瑞典圆弧法	圆弧滑动面； 只满足力矩平衡，不满足水平和竖向力平衡
简化的毕肖普法	圆弧滑动面； 满足力矩平衡，满足竖向力平衡，不满足水平力平衡
Morgenstern-Price 法	任意形状滑动面； 满足力矩平衡和力的平衡
Spencer 法	任意形状滑动面； 满足力矩平衡和力的平衡

5. 有限元法

在应用以上力学求解方法的基础上，随着计算机水平的发展，采用有限元法进行数值计算已经成为分析岩土工程问题比较成熟的方法，是近年来边坡稳定分析研究的新趋势。它可用于求解弹性、弹塑性、黏弹塑性、黏塑性等问题。将连续系统分割为有限个分区或单元，对每个单元提出一个近似解，再将所有单元按标准方法组合为一个与原有系统近似的系统，基于等价于微分方程的积分原理组建节点平衡方程组，并利用虚功原理与最小势能原理求解。

1）基于滑面应力分析的有限元法

目前，应用于边坡稳定性评价及加固设计中的边坡稳定安全系数的定义有多种，适用于滑面应力分析法的有以下几种。

根据应力水平确定

$$K_c = \left(\int_0^1 Z \mathrm{d}l \middle/ \int_0^1 \mathrm{d}l \right)^{-1} \tag{4-43}$$

根据剪应力确定

$$K_c = \left(\int_0^1 \tau_f \mathrm{d}l \middle/ \int_0^1 \tau \mathrm{d}l \right)^{-1} \tag{4-44}$$

对应力水平进行强度加权平均而确定

$$K_c = \left(\int_0^1 \tau_f \mathrm{d}l \middle/ \int_0^1 Z \tau_f \mathrm{d}l \right)^{-1} \tag{4-45}$$

式中：τ_f 为抗剪强度；τ 为实际剪应力；Z 为应力水平。

对于平面应变问题，假设边坡土体所构成的平面区域为 S，并且已知 S 内土体的应力分布。土体的抗剪强度采用莫尔-库仑定律计算，即

$$\tau_f = \sigma_n \tan\varphi' + c' \tag{4-46}$$

式中：σ_n 为曲线上一点土体的法向应力；φ' 为土体的有效内摩擦角；c' 为有效黏聚力。如图 4-7 所示，令 l 为 S 内的任意一条曲线，用 $y = y(x)$ 表示，土体沿曲线 l 的滑动稳定安全系数采用式（4-47）定义

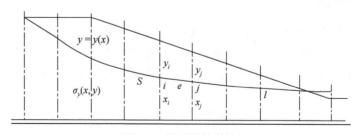

图 4-7　滑动面的离散

$$K_c = \frac{\int_0^1 (\sigma_n \tan\varphi' + c') \mathrm{d}l}{\int_0^1 \tau \mathrm{d}l} \tag{4-47}$$

式中：τ 为 l 沿曲线任意一点的剪应力。

如此边坡滑动稳定性分析问题转化为：在已知的应力场内寻找曲线 l 使稳定安全系数 K_c 达到最小。该方法是物理意义较精确的求解，稳定安全系数求解的正确性主要取决于滑面上应力

的计算、最危险滑动面的确定及最小值寻优的方法，求解过程比较复杂。最小值寻优的方法是目前研究较多的问题。

2）有限元强度折减法

所谓强度折减，就是在理想弹塑性有限元计算中将边坡岩土体抗剪切强度参数逐渐降低直到其达到破坏状态为止，程序可以自动根据弹塑性计算结果得到破坏滑动面（塑性应变和位移突变的地带），同时得到边坡的强度储备安全系数[1]。

强度折减法首先对于某一给定的强度折减系数，通过式（4-48）调整土体的强度指标 c' 和 φ'，c'_f、φ'_f 分别为折剪后的土的黏聚力和内摩擦角，强度折减系数（K_c），通过弹塑性有限元数值计算确定边坡内的应力场、应变场或位移场，并且对应力、应变或位移的某些分布特征，以及有限元计算过程中的某些数学特征进行分析，不断增大折减系数，直至根据对这些特征的分析结果表明边坡已经发生失稳破坏，将此时的折减系数定义为边坡的稳定安全系数为

$$c'_f = c' / K_c, \quad \varphi'_f = \arctan(\tan \varphi' / K_c) \tag{4-48}$$

下面以莫尔应力圆来阐述这一强度变化过程，如图 4-8 所示，在 σ-τ 坐标系中，有三条直线 AA、BB 及 CC，分别表示土的折剪前强度包线、强度指标折减后所得到的强度包线和极限平衡即剪切破坏时的极限强度包线，图中莫尔应力圆表示一点的实际应力状态。

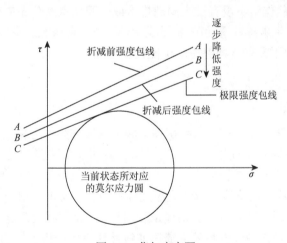

图 4-8　莫尔应力圆

强度折减法的优点是安全系数可以直接得出，不需要事先假设滑动面的形式和位置，同时也可以考虑土体的渐进破坏。显然，这是一种有效的方法。但该方法是否成功的关键问题是破坏准则的定义，通常利用解的不收敛性，这存在明显的缺点：物理意义不明确，需要进行一定的计算假定，有很大的人为因素。

4.2　高土石围堰稳定分析

20 世纪以来，随着坝体越建越高，土石围堰也随之增高，高土石围堰由于其条件的复杂性和本身建筑物的级别很高，除进行静力稳定分析外，常常需要做动力稳定分析。其稳定状态理论主要针对土体受到动荷载作用时的动力稳定分析。

4.2.1 稳定分析的理论与方法

1. 稳定理论

当土体受到动荷载作用时，稳定性分析的条件则会十分复杂。在这种情况下，稳定状态理论能很好地解释土体滑坡的分类和成因机制问题，并对滑坡的可能性做出初步的判断。

动荷载往往会瞬间增大土体的下滑应力，降低土体的强度，从而影响土体的稳定性。依据稳定状态理论，土可以划分为剪胀土和剪缩土两类，在实际问题中，剪缩土的失稳问题是考虑因强度的降低而引起的破碎性滑动，也有人称为液化破坏。剪胀土的工程问题在于排水和变形而不是孔压累积引起的强度降低。

通常情况下判断剪缩性土的失稳采用以下公式

$$K = \frac{\text{稳定状态强度}}{\text{下滑驱动应力}} \tag{4-49}$$

若安全系数 K 小于 1，则边坡具有发生破碎性滑动的可能性，至于实际能否发生，则要看动荷载的振幅大小和持续时间的长短。若动荷载的振幅足够大，持续时间足够长，则能发生破碎性滑动。对于 K 大于 1 的剪缩性土而言则不会发生破碎性破坏。

由上述分析可知，在判断边坡土体是否具有失稳的可能性时，首先考虑土的剪缩性和剪胀性。通常情况下在动荷载作用下没有发生局部排水或孔隙比重新分布的剪缩土无论在任何形式的荷载作用下都不会发生破碎性滑动破坏。当 K 小于 1 时，剪胀土就有发生破碎性滑坡的可能，K 大于 1 的剪胀性土则不具有这种潜在的可能性。

2. 高土石围堰稳定的研究方法

1）等效线性分析方法

把土看成是黏弹性体（图 4-9），以剪切模量和阻尼比作为动力特性指标进行计算，将不同应变幅值下的滞回特性和骨架曲线分别用阻尼比和剪切模量随剪应变的变化关系来加以反映（图 4-10），该方法在本质上是线性分析。等效线性黏弹性是在上述初始模型基础上建立的，其本构模型如图 4-11 所示。在总体动力学效应大致相当的意义上，用一个等效的剪切模量和等效的阻尼比替换所有不同应变对应的剪切模量和阻尼比，将非线性问题转化为线性问题进行分析，最终获得一个总体等效的线性系统来逼近非线性体系以分析坝体的动力响应，如图 4-12、图 4-13 所示。以上思路需要通过等效线性黏弹性本构模型来实现。

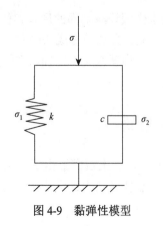

图 4-9　黏弹性模型

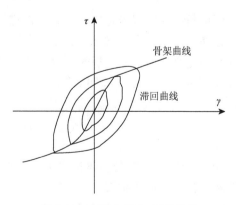

图 4-10　土的动应力-应变关系

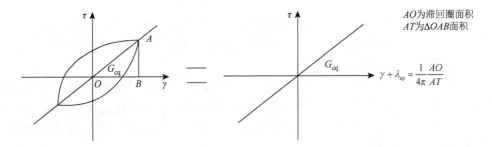

図 4-11 等效线性黏弹性本构模型

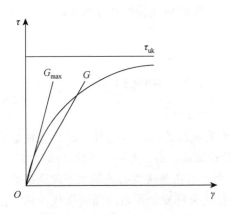

图 4-12 动应力与动应变关系

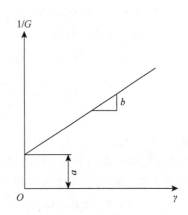

图 4-13 $1/G$-γ 关系曲线

动力方程为

$$M\ddot{u}_t + C\dot{u}_t + Ku_t = -M\ddot{u}_{gt} \qquad (4\text{-}50)$$

式中：$\ddot{u}_t$ 为 t 时刻节点的加速度；$\dot{u}_t$ 为 t 时刻节点的速度；u_t 为 t 时刻节点的位移；$\ddot{u}_{gt}$ 为 t 时刻基底输入加速度；M 为总体质量矩阵；K 为总体刚度矩阵；C 为总体阻尼矩阵。

求解动力方程可采用 Wilson-θ 法，该方法通过用时间步长 $h = \theta \cdot \Delta t$ 取代原有步长 Δt 的方式来满足积分格式的无条件稳定，求得 $\ddot{u}_h$，θ 可取为 1.38，由式（4-51）插值求得 $\ddot{u}_{n+1}$，在通过式（4-52）由节点初始时刻的加速度 $\ddot{u}_n$、速度 $\dot{u}_n$、位移 u_n 求出下一时刻的加速度 $\ddot{u}_{n+1}$、速度 $\dot{u}_{n+1}$、位移 u_{n+1}。

$$\ddot{u}_{n+1} = \ddot{u}_n + \frac{1}{\theta}(\ddot{u}_h - \ddot{u}_n) \qquad (4\text{-}51)$$

$$\begin{cases} \dot{u}_{n+1} = \dot{u}_n + \dfrac{1}{2}\Delta t \ddot{u}_n + \dfrac{1}{2}\Delta t \ddot{u}_{n+1} \\[2mm] u_{n+1} = u_n + \Delta t \dot{u}_n + \dfrac{1}{3}\Delta t^2 \ddot{u}_n + \dfrac{1}{6}\ddot{u}_{n+1} \end{cases} \qquad (4\text{-}52)$$

等效线性方法的步骤如下。

（1）在有限元静力分析的基础上，求出每个单元的初始动剪切模量 G，并按照经验选定初始的阻尼比 λ。

（2）将地震过程分割为多个时间段进行计算以得到每个时间段的动剪切模量。

（3）由某个时间段各单元的质量矩阵、刚度矩阵和阻尼矩阵得到总体质量矩阵 M、总体刚度矩阵 K 和总体阻尼矩阵 C，并由公式 $R = -M\ddot{u}_{gt}$，求出荷载向量 R。

（4）由总体矩阵 $\boldsymbol{M}$、$\boldsymbol{K}$、$\boldsymbol{C}$、荷载向量 $\boldsymbol{R}$ 及初始的 $\ddot{\boldsymbol{u}}_n$、$\dot{\boldsymbol{u}}_n$、$\boldsymbol{u}_n$ 可求出 $\ddot{\boldsymbol{u}}_{n+1}$。

（5）将上一步计算出的 $\ddot{\boldsymbol{u}}_{n+1}$ 作为 $\ddot{\boldsymbol{u}}_h$，利用 Wilson-θ 法可求出下一时刻节点的信息，如加速度 $\ddot{\boldsymbol{u}}_{n+1}$、速度 $\dot{\boldsymbol{u}}_{n+1}$、位移 $\boldsymbol{u}_{n+1}$。

（6）通过 $\boldsymbol{u}_{n+1}$ 可以求出单元的动剪应变 γ_{n+1}，对每个时段的计算均按上述步骤完成后得到所有单元的动剪应变 γ，从中可得到最大值 $\gamma_{\max}$，由公式 $\gamma_{\text{eff}} = 0.65\gamma_{\max}$ 可得到等效剪应变，这样一来便可查询 $G/G_{\max}$-γ 和 λ-γ 曲线得到新的 G 和 λ，代入下一时间段继续进行计算。至此，该时间段的计算基本完成。

（7）对上面的第（3）步到第（6）步进行循环指导完成所有时间段的计算，将每一时间段得到的 G 与上一时间段 G 之间的误差控制在 10% 以内，按照所需提取计算结果。

2）拟静力极限平衡分析法

对于毕肖普法，稳定安全系数的表达式为

$$K_{\text{c}} = \frac{\sum \dfrac{1}{m_{\alpha i}}\{[(W_i \pm F_{\text{w}})\sin\alpha_i - u_i l_i - F_{\text{h}i}\sin\varphi_i]\tan\varphi_i + c_i l_i\}}{\sum[(W_i \pm F_{\text{v}i})\sin\alpha_i + M_{\text{c}i}/R]} \qquad (4\text{-}53)$$

式中：W_i 为土条重量；l_i 为土条宽度；u_i 为作用于土条底面的孔隙水压力；α_i 为条块重力线与通过此条块底面中点的半径之间的夹角；F_{w} 为土条外荷载；$M_{\text{c}i}$ 为 $F_{\text{v}i}$ 引起的滑动力矩；$F_{\text{v}i}$ 为作用在条块重心处的竖向地震惯性力代表值；$F_{\text{h}i}$ 为作用在条块重心处的水平向地震惯性力代表值；$m_{\alpha i} = \cos\alpha_i + \sin\alpha_i \tan\varphi_i / K_{\text{c}}$，使用毕肖普法求解安全系数时需要迭代计算。在计算时，一般可先假定 $K_{\text{c}} = 1$，求出 m_α，再求 K_{c}，用此 K_{c} 求出新的 m_α 及 K_{c}，如此反复迭代，直至假定的 K_{c} 和算出的 K_{c} 非常接近为止。

对于地震作用，按《水电工程水工建筑物抗震设计规范》（NB 35047—2015）有关规定执行，作用在条块重心处的水平向地震惯性力为 $F_{\text{h}i} = k_{\text{h}} C_z \alpha_i W_i$。其中：$k_{\text{h}}$ 为水平向地震系数；C_z 为综合影响系数，取 1/4；α_i 为地震加速度分布系数，根据《水工建筑物抗震设计规范》中的规定，在拟静力法土石坝抗震计算中，质点 i 的动态分布系数按图 4-14 采用，α_m 在设计烈度为 7、8、9 时，分别取 3.0、2.5、2.0；W_i 为集中于土条重心的重量。土石坝的竖向惯性力为 $F_{\text{v}i} = 2F_{\text{h}i}/3$。

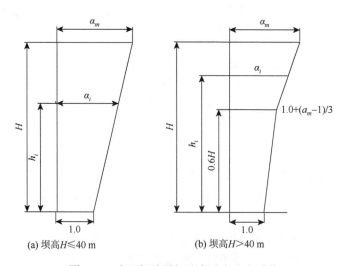

(a) 坝高 $H \leqslant 40$ m　　　　　(b) 坝高 $H > 40$ m

图 4-14　土石坝地震加速度动态分布系数

3）动力有限元时程分析法

边坡稳定的动力有限元时程分析法是在静应力场的基础上将动应力的因素考虑计算中，滑弧示意图如图 4-15 所示：首先进行静力计算，得到各个单元的静力信息 σ_{xd}、σ_{yd}、τ_{xyd}，然后通过公式求得各个单元的正应力 σ_i 和剪应力 τ_i，$\sigma_i = \sigma_{st} + \sigma_{dt}$，$\tau_t = \tau_{st} + \tau_{dt}$，假设单元 i 的长度为 l_i，单元的抗剪强度表示为 τ_{ft}，$\tau_{ft} = c + \sigma\tan\phi$，则所计算的滑裂面稳定安全系数为

$$K_s = \frac{\int \tau_f \mathrm{d}l}{\int \tau \mathrm{d}l} = \frac{\sum \tau_{fi} l_i}{\sum \tau_i l_i} \tag{4-54}$$

$$\sigma_{st} = \frac{\sigma_{xs} + \sigma_{ys}}{2} + \sqrt{\left(\frac{\sigma_{xs} - \sigma_{ys}}{2}\right)^2 + \tau_{xys}^2} \cos\left(2\alpha - \arctan\frac{2\tau_{xys}}{\sigma_{xs} - \sigma_{ys}}\right) \tag{4-55}$$

$$\sigma_{dt} = \frac{\sigma_{xd} + \sigma_{yd}}{2} + \sqrt{\left(\frac{\sigma_{xd} - \sigma_{yd}}{2}\right)^2 + \tau_{xyd}^2} \cos\left(2\alpha - \arctan\frac{2\tau_{xyd}}{\sigma_{xd} - \sigma_{yd}}\right) \tag{4-56}$$

$$\tau_{st} = \sqrt{\left(\frac{\sigma_{xs} - \sigma_{ys}}{2}\right)^2 + \tau_{xys}^2} \sin\left(2\alpha - \arctan\frac{2\tau_{xys}}{\sigma_{xs} - \sigma_{ys}}\right) \tag{4-57}$$

$$\tau_{di} = \sqrt{\left(\frac{\sigma_{xd} - \sigma_{yd}}{2}\right)^2 + \tau_{xyd}^2} \sin\left(2\alpha - \arctan\frac{2\tau_{xyd}}{\sigma_{xd} - \sigma_{yd}}\right) \tag{4-58}$$

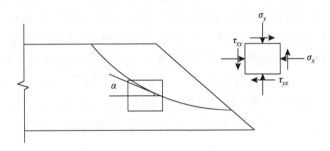

图 4-15　滑弧示意图

基于滑裂面的动力有限元时程分析法，将有限元和拟静力法结合分析坝坡的抗震稳定性能，给出安全系数时程曲线，动态地观察并记录稳定安全系数的变化特征。

在地震冲击荷载作用的过程中，土体的动剪应力是不断变化的，土坡可能在某一时刻或某一时段内稳定安全系数小于规定的允许值而进入失稳状态，但这并不意味着坝坡一定彻底破坏，不能用瞬时的结果判断坡体的整体安全性。引入河海大学刘汉龙教授提出的最小平均稳定安全系数方法作为评价和分析边坡稳定的标准。该方法所确定的最小平均稳定安全系数为

$$\overline{K_{smin}} = K_{s0} - 0.65(K_{s0} - K_{smin}) \tag{4-59}$$

稳定安全系数在地震作用过程中随时间上下波动，形成安全系数时程曲线。其中 K_{s0} 为稳定安全系数时程曲线初始时刻的安全系数值，即在动力作用尚未施加时静力作用下的稳定安全系数；K_{smin} 为整个稳定安全系数时程曲线上的最小稳定安全系数值，即稳定安全系数随动力作用波动达到的最低点；用 $0.65(K_{s0} - K_{smin})$ 来表示稳定安全系数在振动过程中的平均起伏程度，如图 4-16 所示。

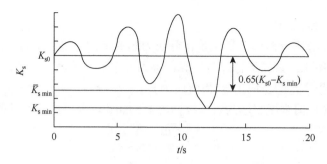

图 4-16 最小平均稳定安全系数示意图

4）萨尔玛法

萨尔玛法是属于以莫尔-库仑强度理论为准则的极限平稳理论范畴的。此方法认为滑体破坏必须首先破裂成多个可以相对滑动的条块，在滑动前不但要考虑滑动面上剪应力平衡条件，还要计算滑体内部条块间的侧面剪应力，可以根据滑体工程地质构造进行倾斜分条[87]。

萨尔玛法力学模式如图 4-17 所示。图 4-17（a）为条块划分示意图，条块划分可以根据岩土体性质和实际界面采用竖直或倾斜界面，图 4-17（b）为条块的受力分析图。模型中主要的物理量含义如下[88-89]。

W_i 为第 i 条块的自重（kN）；k_c 为临界水平地震加速度系数，与震动烈度相关；F_i 为第 i 条块坡面锚索等施加给条块的力及其他坡面荷载（kN）；γ_i 为第 i 条块坡面荷载与水平面的夹角（°）；E_i、E_{i+1} 为作用在第 i 条块两侧面的正压力（kN）；X_i、X_{i+1} 为作用在第 i 条块两侧面的剪切力（kN）；N_i 为作用在第 i 条块底滑面的正压力（kN）；T_i 为作用在第 i 条块底滑面的剪切力（kN）；U_i 为作用在第 i 条块底滑面上的静水压力（kN）；PW_i、PW_{i+1} 为作用在第 i 条两侧面静水压力（kN）；a_i 为第 i 条块底滑面与水平面的夹角（°）；δ_i、δ_{i+1} 为第 i 条块两侧与铅直面的夹角（°）；c_i、φ_i 分别为第 i 条块底滑面的黏聚力和内摩擦角；c_i'、φ_i' 分别为第 i 条块侧滑面的有效黏聚力和有效内摩擦角。设在临界水平地震加速度系数为 K_c 的条件下的边坡稳定性系数（或称强度储备系数）为 K_s，根据边坡稳定的极限平衡分析原理采用如下形式：

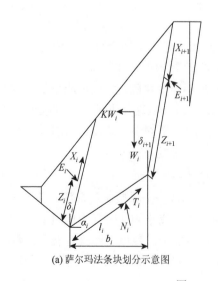

(a) 萨尔玛法条块划分示意图

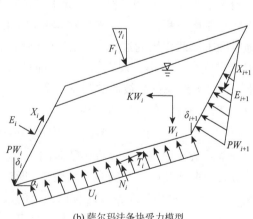

(b) 萨尔玛法条块受力模型

图 4-17 萨尔玛法力学模式

$$C_i = \frac{c_i}{K_s}, \quad \phi_i = \frac{\varphi_i}{K_s}, \quad C_i' = \frac{c_i'}{K_s}, \quad \phi_i' = \frac{\varphi_i'}{K_s}$$

建立平衡方程

$$T_i \cos\alpha_i - N_i \sin\alpha_i = K_c W_i + X_{i+1}\sin\delta_{i+1} - X_i \sin\delta_i + E_{i+1}\cos\delta_{i+1} - E_i \cos\delta_i - F_i \cos\gamma_i \quad (4\text{-}60)$$

$$N_i \cos\alpha_i + T_i \sin\alpha_i = W_i + X_{i+1}\cos\delta_{i+1} - X_i \cos\delta_i - E_{i+1}\sin\delta_{i+1} + E_i \sin\delta_i + F_i \sin\gamma_i \quad (4\text{-}61)$$

按莫尔-库仑强度准则，底滑面上应有

$$T_i = (N_i - U_i)\tan\varphi_i + c_i b_i \sec\alpha_i \quad (4\text{-}62)$$

分条斜截面上也有极限平衡，应有 $n-1$ 个 X_i 与 E_i 的关系式

$$X_i = (E_i - PW_i)\tan\varphi_i' + C_i' d_i \quad (4\text{-}63)$$

$$X_{i+1} = (E_{i+1} - PW_{i+1})\tan\varphi_{i+1}' + C_{i+1}' d_{i+1} \quad (4\text{-}64)$$

联立以上各式可得

$$E_{i+1} = a_i - p_i K_c + E_i e_i \quad (4\text{-}65)$$

式（4-65）为递推方程，将其逐个代入展开，利用边界条件 $E_1 = E_Q$，$E_{n+1} = \frac{1}{2}\gamma_W Z_W^2$ 有

$$\frac{a_n + e_n \cdot a_{n-1} + e_n \cdot e_{n-1} \cdot a_{n-2} + \cdots + e_n \cdot e_{n-1} \cdot e_{n-2}\cdots e_2 \cdot a_1 + e_n \cdot e_{n-1} \cdot e_{n-2}\cdots e_2 \cdot e_1 E_Q - E_{n+1}}{P_n + e_n \cdot P_{n-1} + e_n \cdot e_{n-1} \cdot P_{n-2} + \cdots + e_n \cdot e_{n-1} \cdot e_{n-2}\cdots e_2 \cdot P_1} - K_c = 0$$

$$(4\text{-}66)$$

式中：a_i、P_i、e_i 为第 i 条块物理力学参数的函数，其表达式为

$$a_i = \frac{W_i \cdot \sin\left(\dfrac{\varphi_i}{K_s} - \alpha_i\right) + R_i \cdot \cos\left(\dfrac{\varphi_i}{K_s}\right) + S_{i+1} \cdot \sin\left(\dfrac{\varphi_i}{K_s} - \alpha_i - \delta_{i+1}\right)}{\cos\left(\dfrac{\varphi_{i+1}'}{K_s} - \alpha_i - \delta_{i+1} + \dfrac{\varphi_i}{K_s}\right) \cdot \sec\left(\dfrac{\varphi_{i+1}'}{K_s}\right)}$$

$$(4\text{-}67)$$

$$- \frac{S_i \cdot \sin\left[\left(\dfrac{\varphi_i}{K_s}\right) - \alpha_i - \delta_i\right] + F_i \cos\left(\dfrac{\varphi_i}{K_s} - \gamma_i - \alpha_i\right)}{\cos\left(\dfrac{\varphi_{i+1}'}{K_s} - \alpha_i - \delta_{i+1} + \dfrac{\varphi_i}{K_s}\right) \cdot \sec\left(\dfrac{\varphi_{i+1}'}{K_s}\right)}$$

$$P_i = \frac{W_i \cdot \cos\left[\left(\dfrac{\varphi_i}{K_s}\right) - \alpha_i\right]}{\cos\left(\dfrac{\varphi_{i+1}'}{K_s} - \alpha_i - \delta_{i+1} + \dfrac{\varphi_i}{K_s}\right) \cdot \sec\left(\dfrac{\varphi_{i+1}'}{K_s}\right)} \quad (4\text{-}68)$$

$$e_i = \frac{\cos\left(\dfrac{\varphi_i'}{K_s} - \alpha_i - \delta_i + \dfrac{\varphi_i}{K_s}\right) \cdot \sec\left(\dfrac{\varphi_i'}{K_s}\right)}{\cos\left(\dfrac{\varphi_{i+1}'}{K_s} - \alpha_i - \delta_{i+1} + \dfrac{\varphi_i}{K_s}\right) \cdot \sec\left(\dfrac{\varphi_{i+1}'}{K_s}\right)} \quad (4\text{-}69)$$

$$R_i = b_i\left(\dfrac{c_i}{K_s}\right) \cdot \sec\alpha_i - U_i \tan\left(\dfrac{\varphi_i}{K_s}\right) \quad (4\text{-}70)$$

$$S_i = d_i\left(\dfrac{c_i}{K_s}\right) - PW_i \tan\left(\dfrac{\varphi_i'}{K_s}\right) \quad (4\text{-}71)$$

式中：d_i、d_{i+1} 为边坡第 i 条块前后侧面的长度；b_i 为边坡第 i 条块底滑面在水平面上的投影的长度。

研究表明：三峡二期深水高土石围堰通过选择 E-μ 模型对三峡工程二期围堰堰体及防渗墙结构进行应力和变形的计算分析，以及对于防渗墙抗弯性能的反演分析，得出的结论与实测资料相对比相差不大，验证了采用的研究方法和推理较为接近工程实际情况，是合理的[9]。

4.2.2　地震及爆破作用的堰体动力稳定分析

对于建设周期很长的特大型、巨型水利水电工程，高土石围堰作为主要挡水建筑物，在其运行期间可能会出现地震、爆破等特殊情况，其安全问题不容小觑。

对三峡二期土石围堰进行动力稳定分析可以得到如下结论：沿用地震作用下的堰体等效线性和非线性变形动力稳定分析结果，堰体主要动力变形部位在堰体内抛填风化砂中，堰体截流体、堆石体变形较小，而且基本上是均匀分布的。加速度最大值也不在顶部，而是在堰体防渗墙的上部的风化砂中；堰体动应力的最大值，基本上在堰基面上的单元中，其他部位的应力都较小。混凝土墙的最终永久变形的最大值可达 40 cm，相应的动力永久变形则为 3～4 cm；堰体一边坡动力稳定问题，经过分析，下游边坡是安全的；7 度地震作用下，堰基上覆土厚度较小的坡脚处，新淤积砂有液化的可能性。

堰体受 7 度地震作用后，增大了变形与应力，特别是饱和淤积砂的孔压增高较明显，风化砂中孔压也有上升，因此抗滑稳定性相对降低，上游坡存在一定的不稳定因素，需采取必要的加强措施。

在取得的这些研究结果基础上，研究围堰在爆破作用下的稳定性。

三峡二期围堰是施工期的主要挡水建筑物，它高度大、挡水深度大，并且堰基有一部分位于厚度较大的新淤砂层。在基坑爆破开挖时产生的爆振效应、堰基淤积砂可能产生的液化，对堰体稳定的可能影响，需要进一步采用萨尔玛法计算，并分析堰体的爆振动稳定及堰基淤积砂的抗液化状态，才能论证二期围堰爆振条件下的安全控制方法提供有力的依据。

1）爆破荷载处理

按静力等效原理，把爆破振动加速度 q 转化为等效静荷，转换公式为

$$F_i = \frac{1}{7}\frac{a_i}{g}W_i \qquad (4\text{-}72)$$

式中：a_i 为第 i 条块振动的加速度；1/7 为经验系数。加速度为

$$a_i = K\left(\frac{Q^{1/3}}{R}\right)^a e^{\delta} \qquad (4\text{-}73)$$

当单响药量 Q 在 300 kg 以下时，堰体水平振动加速度衰减规律为

$$a = 56\left(\frac{Q^{1/3}}{R}\right)^{1.68} \qquad (4\text{-}74)$$

2）稳定计算

用垂直条分法，经计算的稳定安全系数列于表 4-2。

表 4-2 稳定安全系数计算结果

计算工况		萨尔玛法安全系数	规范要求安全系数	备注
静力	迎水坡	1.48	1.25	上游水位，高程 78.0 m
	背水坡	1.448	1.25	上游水位，高程 76.0 m
爆破振动	迎水坡	1.26	1.05（7 度地震）	$Q = 500$ kg，$R = 200$ m
	背水坡	1.25	1.05（7 度地震）	$Q = 300$ kg，$R = 50$ m

计算时，假定水平荷载均指向滑动方向，这一假定实际上是考虑了最不利的条件。迎水坡几乎不受爆破影响，受控要求主要是背水坡；当单响药量 $Q = 300 \text{ kg}$，$K > 50 \text{ m}$ 时，堰体是稳定和安全的。

4.3 深厚覆盖层的高土石围堰稳定分析

根据我国水利水电发展规划，在金沙江、雅砻江、大渡河、乌江等流域上在建和即将建设的大型水利水电工程中，大部分工程是建在深厚覆盖层上的。深厚覆盖层厚度多达几十米到几百米。国内外在深厚覆盖层上建坝已有一些成功的先例。尽管如此，在深厚覆盖层地基上填筑围堰所面临的困难和挑战要更大。深厚覆盖层上的土石围堰，由于天然状态下覆盖层的分布存在随机性并且覆盖层变形较大，而且覆盖层地基又不能处理，围堰的基础条件较差；不仅如此，堰体的填筑料一般采用的是山体和基坑开挖的废弃料，其级配较宽，力学性能较差，堰体的填筑方式采用水下抛填并且碾压密实度不高，围堰体形成条件较差。在如此差的形成条件和复杂的运行条件下堰体要承受高水头作用，在长达 3～4 年的运行期内，堰体-防渗墙-覆盖层堰基之间的相互变形协调问题是否安全，关系重大。

4.3.1 深厚覆盖层的高土石围堰渗流分析计算

深厚覆盖层上的土石围堰工程的防渗体系有几大特点：①围堰地基条件比较复杂，不均匀性较大，渗透性比较强；②由于基坑开挖期，堰体挡水的运行过程，围堰体运行条件较为复杂；③深厚覆盖层上土石围堰的防渗方式一般采用塑性混凝土防渗墙上接土工膜的防渗方式，可能存在防渗体系发生局部损坏，主要体现在堰体内防渗墙可能因变形过大而开裂，以及其上部土工膜结构与防渗墙的连接部位有可能拉裂而使止水失效。因此，有必要对深厚覆盖层上土石围堰的渗流控制体系进行研究和探讨：概括出其渗流模型，研究围堰运行状态下的稳定渗流性态及处于不同局部破损状态下的渗流性态。

乌东德水电站上游土石围堰所采用的防渗墙为上接复合土工膜的防渗方案，防渗墙墙体材料为塑性混凝土。堰体主要利用导流洞和坝肩开挖的块石料、石碴混合料及砂砾石料填筑而成。围堰分区、填筑次序及堰基开挖如图 4-18 所示。围堰顶高程为 875.5 m，顶宽为 10 m，高程 833 m 以上均为干地碾压填筑而成，迎水面坡比 1：2.0，背水面坡比 1：1.75。围堰高程 833 m 以下为水下填筑部位，并在 833 m 高程处形成 25 m 宽的防渗墙施工平台，防渗墙施工完成后在其上部填筑碎石土，在迎水侧高程 845 m 处设置宽 48 m 的平台。围堰体和地基的防渗采取防渗墙上接复合土工膜的防渗形式，其中防渗墙选择塑性混凝土作为墙体材料，墙厚 1.2 m；

防渗墙上部防渗体为复合土工膜斜墙，复合土工膜为两布一膜结构（500 g/1.2 mm/500 g）。在防渗墙与斜墙间采用厚 11 m 的水平填筑碎石土连接，防渗墙体插入碎石土内 3 m。

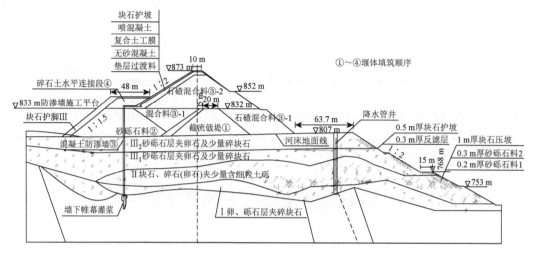

图 4-18　乌东德水电站上游土石围堰横断面图

根据乌东德水电站上游土石围堰堰体不同填筑料和地基地质条件，概化其材料分区（图 4-19）。根据材料分区建立有限元法计算模型（图 4-20），计算模型上游隔水边界取到距围堰上游坡脚 300 m，下游隔水边界取距围堰下游坡脚 300 m，底部隔水边界取至基岩面以下 100 m。根据边界条件，建立有限元模型，计算单元采用四结点等参单元，其中结点数为 1 899，单元数为 1 785。

上游运行水位 873.4 m（$p = 2\%$，$Q = 26\,600\ \mathrm{m^3/s}$），下游水位取基坑开挖面高程 723.00 m。

覆盖层渗透系数范围及建议值见表 4-3，其他材料分区渗透系数见表 4-4。其中，复合土工膜实际厚度较薄，为了便于有限元法的模拟，按相同渗流量进行等效，$k_1(h/L_1)A = k_2(h/L_2)A$，由于过流面积 A 及水头损失 h 相同，则得到 $k_1L_2 = k_2L_1$。假定复合土工膜的实际厚度为 1 mm，渗透系数为 5.0×10^{-10} cm/s，则当模拟厚度采用 1 m 时，其等效渗透系数为 5.0×10^{-7} cm/s。

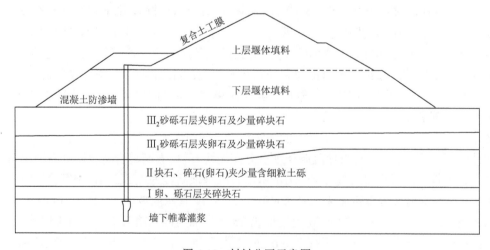

图 4-19　材料分区示意图

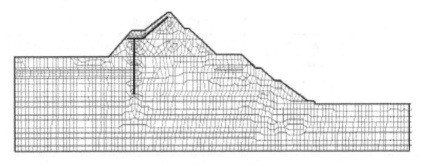

图 4-20　计算网格图

表 4-3　覆盖层渗透系数范围及建议值

覆盖层	渗透系数范围值/(cm/s)	渗透系数建议值/(cm/s)	允许比降
第 III$_2$ 层覆盖层		5.0×10^{-2}	0.11
第 III$_1$ 层覆盖层	$1.99 \times 10^{-3} \sim 1.75 \times 10^{-2}$	1.0×10^{-2}	0.21
第 II 层覆盖层	$3.80 \times 10^{-4} \sim 5.41 \times 10^{-4}$	4.0×10^{-4}	0.23
第 I 层覆盖层	$1.02 \times 10^{-3} \sim 7.28 \times 10^{-2}$	3.0×10^{-3}	0.28

表 4-4　坝体填筑料及防渗体渗透系数　　　　　　　　　　单位：cm/s

部位	堰体上层	堰体下层	基岩	复合土工膜	防渗墙	帷幕灌浆
渗透系数	1.0×10^{-2}	1.0×10^{-1}	5.0×10^{-6}	5.0×10^{-7}	1.0×10^{-7}	1.0×10^{-5}

　　由于防渗墙是在水下抛填砂砾石料后采用冲击反循环钻机造孔形成的。若这种施工造孔的垂直度不够，或遇有块球体而无法造孔时，可能形成"开叉"现象。同时，不同龄期浇筑的防渗墙也有可能在钻孔搭接处形成连接缝。对于防渗墙上接复合土工膜的情况，搭接环节较复杂，堰顶作为主要的施工交通道路，运行条件恶劣，也可能出现裂缝和缺陷。因此，有必要对局部破损条件下的渗流性态进行研究，分析计算工况见表 4-5。

表 4-5　渗流分析计算工况

工况	说明
工况 1	正常运行条件，防渗体系未发生破损
工况 2	第 I 层覆盖层底部产生开叉，宽度为 1.0 m
工况 3	防渗墙只打入第 II 层覆盖层，第 I 层覆盖层未处理
工况 4	防渗墙与复合土工膜水平搭接处全部拉开
工况 5	防渗墙与复合土工膜水平连接处局部破损长 1.0 m

　　主要分析防渗墙后浸润线高程、下游溢出点高程、下游溢出点渗透坡降及渗透流量，各工况的统计结果见表 4-6。正常运行条件下等势线分布图，防渗体局部破损条件下的等势线分布图如图 4-21～图 4-23 所示。

表 4-6   各工况计算结果统计表

工况	防渗墙后浸润线高程/m	下游溢出点高程/m	下游溢出点渗透坡降	单宽渗透流量/[m³/(s·m)]
工况 1	744.59	730.5	0.35	3.17
工况 2	782.68	732.49	0.36	5.32
工况 3	803.17	775.32	0.40	29.93
工况 4	811.36	787.46	0.42	155.48
工况 5	781.13	731.58	0.35	4.56

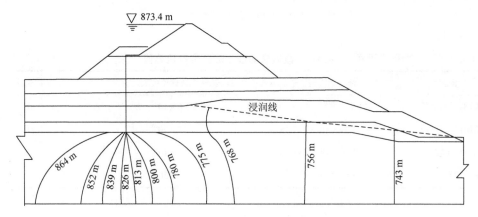

图 4-21   正常运行条件下等势线分布

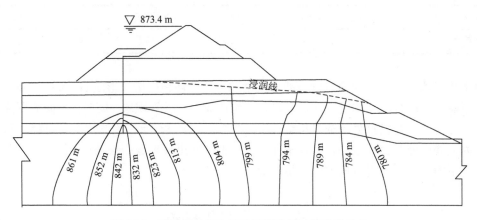

图 4-22   防渗墙只打入第Ⅱ层覆盖层时等势线分布

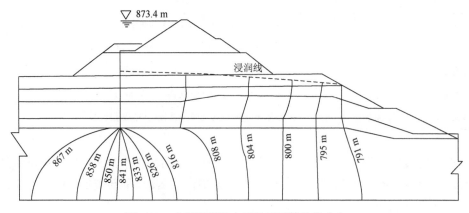

图 4-23   水平搭接处全部拉开时等势线分布

围堰体在正常运行条件下，防渗墙后浸润线高程为 775.0 m，下游溢出高程为 730.5 m，溢出点位于第 I 层覆盖层，溢出点渗透坡降为 0.35，单宽渗透流量为 3.17 m³/(d·m)。在正常运行条件下，大部分水头由防渗墙和复合土工膜承担，从浸润线下降趋势来看，覆盖层对浸润线的降低起到了一定的作用。总体上看，渗透溢出点较低，渗透量不大，溢出点渗透坡降偏大，但设计方案中在下游坡面铺设两层共厚 0.5 m 的反滤层，且在表面用厚 1 m 的块石保护，其渗透安全性是有保障的。

从防渗墙底部开叉工况结果可以看出，防渗墙底部全线未穿透第 I 层覆盖层时，浸润线和边坡出逸高程均有较大的抬高，渗流量增加较大，应对第 I 层覆盖层采取灌浆防渗等补充处理措施。而防渗墙的底部存在施工缺陷（如局部未到基岩、局部开叉等）时，对堰基覆盖层内的浸润线有影响，但对边坡溢出高程和溢出比降影响不大。防渗墙与复合土工膜水平搭接处全部拉开时，浸润线升高较大，渗流量也较大。由此可以看出，防渗墙和复合土工膜的搭接部位是防渗的薄弱部位，在施工过程中，应加强该部位的施工质量控制。

4.3.2 深厚覆盖层的高土石围堰坝坡稳定分析

以乌东德水电站土石围堰为例进行研究。乌东德水电站坝址处河床覆盖层深厚，一般为 52.4～65.5 m，覆盖层以上围堰填筑体高度 69.5 m。上游围堰为 3 级临时建筑物，上游围堰设计挡水标准为全年 50 年一遇洪水，相应洪峰流量 26 600 m³/s，考虑水库调蓄作用，围堰设计挡水位为 873.4 m。计入最大波浪在堰坡上的爬高及最大风速壅水高度，并考虑安全超高，确定围堰顶高程 875.5 m。围堰顶宽主要考虑交通和施工度汛抢险要求，确定顶宽 10 m。

采用非线性强度指标进行稳定分析时，对于毕肖普方法，滑动面上的法向应力是与安全系数相关的，在安全系数没有算出来以前并不知道滑动面上的应力状态。因此，先假定一个线性抗剪强度指标，并采用瑞典圆弧法进行一次稳定分析，基于瑞典圆滑法可以得到各土条的法向应力，得到一组各土条的内摩擦角 $\{\varphi\}$，然后进入非线性强度指标稳定分析的迭代计算。假定的线性抗剪强度指标只需预估一个大致反映各土层的抗剪能力，不需要很精确，在后面迭代中可以慢慢地修正。

根据围堰实际运行情况，选择其坝坡稳定性分析工况见表 4-7。

表 4-7 计算工况表

工况	上游水位/m	下游水位/m	备注
工况 1	831.11	825.62	围堰填筑期，基坑未开挖
工况 2	873.4	723.0	围堰运行期，基坑已开挖
工况 3	873.4～831.11	723.0	围堰运行期，上游水位骤降

根据《水利水电工程施工组织设计规范》（SL303—2017）相关规定，3 级围堰边坡稳定安全系数不小于 1.20。

采用简化的毕肖普方法对乌东德水电站上游土石围堰的坝坡进行分析，基于非线性强度参数对施工期和正常运行期内的围堰坝坡及基坑边坡进行稳定性计算，其各工况的计算结果见表 4-8。

表 4-8　围堰坝坡及基坑边坡稳定性计算结果表

工况	部位	围堰抗滑安全系数	基坑抗滑安全系数
工况 1	上游坡	1.476	—
	下游坡	1.983	—
工况 2	下游坡	2.094	2.342
工况 3	上游坡	1.297	—

从各工况计算结果来看，基于非线性强度参数下的围堰坝坡及基坑边坡的稳定性满足规范要求。

基于非线性强度参数下的坝坡稳定性分析方法，编制基于刚体极限平衡方法的坝坡稳定性分析程序，该程序可以用于各种复杂的土层情况；可以考虑强度的线性及非线性，以及复杂加荷情况、运行水位情况（包括稳定渗流、水位骤降）及地震荷载等。危险滑弧的寻找采用的是全局优化算法，根据控制滑入点、滑出点及滑弧深度来确定可能穿过的土层，逐步进行最优化搜索，找出最危险滑弧，搜索速度快，且不会遗漏危险滑弧。结合乌东德水电站土石围堰的实际情况，采用非线性抗剪强度进行稳定性分析是比较合理的。

（1）线性强度指标往往比非线性强度指标计算得到的安全系数小，这与线性强度参数的确定方法及三轴试验时围压的范围往往较大有关。

（2）高应力状态下的粗粒料的抗剪强度具有明显的非线性，在粗粒料坝坡稳定性分析中应采用非线性强度指标。

（3）基于非线性抗剪强度参数对乌东德水电站土石围堰的坝坡及基坑边坡进行分析，从计算结果来看，其最小安全系数满足规范要求。

4.3.3　深厚覆盖层高土石围堰应力及变形分析

乌东德水电站上游围堰高 74 m，承受的最大水头差达 151 m，河床砂卵石覆盖层厚 70 余米，具有深厚覆盖层、高水头、高堰体三个特点。堰体利用开挖料填筑，拟采用塑性混凝土防渗墙上接复合土工膜防渗，防渗墙高 86 m，上部斜铺复合土工膜竖向尺寸 43 m。另外，设计在下游侧坡堰脚约 50 m 处开挖深达 70 m 的基坑。围堰必须在一个枯水期内完建，并在超过100 m 的高水头下运行三年以上。此类工程在国内外罕见，其特点与三峡二期土石围堰不同，围堰的应力变形是设计成败的关键[90]。

1. 计算模型及方案

堰体填筑材料及防渗墙采用 E - μ 模型。基岩采用线弹性本构模型，防渗墙与堰体材料采用基于损伤原理的接触面模型。

基于乌东德水电站上游围堰的覆盖层材料分区及堰体的各材料分区，并考虑基坑开挖的基础上，建立了平面二维的有限元网格，如图 4-24 所示。单元采用四结点等参单元，其中结点2 673 个，单元 2 537 个。

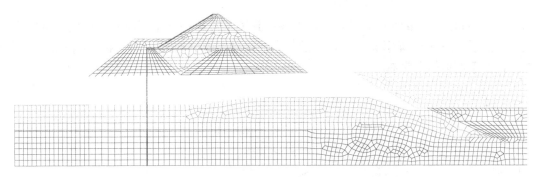

图 4-24　乌东德水电站上游围堰有限元网格图

模型底部采用全约束，模型上下游采用水平向连杆约束。

为了模拟围堰体的填筑及基坑的施工过程，其施工次序为：围堰地基初始应力场分析，分级填筑截流堆石堤，水下分级填筑上游砂砾石料，水下分级填筑下游砂砾石料，施工防渗墙，水上分级填筑石碴混合料，水上铺设防渗复合土工膜，围堰分级蓄水，同时基坑抽水及基坑开挖。

为了掌握围堰体及防渗墙在正常运行条件下的应力及变形情况，以及了解不同影响因素对堰体尤其防渗墙安全的影响，对其进行计算分析。考虑的主要影响因素有：围堰体填料特性不同，覆盖层深度及受力特性不同，不同运行水位，不同的接触面特性，以及围堰体填料各向异性和湿化变形等。其中方案1作为基本方案与各影响因素进行比较和分析，尤其是对防渗墙变形及应力的比较和分析。

计算方案说明见表4-9。

表 4-9　计算方案说明

方案编号	说明
1	了解围堰在正常运行条件下的应力及变形情况
2	比较围堰体填料对防渗墙受力影响
3	比较覆盖层参数敏感性对防渗墙受力影响
4	比较覆盖层厚度对围堰体影响，覆盖层Ⅰ和覆盖层Ⅱ分界线作为覆盖层下限
5	比较覆盖层厚度对围堰体影响，覆盖层Ⅱ和覆盖层Ⅲ分界线作为覆盖层下限
6	考虑围堰填料各向异性
7	考虑湿化变形对防渗墙的影响
8	接触面力学特性不同

2. 深厚覆盖层上的土石围堰考虑多状态下各个方案的分析

1）基本方案围堰体应力及变形

堰体蓄水期正常运行条件下的位移及应力等值线图如图4-25～图4-28所示；防渗墙位移、应力及应力水平的分布图如图4-29～图4-31所示。堰体的竖向沉降在堰体1/2坝高处最大，达到了53.41 cm，水平位移向下游最大值发生在防渗墙顶部，大小为28.19 cm，由于水压力的作用，堰体向上游的水平位移较小。同时，由于堰体下游基坑的开挖，在开挖面上形成了竖向向上的竖向位移和向下游的水平位移，竖向位移达到了 8.91 cm（Y 轴正向），指向下游的水平位移最大达到了 10.3 cm。堰体最大主应力的最大值达到了 2.61 MPa，最小主应力值最大值达到了 1.31，位于堰体的中底部。

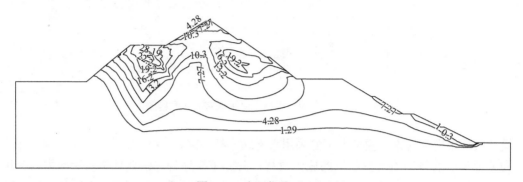

图 4-25　水平位移（cm）

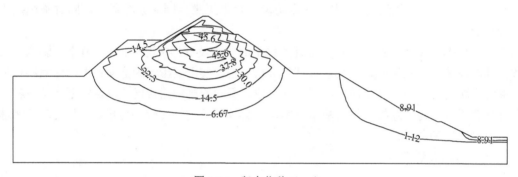

图 4-26　竖向位移（cm）

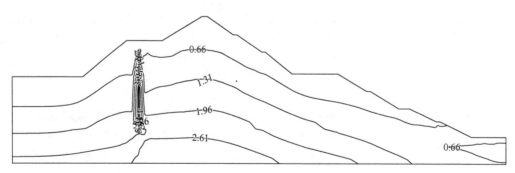

图 4-27　最大主应力（MPa）

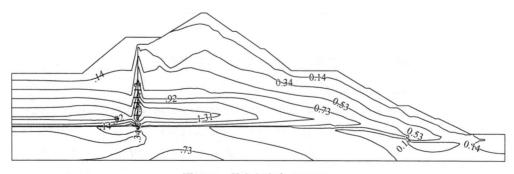

图 4-28　最小主应力（MPa）

防渗墙水平位移最大值达到了 23.01 cm，发生在 833 m 高程，竖向位移最大值达到了 26.64 cm，发生在 833 m 高程处，最大主应力最大值为 6.66 MPa，最小主应力最大值为 1.81 MPa，发生在防渗墙底部，局部存在较小的拉应力。防渗墙的应力水平最大值达到了 0.61，表明防渗墙体具备相当的安全裕度。

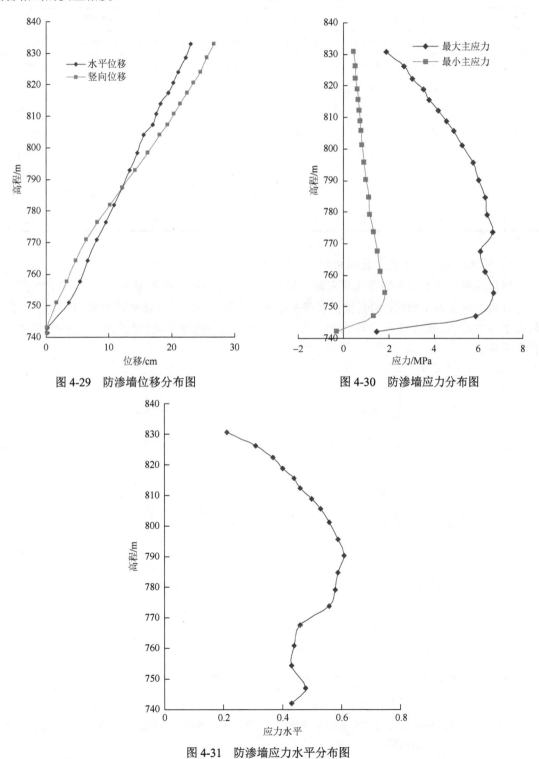

图 4-29　防渗墙位移分布图　　　　　图 4-30　防渗墙应力分布图

图 4-31　防渗墙应力水平分布图

2）不同影响因素下的围堰应力及变形

各方案的计算结果列于表4-10，主要比较围堰的堰体变形及防渗墙的位移和应力的变化。

表 4-10　不同影响因素下的围堰体及防渗墙应力位移统计表

计算方案	堰体位移/cm		防渗墙位移/cm		防渗墙应力/MPa		
	沉降	水平位移	水平位移	竖向位移	最大主应力	最小主应力	应力水平
方案1	53.41	28.19	23.01	26.64	6.64	1.81	0.61
方案2	60.45	35.41	24.10	24.25	6.43	1.93	0.72
方案3	44.92	22.71	16.81	17.3	6.16	2.00	0.46
方案4	52.43	24.90	20.50	24.6	6.49	1.77	0.61
方案5	47.36	22.87	17.97	20.54	6.31	1.16	0.61
方案6	53.22	24.89	17.10	25.9	6.54	1.63	0.61
方案7	55.48	30.97	26.19	32.04	7.44	1.84	0.67
方案8	39.72	20.06	13.95	13.73	5.08	1.92	0.39

3）堰体填料及覆盖层参数的比较

堰体填料及覆盖层参数变化后对防渗墙变形及应力的分布图如图4-32～图4-36所示。

方案2与方案1相比，地基覆盖层参数不变，防渗墙的水平位移略有增加，沉降略有降低，最大主应力减小，最小主应力增大，应力水平增大，说明围堰填筑材料的降低对防渗墙的应力状态不利。

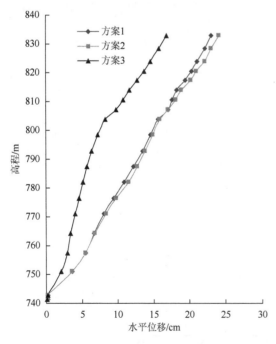

图 4-32　方案1、方案2、方案3防渗墙水平位移
分布图

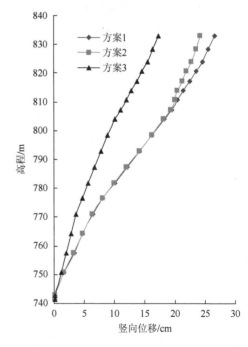

图 4-33　方案1、方案2、方案3防渗墙竖向位移
分布图

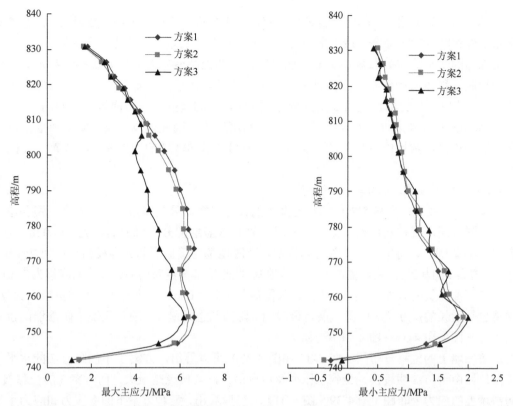

图 4-34　方案 1、方案 2、方案 3 防渗墙最大主应力　图 4-35　方案 1、方案 2、方案 3 防渗墙最小主应力
　　　　　分布图　　　　　　　　　　　　　　　　　　　　　分布图

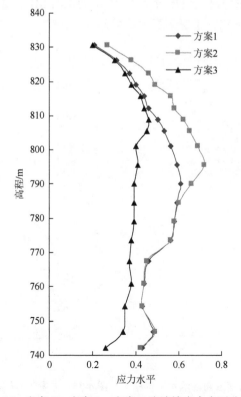

图 4-36　方案 1、方案 2、方案 3 防渗墙应力水平分布图

方案 3 与方案 1 相比，围堰填料参数不变，地基覆盖层非线性本构参数增大，防渗墙的沉降和水平位移略有较大降低，最大主应力减小，最小主应力增大，应力水平降低。

防渗墙的变形量与分布规律主要受地基覆盖层和上游砂砾石料的非线性参数 k_s、n 和泊松比的控制，覆盖层越密实，刚性越大，处于其中的防渗墙变形量越小。因防渗墙大部分在覆盖层中，其应力和变形对覆盖层更为敏感，刚性较大的覆盖层对防渗墙的侧向约束能力大，使得防渗墙的水平位移和应力水平降低，安全裕度增大，因此建议尽量夯实防渗墙附近的覆盖层，适当提高防渗墙附近填料的密实度，以增强其对防渗墙的约束能力，改善墙体的应力状态。

4）不同覆盖层厚度的比较

方案 1、方案 4 和方案 5 采用的是方案 1 的计算参数，只是覆盖层厚度不同。覆盖层是基本工况，覆盖层厚度按实际情况处理，此时基岩与覆盖层的分界线的高程为 743.0 m，方案 4 在方案 1 的基础上，将覆盖层Ⅰ假定为地基，此时地基与覆盖层的分界线的高程为 751.0 m；方案 5 在方案 1 的基础上，将覆盖层Ⅱ假定为地基，此时地基与覆盖层的分界线的高程为 771.0 m。在不同厚度覆盖层的条件下，防渗墙按打入覆盖层下限 1.0 m。因此方案 1 的覆盖层是最厚的，防渗墙也是最长的；方案 5 的覆盖层是最薄的，防渗墙也是最短。三种工况下防渗墙的位移及应力的分布图如图 4-37～图 4-41 所示。

从防渗墙上的位移分布图（图 4-37 和图 4-38）可以看出，方案 1 下的防渗墙的水平位移和竖向位移由于防渗墙最长，受到水压力及自重最大，其值也是最大，而方案 5 的位移最小。从防渗墙上的应力分布图（图 4-39～图 4-41）上可以看出，三种方案下的主应力和应力水平变形规律相差不大，最大主应力最大值在方案 1，大小为 6.64 MPa，最大主应力最小值在方案 5，大小为 6.31 MPa，最小主应力最大值在方案 1，大小为 1.81 MPa，最小主应力最小值在方案 5，大小为 1.16 MPa。应力水平三种工况下变化不大。

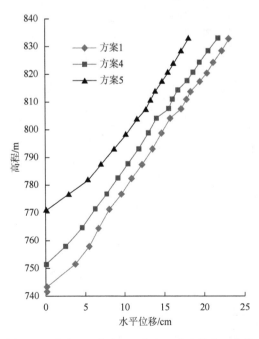

图 4-37　方案 1、方案 4、方案 5 防渗墙水平位移分布图

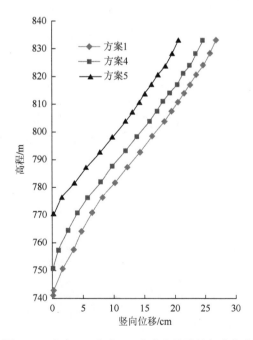

图 4-38　方案 1、方案 4、方案 5 防渗墙竖向位移分布图

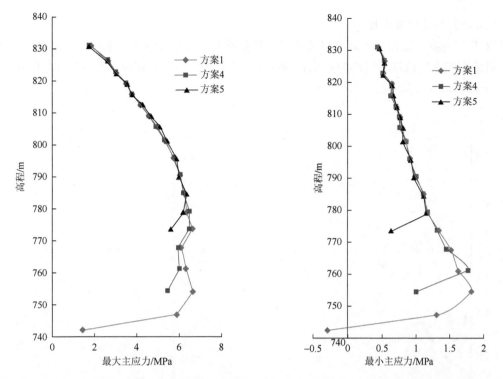

图 4-39　方案 1、方案 4、方案 5 防渗墙最大主应力　图 4-40　方案 1、方案 4、方案 5 防渗墙最小主应力
　　　　　分布图　　　　　　　　　　　　　　　　　　　　分布图

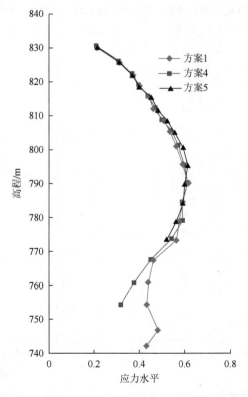

图 4-41　方案 1、方案 4、方案 5 防渗墙应力水平分布图

5）接触面参数的敏感性

方案8与方案1相比，围堰填料机覆盖层参数不变，只是接触面参数降低。接触面参数降低后，防渗墙的水平位移和竖向位移均有所减少，最大主应力有所减少，最小主应力有所增加，应力水平有所减少（图4-42～图4-46）。

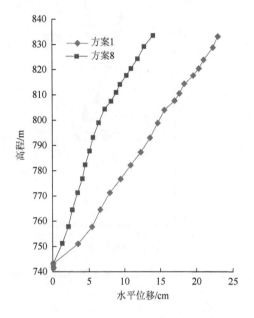

图 4-42　方案 1、方案 8 防渗墙水平位移分布图　图 4-43　方案 1、方案 8 防渗墙竖向位移分布图

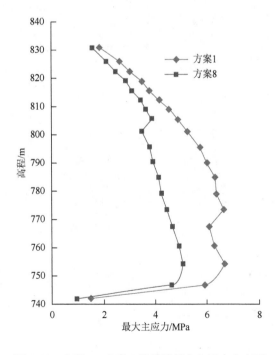
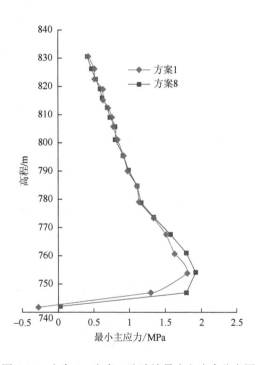

图 4-44　方案 1、方案 8 防渗墙最大主应力分布图　图 4-45　方案 1、方案 8 防渗墙最小主应力分布图

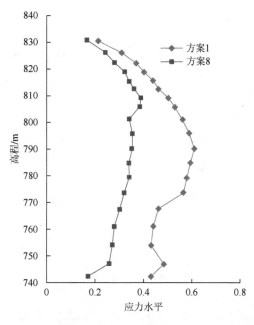

图 4-46　方案 1、方案 8 防渗墙应力水平分布图

6）湿化变形及各向异性本构关系的比较

　　方案 6 在方案 1 的基础上考虑了填筑材料和覆盖层的各向异性，方案 7 考虑了填料土湿化变形。考虑湿化变形和各向异性后的防渗墙变形及应力分布图如图 4-47～图 4-51 所示。

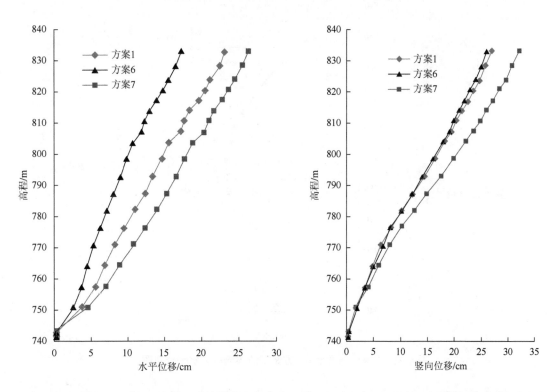

图 4-47　方案 1、方案 6、方案 7 防渗墙水平位移　　图 4-48　方案 1、方案 6、方案 7 防渗墙竖向位移
　　　　　分布图　　　　　　　　　　　　　　　　　　　　　　　分布图

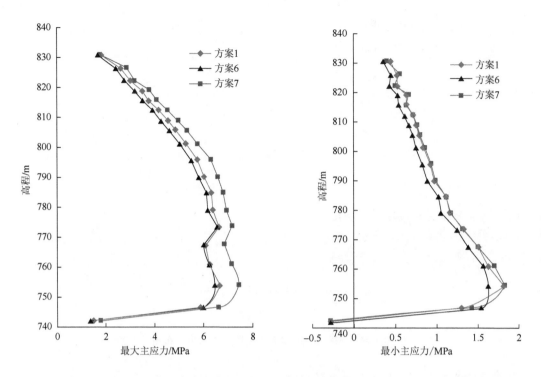

图 4-49　方案 1、方案 6、方案 7 防渗墙最大主应力　图 4-50　方案 1、方案 6、方案 7 防渗墙最小主应力
分布图　　　　　　　　　　　　　　　　　　　分布图

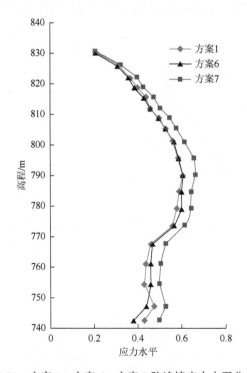

图 4-51　方案 1、方案 6、方案 7 防渗墙应力水平分布图

考虑湿化变形后，防渗墙向下游的水平位移和竖向位移均有所增加，防渗墙最大水平位移
达到了 26.19 cm，竖向位移达到了 32.04 cm。这是浸水后的土颗粒之间受水的润滑在自重作用

下将重新调整其间的位置,改变原来结构,使土体压缩下沉,并且从对参数影响来看(图 4-47~图 4-51),致使砂砾石料及覆盖层的弹性模量基数 k_s 有所减小。从防渗墙应力来看,考虑湿化变形后最大和最小主应力及应力水平均有所增加,应力水平最大达到了 0.67。

考虑填筑体及覆盖层的各向异性后,考虑了蓄水期的应力旋转问题,水压力从小主应力方向施加,泊松比比按大主应力方向计算得到的要小,致使计算得到的水平向位移要比基本方案小,其大小为 17.10 cm,竖向位移相差不大。考虑各向异性后,其应力与基本方案相差不大。

通过上述计算结论,得出防渗墙的变形规律主要受覆盖层和上游侧砂砾石料的变形参数控制,覆盖层和上游侧砂砾石料越密实,刚性越大,防渗墙变形量越小。防渗墙的应力与变形对覆盖层更敏感,当覆盖层刚性增大,防渗墙的水平位移和应力水平降低,安全裕度增大;防渗墙附近的接触面的力学参数对防渗墙体的变形和应力影响较大,接触面参数降低后,防渗墙的水平位移和竖向位移均有所减少,最大主应力有所减少,最小主应力有所增加,应力水平有所减少;考虑湿化变形后,浸水后的土颗粒之间受水的润滑在自重作用下将重新调整其间的位置,改变原来结构,使土体压缩下沉,致使防渗墙向下游的水平位移和竖向沉降均有所增加,并且主应力和应力水平均有所增加;考虑各向异性后,考虑了蓄水期的应力旋转问题,水压力从小主应力方向施加,泊松比比按大主应力方向计算得到的要小,致使计算得到的水平向位移有所减小,竖向位移相差不大,应力变化不大;尽量夯实防渗墙附近的覆盖层,适当提高防渗墙附近填料的密实度,以增强其对防渗墙的约束能力,改善墙体的应力状态。

4.4 深厚覆盖层上的高土石围堰研究特点

目前,我国西部几乎所有的大江大河河床中都存在深厚覆盖层,在深厚覆盖层上建设土石围堰已成为必然的趋势,因而修建在深厚覆盖层的高土石围堰的安全越来越受到关注。

修建在深厚覆盖层的高土石围堰有堰基渗透性比较强,地质条件复杂,围堰基坑抽水与开挖复杂,渗流场变化复杂,深厚覆盖层的成因类型复杂、结构和级配变化大、物理力学性质呈现较大的不均匀性等特点,给围堰建设带来了极大的困难。就实际设计和施工而言,对于这种目前较多的高土石围堰,其实际就是被当作特殊的土石坝,它有着土石坝所具有的一切功能特点,又有着围堰挡水和施工的特殊性。

深厚覆盖层上的土石围堰与一般的土石围堰相比有以下几个特点[10]:①河床表面为建基面,松散覆盖层为基础,地质条件复杂。②截流戗堤和部分堰体需要在水下施工。为应对深水和急流施工条件,截流戗堤往往通过抛投块石、钢架石笼,甚至是预制混凝土四面体形成的,存在架空现象和大孔隙;为了便于防渗墙施工,其上游堰体需要采用控制最大粒径的土石抛填,填筑体密度低。③围堰工程建成后要经历基坑开挖和运用过程,围堰基坑开挖会形成人工高边坡。④基坑开挖过程中和完成后,堰体和堰基的渗流场经历复杂的变化,堰体和基坑的渗透稳定、堰基变形和与之紧密相关的围堰结构稳定、防渗体安全都要经受相应的考验。这些特点都对围堰的结构形式、施工过程及安全性带来了很大的困难。

(1)在围堰渗流控制和渗流安全问题方面,修建在深厚覆盖层上的高土石围堰一般采用垂直防渗方案。而且由于堰体密度低,覆盖层中可能存在漂砾,防渗依托层埋深大等原因限制了防渗墙施工方案的选择范围。在特别深厚的覆盖层条件下,防渗墙甚至无法深达可靠的防渗依托层,不得不采用悬挂式防渗墙方案,墙体材料也都采用"高强低弹"的柔性材料[47]。例如,乌东德水电站上游土石围堰所采用的防渗墙上接复合土工膜的防渗方案,防渗墙墙体材料为塑性混凝土。

（2）在围堰变形和稳定安全问题方面,修建在深厚覆盖层上的高土石围堰应力变形问题,除了堰体自身的应力变形问题、覆盖层的应力变形问题、堰体和防渗墙之间的相互作用,还有覆盖层与防渗墙、覆盖层与堰体之间的相互作用,而其中防渗体结构的应力变形与安全是整个围堰安全的重中之重。对此,通过对乌东德水电站上游土石围堰的研究,可以得知:防渗墙的变形规律主要受覆盖层和上游侧砂砾石料的变形参数控制,覆盖层和上游侧砂砾石料越密实,刚性越大,防渗墙变形量越小;防渗墙的应力对覆盖层更敏感,当覆盖层刚性增大,防渗墙的水平位移和应力水平降低,安全裕度增大;建议尽量夯实防渗墙附近的覆盖层,适当提高防渗墙附近填料的密实度,以增强其对防渗墙的约束能力,改善墙体的应力状态。

（3）对于修建在深厚覆盖层上的高土石围堰来讲,在地震荷载作用下或者在基坑开挖过程中所诱发的爆破振动荷载作用下,覆盖层上的淤积砂基础是否会发生液化也是影响深水高土石围堰的重要安全因素。因此,进行地震、爆破等特殊工况下的动力稳定分析是十分必要的。而且深厚覆盖层上高土石围堰运行时间长且运行方式复杂,粗粒料的流变对围堰体和防渗墙的运行性态有着明显的不利影响,应结合围堰体实际运行过程对围堰体进行考虑流变效应的高土石围堰结构安全分析。

总而言之,相比于一般土石围堰,修建在深厚覆盖层上的高土石围堰所面临的条件更加复杂,需要的技术手段更加严苛,需要考虑的渗流稳定和安全的问题更加周全。这些都给围堰的设计和施工带来了挑战,同样围绕深厚覆盖层上的高土石围堰的结构性态研究也是今后研究的重点。目前我国在修建深厚覆盖层土石围堰面临的主要技术问题有两个:一是渗流控制及渗流安全问题,二是变形及稳定安全问题。据国内外不完全统计,建于覆盖层上的建筑物尤其是水工建筑物,发生的事故主要是由基础渗透破坏、沉陷太大或滑动等因素导致的。

第 5 章　土石围堰稳定的可靠度和风险

5.1　土体边坡稳定可靠度基本原理

随着对结构安全稳定分析手段的逐步完善，以上计算手段仅仅是从数学物理方程上对结构安全评价，而在实际工程中，不仅要很好地了解各种分析、判断手段，而且要把握在这些分析过程中包含的各项不确定因素，合理地对各项不确定因素进行风险评价。因此从安全稳定的另一研究方向——可靠度出发，进行土石围堰安全风险的研究，还可以起到补充和验证的作用。

5.1.1　土体边坡风险分析方法

岩土工程分析中包含的不确定因素分为管理因素、模型因素和参数因素三大类，其不确定性包括管理的不确定性、统计方法的不确定性、模型的不确定性[19, 24]。边坡失稳的发生概率可以按单一值计算，也可以是所有外界诱发因素引起的失效概率的综合。单一个体的脆弱度可以用式（5-1）给以评估，即

$$V = V(S) \times V(T) \times V(L) \tag{5-1}$$

式中：$V(S)$ 为空间影响的可能性（滑坡体是否影响建筑物或正好避开建筑物）；$V(T)$ 为暂时影响的可能性，比如在影响的一瞬间，一个固定的建筑物和一个运动的车辆的风险的差别；$V(L)$ 为受影响个体财产损失或者人员生命损失的可能性；V 为单一个体的脆弱度。

边坡稳定风险分析的范围和严格程度取决于风险分析本身的目的和用途，通常与风险本身的自然特性、灾害后果、不确定因素的类型、对决策过程的影响及风险分析实用性呈函数关系。岩土工程师在开始进行边坡稳定风险分析前，应该和与工程有关的工程技术人员和要求对边坡稳定进行风险分析的主管部门共同探讨，以期达到双方都可以理解和接受的风险分析成果。另外，风险分析方法通常分为定性和定量两种。

1. 定性风险分析

定性风险分析的结论通常使用危险性极高、高、中等词句表达。表 5-1 是定性风险分析的主要描述方法。

表 5-1　定性风险分析术语表

评估指标		描述	体积/m³
破坏空间大小	7	极大	>5 000 000
	6	很大	1 000 000~5 000 000
	5	中/高	250 000~1 000 000

评估指标		描述	体积/m³
破坏空间大小	4	中等	50 000~250 000
	3	小	5 000~50 000
	2.5	很小	500~5 000
	2	极小	500

评估指标		描述	年发生概率
失效概率	12	极高	≈1
	8	很高	≈0.2
	5	高	≈0.05
	3	中	≈0.01
	2	低	≈0.001

评估指标	描述	$M_S \times P_S$
危害=大小×失效概率	极高	≥30
	很高	20~30
	高	10~20
	中	7~10
	低	3~7
	很低	<3

评估指标	描述	脆弱度
脆弱度（只考虑财产损失）	很高	≥0.9
	高	0.5~0.9
	中	0.1~0.5
	低	0.05~0.1
	很低	<0.05

评估指标	描述	估计概率
单一风险（只考虑财产损失）	很高	≥0.1
	高	0.02~0.1
	中	0.005~0.02
	低	0.001~0.005
	很低	0.000 1~0.001

进行定性风险分析的主要手段有以下三个方面。

（1）按发生概率予以量化。该工作是建立在各种不确定因素进行分析的基础上。

（2）使用失效树（fault tree）的推理方法。

（3）专家系统。专家评估可以和上述几种定性分析工作相结合，进一步提高定性风险分析的可靠度。

在定性风险分析阶段，不可能做很多详细的工程地质和岩土力学特性参数的勘探和试验工作，也不可能进行定量的可靠度与分析计算。这一阶段的主要手段有以下几种：①对历史滑坡资料进行调查；②采用建立在地形、地貌分析基础上的经验方法进行分析；③对主要触发因素的风险评估。

2. 定量风险分析

定量风险分析是建立在风险概率和以人员伤亡和财产为定量指标基础上的一个综合决策系统。Morgan 用以下的条件概率计算公式来评价一个单一个体的风险

$$R(\text{IN}) = P(H) \times P(S/H) \times P(T/S) \times V(L/T) \tag{5-2}$$

式中：$R(\text{IN})$ 为一个单一个体发生伤亡的年频率；$P(H)$ 为灾害（这里指滑坡）的年发生频率；$P(S/H)$ 为灾害的空间破坏频率（如滑坡对一定距离的建筑物的影响）；$P(T/S)$ 为考虑时间效应影响的概率；$V(L/T)$ 为个体的脆弱程度。

对于财产的损失，评估公式为

$$P(R) = P(H) \times P(S/H) \times V(P/S) \times E \tag{5-3}$$

式中：$P(R)$ 为以货币为单位的每年财产的损失，对于长久存在和临时存在的相应个体，此值就有明显的不同；$V(P/S)$ 为建筑物滑坡灾害的脆弱程度；E 为以货币为单位的损失（如该财产目前的价值）；其余变量定义同式（5-2）。

对于滑坡体影响范围内风险个体的脆弱度通常可在历史记录和工程技术人员判断的基础上进行评估。例如，在高陡边坡坡脚处的建筑物就比远离坡脚处的建筑物的脆弱度要高（即建筑物整体的破坏的概率高）；处于高速度滑坡区影响范围内的建筑物就比位于低速度滑坡区的同一建筑物的脆弱度高。

定量风险分析方法能比较全面和定量地分析滑坡问题的失稳概率及相应的灾害后果，能直接面对和处理滑坡问题的风险评估。

3. 边坡允许风险

制定一个合适的允许风险程度，是风险管理的一个重要组成部分。通常用以下两种指标规定边坡的允许风险。

1）允许风险

允许风险通常以每年每一单独生命被摧毁的概率来描述。例如，假定我国人口以 1.2×10^9 人计，每年因滑坡、泥石流死亡人数为 1 200 人，则以年计的风险为 1 200/（1.2×10^9）= 10^{-6}。在风险分析领域，还需要区分单独生命是主动的还是被动的风险承受者。例如，对登山者、主动吸烟者这样的主动风险承担者，设定其允许风险时自然要比大坝下游的居民、被动吸烟者等被动风险承担者要高得多。

对于滑坡灾害，澳大利亚岩土力学学会和中国香港特别行政区政府分别建议如表 5-2 和图 5-1 所示的允许风险，图中 ALARP 即为最低合理可行原则（as low as reasonably practicable）。

表 5-2　澳大利亚岩土力学学会建议的以年计的允许风险

情况	人群属性	建议的允许风险
已建边坡	处于高危地区的人群	10^{-4}
	一般人群	10^{-5}
新建边坡	处于高危地区的人群	10^{-5}
	一般人群	10^{-6}

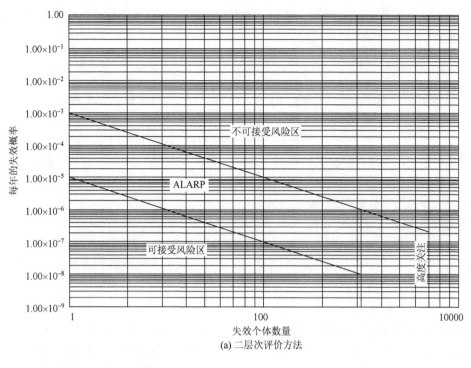

(a) 二层次评价方法

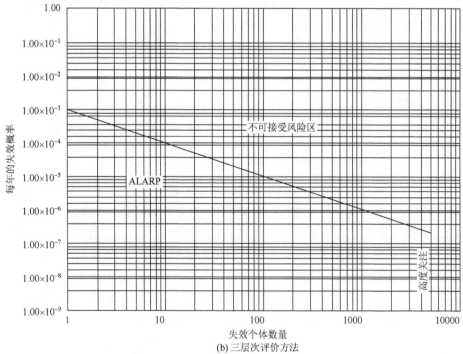

(b) 三层次评价方法

图 5-1　中国香港特别行政区政府对边坡允许风险的规定

2）允许可靠度指标

在进行定量风险分析时，通常可以得到功能函数的可靠度指标 β。假定功能函数呈正态分布，则 β 可以和失效概率 P_f 建立相关的关系，见表 5-3。

表 5-3　可靠度指标 β 和失效概率 P_f 的关系

失效概率 P_f	0.5	0.25	0.1	0.05	0.01	0.001	0.000 1	0.000 01
可靠度指标 β	0	0.67	1.28	1.65	2.33	3.1	3.72	4.25

我国可靠度设计规范对各种建筑物的允许可靠度指标做出了规定。我国《水利水电工程结构可靠性设计统一标准》（GB 50199—2013）规定，持久状态结构的允许 β 值见表 5-4。表 5-4 中一类破坏指非突发性破坏，破坏前能见到明显征兆，破坏过程缓慢；二类破坏指突发性破坏，破坏前无明显征兆，结构一旦发生事故难于补救或修复。规范同时规定了建筑物的设计基准期，这样，允许可靠度指标也可以与以年计的允许风险建立关系。

表 5-4　水工规范规定的持久结构承载能力允许可靠度指标 β

结构安全级别	Ⅰ级	Ⅱ级	Ⅲ级
一类破坏	3.7	3.2	2.7
二类破坏	4.2	3.7	3.2

5.1.2　可靠度的基本原理

可靠度分析就是在承认所有计算数据的准确性、破坏机理的合理性及分析方法的适用性都具有一定程度不确定性的前提下，建立可靠性评价的随机模型，把其输入参数，如潜在破坏面几何要素、岩土物理力学性质、地下水压分布、地震力及其他附加荷载等，均视作随机变量，并以一定的分布函数描述它们[12]。由此表明边坡状态函数值及状态的评价指标也为随机变量。也就是说，通过预测模型把有关假定、参数值、边界条件和初始条件的不确定性引伸预测结果的不确定性。借助概率论和数理统计方法，便可以求得边坡可靠概率 P_s，即所设计边坡能在试用期内、在指定的工作条件下，肯定能达到预计状态的程度，或保证边坡稳定的概率。因为可靠概率 P_s 与失效概率 P_f 之和为全概率，所以有

$$P_s + P_f = 1 \qquad (5-4)$$

因此，可靠性分析结果能反映各种类型的不确定性或者随机性，包括频率分布上的和结果可信程度上的不确定性，不但给出边坡设计可采用的平均安全系数，还同时给出相应的可能承担的风险，即失效概率。用概率论的观点来研究边坡的可靠性，避免了"绝对化"，只要失效概率很小，小到公众可以接受的程度，就可以认为边坡设计是可靠的。可见，用失效概率比用安全系数作为评价指标更能客观、定量地反映边坡的安全性。在实际应用上，对于鉴别具有相同安全系数，不同失效概率比安全系数具有更突出的优点。

1. 坡体功能函数

边坡状态受到许多因素或变量的控制，如边坡岩体结构、破坏机理、强度与变形特性、潜在破坏面的几何形态、地下水压力、地震与爆破振动的动力效应等。而且这些变量都具有不确定性，即随机变量。可用这些随机变量来构造函数模型，用以描述边坡状态

$$Z = g(\boldsymbol{X}) = g(X_1, X_2, \cdots, X_n) \qquad (5-5)$$

式中：函数 $g(\boldsymbol{X})$ 反映边坡的状态或性能，称为状态函数或功能函数；X 为基本状态变量。

边坡工程所要完成的最基本功能是安全性功能，即边坡工程体在某些因素作用时和作用后，仍能保持必需的整体稳定的能力。因此，边坡状态是以安全极限状态作为衡量它是否破坏的评判准则，于是由式（5-5）可得极限状态方程

$$Z = g(X_1, X_2, \cdots, X_n) = 0 \tag{5-6}$$

极限状态方程表征一个 n 维曲面，可称为极限状态曲面。它把系统划分出三种状态和两个区域（安全域和破坏域）

$$Z = g(\boldsymbol{X}) > 0 \text{ 为安全状态}$$

$$Z = g(\boldsymbol{X}) = 0 \text{ 为极限状态}$$

$$Z = g(\boldsymbol{X}) < 0 \text{ 为破坏状态}$$

最简单的例子是由相互独立的基本变量抗滑力 R 和滑动力 S 组成的二维状态，即极限状态的 R-S 模型为

$$Z = g(R, S) = R - S = 0 \tag{5-7}$$

把安全储备函数表达为抗滑力 R 和滑动力 S 的函数，显然，极限状态面为一条 45°的直线，如图 5-2 所示。

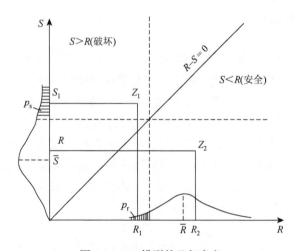

图 5-2　R-S 模型的几何意义

2. 边坡的失效概率

广义地讲，对任何一个结构的安全性分析包括研究其"供给"（supply）和"需要"（demand）之间的关系。如果分别以 X 和 Y 来代表这两个因素，那么，当 $X > Y$ 时，结构处于安全状态；当 $X < Y$ 时，则结构处于失稳状态。这一关系可用式（5-8）表示，当 $X = Y$ 时，该方程称为极限状态方程。所有处于极限状态的自变量组合构成了该问题的状态边界面

$$M = X - Y = 0 \tag{5-8}$$

对于均质边坡，作用于滑体上的抗力和作用力分别可用 X 和 Y 来表示。由于边坡材料参数和作用荷载的不确定性，X 和 Y 可以假设为随机变量，其相应的概率密度函数分布形式如图 5-3 所示。当抗力 X 小于作用力 Y 时，边坡就会破坏或者失效。边坡失效的可能性（或者概率）P_f 可用 X 和 Y 的概率密度函数 $f_X(X)$ 和 $f_Y(Y)$ 的重叠部分来代表。

从图 5-3 可以看出，失效概率 P_f 通常取决于以下两个方面。

（1）X 和 Y 概率密度分布函数的相对位置。$f_X(X)$ 与 $f_Y(Y)$ 的位置越远，重叠越少，失效概率 P_f 越小，反之失效概率 P_f 越大。两者相对位置通常用 X、Y 的均值的比值 μ_X / μ_Y（也就是安全系数）或者安全裕度 $(\mu_X - \mu_Y)$ 来衡量。

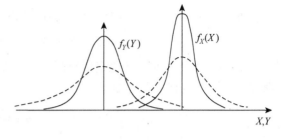

图 5-3 抗力 X 和作用力 Y 的概率密度函数

（2）X 和 Y 概率密度函数的分散度。$f_X(X)$ 和 $f_Y(Y)$ 分布越分散，重叠越多，失效概率 P_f 越大（图 5-3 中虚线曲线）。$f_X(X)$ 和 $f_Y(Y)$ 的分散度，通常用 X 和 Y 的标准差 σ_X 和 σ_Y 来描述。

简而言之，失效概率与 μ_X、μ_Y、σ_X 和 σ_Y 有关，即 $P_f \propto (\sigma_X / \sigma_Y, \mu_X, \mu_Y)$

3. 可靠度指标的定义

为表述方便，假设 X，Y 服从 $N(\mu_X, \sigma_X)$，$N(\mu_Y, \sigma_Y)$ 的正态分布，且统计上相互独立。则极限状态方程 $M = X - Y$ 的概率密度分布函数同样服从 $N(\mu_M, \sigma_M)$ 的正态分布，其中

$$\mu_M = \mu_X - \mu_Y \tag{5-9}$$

$$\sigma_M^2 = \sigma_X^2 + \sigma_Y^2 \tag{5-10}$$

对于一个服从正态分布 $N(\mu_M, \sigma_M)$ 的状态方程，研究的目标是确定 $M<0$ 的概率，即图 5-3 中重叠区的面积。显然有

$$P_f = P(M = X - Y < 0) = \int_{-\infty}^{0} N(M)\mathrm{d}M \tag{5-11}$$

不难证明，这一积分可以唯一地表达为 $\dfrac{\mu_M}{\sigma_M}$ 的函数，即

$$P_f = P(M = X - Y < 0) = 1 - \Phi\left(\frac{\mu_M}{\sigma_M}\right) \tag{5-12}$$

可靠性理论称该数值为可靠度指标，用 β 表示，即

$$\beta = \frac{\mu_M}{\sigma_M} \tag{5-13}$$

有了可靠度指标后，可通过可靠度指标得到失效概率。

为进一步阐述可靠度指标 β 的几何意义，引入标准化变量

$$X' = \frac{X - \mu_X}{\sigma_X} \tag{5-14}$$

$$Y' = \frac{Y - \mu_Y}{\sigma_Y} \tag{5-15}$$

把式（5-14）和式（5-15）代入极限状态方程，即式（5-8）得

$$M = \sigma_X X' - \sigma_Y Y' + \mu_X - \mu_Y \tag{5-16}$$

在图 5-4 所示的标准化变量空间中，安全状态和失效状态被状态边界面 $M = 0$ 分开。从图 5-4 所示的几何关系可知

$$a = \frac{\mu_X - \mu_Y}{\sigma_X} \tag{5-17}$$

$$b = \frac{\mu_X - \mu_Y}{\sigma_Y} \tag{5-18}$$

$$c = \frac{\mu_X - \mu_Y}{\sigma_X \sigma_Y} \sqrt{\sigma_X^2 + \sigma_Y^2} \tag{5-19}$$

因此，边坡系统的安全程度或可靠度可用原点到极限状态线的最短距离 d 来衡量。根据几何知识可知

$$d = \left| \frac{ab}{c} \right| = \frac{\mu_X - \mu_Y}{\sqrt{\sigma_X^2 + \sigma_Y^2}} = \frac{\mu_M}{\sigma_M} = \beta \tag{5-20}$$

通过式（5-20）及可靠度指标 β 的定义可以看出，β 可以用标准化变量空间中原点到极限状态线的最短距离来衡量。

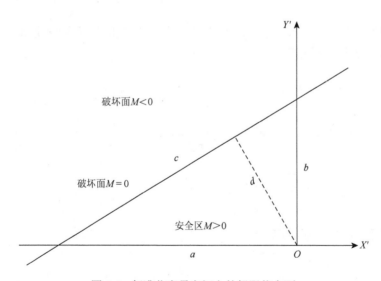

图 5-4　标准化变量空间上的极限状态面

在上述讨论中，状态方程被假定为具有两个相互独立但仍服从正态分布的随机变量的线性函数。当线性安全度方程所包含的随机变量的个数增加，同样服从正态分布且相互独立时，可靠度指标的计算可直接由式（5-20）从二维推广到多维。而当随机变量不服从正态分布，或者相互关联时，可以通过某种方式把相应的随机变量转化为服从正态分布且相互独立，从而求得可靠度指标 β。上面对线性安全度方程（功能函数）可靠度指标的求解思路将为求解广泛存在于边坡问题中的非线性功能函数的可靠度指标提供坚实的基础。边坡可靠性分析一般程序如图 5-5 所示。

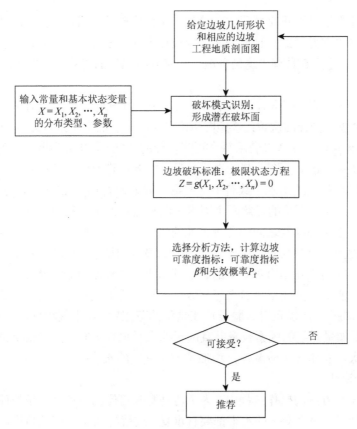

图 5-5　边坡可靠性分析程序

5.2　样本构造原理

边坡功能函数的确定需要样本数据，而边坡工程中各参数的样本很难全部由试验获得，需要通过试验设计抽样方法来抽取随机变量的样本数据。试验设计方法有很多，常用的有以下几种：全因子试验设计、正交试验设计、均匀试验设计、中心复合设计和 LHS 等。下面分别做基本介绍。

1）全因子试验设计

试验设计中，系统的输入变量称为因素，输入变量在样本处的值称为水平。在全因子试验设计中，系统的所有因素的不同水平间每一种组合都会被试验到。假设某个系统有 n 个设计变量，而对每个设计变量都有 r 个水平，那么该系统进行一次全因子试验所需要的试验次数为 r^n。这种方法的优点是没有遗漏，所有因素的所有水平都能试验到，并且能够分析各因素对系统影响的大小，也能分析各个因素之间的交互作用。但是当系统的因素和水平比较多时，所需的试验次数会相当多，这会导致计算量大、计算效率低，因此在一般的实际试验设计中往往不会使用全因子试验设计方法。

2）正交试验设计

当全因子试验设计所需要的组合数太大时，可以将一部分比较具有代表性的水平组合抽出来进行试验，这种抽取部分水平组合的方法叫作部分因子设计。正交试验设计和均匀试验设计就是两种具有代表性的效率比较高的部分因子试验设计。

正交试验设计方法是以正交拉丁方理论和群论作为理论基础。很长一段时间正交试验设计都是统计学中使用非常普遍的一种多因素试验设计方法。它从全因子试验设计中挑选出一部分比较有代表性的点，这些点具有"均匀分散""整齐可比"的优势。试验的次数有一个数量级，将其记为 $o(q^2)$。

如果定义一个 $n \times s$ 阶的矩阵 $L = (l_{ij})$，那么对于正交试验设计来说有两个条件：①矩阵每一列的所有水平会重复同样的次数；②矩阵每两列所有可能的水平组合会出现同样的次数。

用记号 $L_n(q_1 \times q_2 \times \cdots \times q_s)$ 来表示每个正交设计的功能，其中 n 为所需要的试验次数，q_1 表示第一列的水平数量，q_s 表示第 s 列的水平数量。如果矩阵的所有列的水平数量都相同，就记为 $L_n(q^s)$，如果出现某些列的水平数量不同的话，就记为 $L_n(q_1^{l_1} \times q_2^{l_2} \times \cdots \times q_m^{l_m})$。

在正交试验设计中，系统的任意两个因素之间是进行的带有等重复的全因子试验，正交试验设计不会遗漏各主要的因素之间的各种可能的组合，由于这个特点，正交试验设计可以用最少的试验次数得到基本上能反映全因子试验情况的最多的信息，并可以根据试验的结果对系统各个因素和它们之间的相互作用对系统的影响规律进行方便地分析。然而，正交试验设计为了照顾整齐可比性，就无法实现完全的均匀分散性，而且试验次数会比较多（试验点的数目随着水平数的平方而增加）。所以正交试验设计在试验的范围较小，因素的水平不多时是一种十分有效的方法。但是如果系统的因素较多并且因素的水平也较多时，正交试验设计所需要的试验数目仍然会比较大，实施起来较麻烦，增加了安排试验的难度。

3）均匀试验设计

在正交试验设计方法的操作过程中，为了达到整齐可比的目的，系统的任意两个变量之间必须是全因子设计，而每个变量的水平都要有重复，这就导致了正交试验设计无法实现完全的均匀分散，样本点的代表性不够。要使抽样样本点具有足够的代表性，就必须使其尽量均匀地分布在样本空间中，同时还要使试验次数尽量地减少，使用均匀试验设计方法可以达到这个目的。

均匀试验设计方法由我国数学家方开泰和王元院士在 1978 年提出，它是建立在正交试验设计的基础之上，对多因素多水平问题都能很好地适用，这种方法在系统因素和水平数目相同时，所需的试验次数是最少的，其试验次数仅为因素水平数的最大值。假设某系统有 n 个元素，而每个元素都有 r 个水平，那么均匀试验设计所需要试验点就仅为 r 个。均匀试验设计的准则就是将试验样本点在空间内进行均匀分布，因为这个特点，它又被称作"填充空间的设计"。均匀试验设计能对所有可能出现的组合进行全面控制，它对于试验次数受到限制且因素和水平比较多的问题特别适用。

给定一个 $n \times s$ 的矩阵 $U = (u_{ij})$，将 u_{ij} 变换到 x_{ij} 后由元素 X_u 构成的矩阵记为 $X_{ij} = (x_{ij})$，对于均匀设计实验 U 对应的 X_u 在所有的同类型的 $n \times s$ X_u 里有最小的 $M(X_u)$ 值（M 为均匀性测度），可将均匀设计实验记为 $U_n(n,s)$。

近几十年来发展出一种"伪蒙特卡罗方法"，均匀试验设计方法就是属于这其中的一种。蒙特卡罗方法（Monte Carlo method）模拟实施时需要抽取一组随机样本来为统计模拟使用，这是蒙特卡罗方法实现的关键，而只有当随机样本具有独立性和均匀性时才能保证蒙特卡罗方法的精度。

在 20 世纪 50 年代后期，一些数学家试图寻找一些方法来代替蒙特卡罗方法中的随机抽样，他们用数论的方法寻找到抽样空间中存在的一些均匀散布的点，用这些点集合取代了蒙特卡罗方法的随机数。根据外尔定义的测度衡量这些点集，它们具有比较好的均匀性，而独立性不太好，在使用这些点集来取代蒙特卡罗方法随机抽样的样本时，往往可以获得一个较精确的结果，数学家将这种方法叫作数论方法或者伪蒙特卡罗方法。从统计学的角度看，这些伪随机数点集就是均匀分布的。这个伪随机数样本的均匀性比正交试验设计所得到的样本要好，因此由均匀试验设计来对试验进行安排会得到更好的效果。

4）中心复合设计

中心复合设计（central composite designs，CCD）在二水平因子设计点的基础上，通过增加轴向点和中心点来完善响应面的模拟[91]。在两个标准正态分布自变量下，中心复合设计取样点包括二水平因子点 $(1,1)$ $(1,-1)$ $(-1,1)$ $(-1,-1)$ 以及中心点 $(0,0)$ 和轴向点 $(0,\alpha)$，$(0,-\alpha)$，$(\alpha,0)$，$(-\alpha,0)$，如图 5-6 所示。对于 q 维向量空间，使用二水平因子设计点 + 中心点 + 轴向点时，取样点数量为 2^q+2q+1 个。

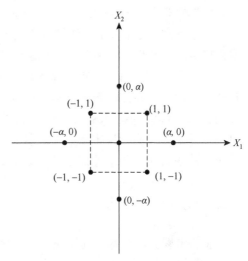

图 5-6　两标准正态变量下 CCD 样本点

取样点数量和轴向点到设计中心点的距离 α 是 CCD 抽样中的两个参数。考虑二次响应面法仅在中心点附近具有较好的近似，试验点应位于自变量附近。另外，轴向点反映了模拟区域大小，中心复合设计的沿 X_i 轴的轴向取样点应为 $x_i = \mu_{x_i} \pm \alpha\sigma_{x_i}$，一般 $|\alpha|>1$。α 的取值取决于设计要求和包含因素的数量，α 的取值采用推荐公式计算[14]

$$\alpha = 2^{q/4} \tag{5-21}$$

5）LHS

LHS 是专门为仿真试验提出的一种试验设计类型[16]，是一种可以"充满空间"（space filling）的多维分层抽样方法，较少的抽样次数就能反映整个设计空间特征，可使样本组合比较均匀地充满整个系统试验区间，而且对每个试验因素的每个水平只会用到一次。与均匀试验设计、正交试验设计、全面试验设计相比，LHS 对均值和方差的估计在效果上有显著改善[21]。采用 LHS 进行抽样，将变量的概率分布函数等分成 N 个互不重叠的子区间，在每个子区间内分别进行独立的等概率抽样，避免了大量反复的抽样工作，并且估值稳定，能有效地提高边坡可靠性分析的模拟效率，一般步骤如下。

（1）首先确定模拟次数 N，然后将变量的概率分布函数等分成 N 个互不重叠的子区间。

（2）在每个子区间内分别进行独立的等概率抽样，可避免大量反复的抽样工作。

（3）为保证抽取的随机数属于各子区间，第 i 个子区间内的随机数 V_i 应满足式（5-22）

$$V_i = \frac{V}{N} + \frac{i-1}{N} \quad (i=1,2,\cdots,N)$$
$$\frac{i-1}{N} < V_i < \frac{i}{N} \quad (i=1,2,\cdots,N) \tag{5-22}$$

式中：V 为服从[0,1]均匀分布的随机数；V_i 为第 i 个子区间的随机数。每一个子区间仅产生 1 个随机数，据逆变换法，由 N 个子区间产生的随机数得到 N 个某一概率密度函数的随机变量抽样值，然后对其抽样值进行组合，即对各随机变量抽样值所属区间的序号进行随机排列。

5.3　边坡可靠度求解的一般方法

我国边坡可靠性研究工作开展较晚，时至 1983 年，"攀钢石灰石矿边坡可靠性分析与经济分析"研究课题才作为第一个这个领域的研究成果通过冶金部鉴定。近年来，边坡可靠性研究和应用得到一定的发展。边坡可靠度分析中，边坡系统一般是多变量高阶非线性的问题，很难直接给出其解析分布函数，处理这类问题时常采用近似的方法。计算方法的选取不仅影响计算的准度和精度，而且影响计算的速度和复杂性。边坡可靠度分析计算方法主要有蒙特卡罗方法、一次二阶矩法（first order second-moment method，FOSM）、响应面分析法（rexponse surface methodology，RSM）等。其中蒙特卡罗方法受问题限制小，得到的结果相对准确，但是计算量大，需要样本数巨大，收敛速度较慢。RSM 是一种高效的边坡可靠度计算方法，其迭代效率受响应面函数的形状和试验点的选取影响较大。

5.3.1　蒙特卡罗方法

蒙特卡罗方法是基于抽样统计思想来研究随机变量的一种数值方法。目前在可靠度分析方法中，蒙特卡罗方法是一种相对精确的方法，通常将蒙特卡罗方法计算结果作为基准解[16]，用来比较和检验其他方法的正确性。蒙特卡罗方法从频率角度出发求解边坡的失效概率，通过对边坡功能函数的变量因素大量抽样，采用确定的分析方法将抽样数据代入边坡功能函数中，得到功能函数小于零的累计总个数，由此给出边坡的失效概率。

边坡工程蒙特卡罗方法的分析步骤一般如下。

（1）建立边坡极限状态函数

$$Z = g(X_1, X_2, \cdots, X_n) = K_s - 1 \tag{5-23}$$

式中：K_s 为边坡的安全系数，可通过极限平衡法或有限元法计算得到；$X_1, X_2, \cdots, X_n$ 为影响边坡稳定的随机变量且概率分布已知，如土体的不确定性参数黏聚力、内摩擦角、容重、孔隙水压力等。

（2）从随机变量 X_i 的全体中随机地抽样，得到符合变量概率分布的一组随机样本 $X_1', X_2', \cdots, X_n'$，由式（5-23）得到边坡功能函数的一个随机样本 Z'。重复步骤直至达到满足预期精度的次数 N，就可以得到 N 个相对独立的边坡功能函数样本观测值 $Z_1, Z_2, \cdots, Z_N$。在 N 次这样的随机抽样试验中，$Z \leqslant 0$ 的出现次数为 M，边坡失效概率可由式（5-24）表达

$$P_f = p\{g(X_1, X_2, \cdots, X_n) \leqslant 0\} = \frac{M}{N} \tag{5-24}$$

在 N 足够大时通过边坡功能函数样本 $Z_1, Z_2, \cdots, Z_N$ 的统计，可以较为精确地得到边坡功能函数的近似分布函数 $G(Z)$。边坡功能函数的近似分布函数 $G(Z)$ 的均值和标准差分别为

$$\mu_Z = \frac{1}{N} \sum_{i=1}^{N} Z_i \tag{5-25}$$

$$\sigma_Z = \sqrt{\frac{1}{N-1} \sum_{i=1}^{N} (Z_i - \mu_Z)^2} \tag{5-26}$$

进而通过对边坡功能函数的近似分布函数 $G(Z)$ 分布拟合的积分得到失效概率。在标准正态空间中，也可以根据 μ_Z 和 σ_Z 求得可靠指标

$$\beta = \frac{\mu_Z}{\sigma_Z} \qquad (5\text{-}27)$$

失效概率可通过式（5-28）得

$$P_f = 1 - \Phi(\beta) \qquad (5\text{-}28)$$

式中：$\Phi(\beta)$ 为标准正态分布函数。

5.3.2　一次二阶矩法

一次二阶矩法首先在机械结构领域与航空领域的可靠度计算中得到应用，经过几十年的发展现已成为世界各国结构安全标准的基础，在工程结构可靠度计算领域现已被广泛采用。该方法的基本思想是在随机变量分布不明确的情况下，在某一点用泰勒级数将功能函数展开取一次项（即线性化），利用随机变量的均值和方差（即前二阶矩）来求解可靠指标，因此称为一次二阶矩。常用的分析方法包括：中心点法［也称均值一次二阶矩方法（mean first order second moment method，MFOSM）］和设计验算点法［也称改进的一次二阶矩法（advanced first order second moment method，AFOSM）］[13]。

1. 中心点法

中心点法又称泰勒级数法。中心点法的基本思路是在变量的均值点 μ_{X_i} 处用泰勒级数将非线性功能函数 $Z = g(X_1, X_2, \cdots, X_n)$ 展开并保留一次项，假定基本随机变量相互独立且服从正态分布或对数正态分布，然后对功能函数 $Z = g(X_1, X_2, \cdots, X_n)$ 的均值和标准差进行近似计算。基本计算过程如下。

非线性功能函数一般形式为 $Z = g(X_1, X_2, \cdots, X_n)$，其中基本随机变量 $X = (X_1, X_2, \cdots, X_n)$ 各分量相互独立，均值为 $\mu_X = (\mu_{X_1}, \mu_{X_2}, \cdots, \mu_{X_n})$，标准差为 $\sigma_X = (\sigma_{X_1}, \sigma_{X_2}, \cdots, \sigma_{X_n})$

将系统的功能函数 Z 在均值点 μ_{X_i}（也称中心点）处按泰勒级数展开并保留一次项得

$$Z \approx g(\mu_X) + \sum_{i=1}^{n} \left(\frac{\partial g}{\partial X_i} \right)_{\mu_x} (X_i - \mu_{X_i}) \qquad (5\text{-}29)$$

式中：$\left(\dfrac{\partial g}{\partial X_i} \right)_{\mu_x}$ 为功能函数均值点的偏导数。

功能函数 Z 的均值和方差可分别表示为

$$\mu_Z = g(\mu_X) \qquad (5\text{-}30)$$

$$\sigma_Z^2 = \sum_{i=1}^{n} \left[\left(\frac{\partial g}{\partial X_i} \right)_{\mu_x} \right]^2 \sigma_{X_i}^2 \qquad (5\text{-}31)$$

可靠度指标为

$$\beta = \frac{\mu_Z}{\sigma_Z} = \frac{g(\mu_X)}{\sqrt{\sum_{i=1}^{n} \left[\left(\dfrac{\partial g}{\partial X_i} \right)_{\mu_x} \right]^2 \sigma_{X_i}^2}} \qquad (5\text{-}32)$$

中心点法的最大优点是计算简便，计算公式简洁易于操作，不需要大量的数值计算。缺点是中心点法不能考虑实际随机变量的真实分布情况，对于高阶非线性功能函数的极限状态下的中心点法，将其在随机变量的均值点展开，这并不合理，且随机变量的均值点并不一定就落在极限状态曲面上，误差与均值点到极限状态曲面的距离存在一定的关系，且对于具有相同的力学意义但数学表达形式不同的系统功能函数，计算出的可靠度指标结果也可能不同，计算误差可能较大。

2. 设计验算点法

设计验算点法的不同是将功能函数的线性化泰勒展开点选定在功能函数的极限状态面上，同时考虑了基本随机变量的实际分布，从根本上解决了中心点法不能考虑随机变量实际分布的缺陷。

边坡的极限状态方程为

$$Z = g(X_1, X_2, \cdots, X_n) = 0 \tag{5-33}$$

设 $x^* = (x_1^*, x_2^*, \cdots, x_n^*)$ 为极限状态面上的一点，即满足 $g(x^*) = 0$。将边坡功能函数在点 x^* 按泰勒级数展开并取一次项，有

$$Z = g(x^*) + \sum_{i=1}^{n} \left(\frac{\partial g}{\partial X_i} \right)_{x^*} (X_i - x^*) \tag{5-34}$$

在随机变量空间 X 下，式（5-34）表示的极限状态面为极限状态面过点 x^* 处的切平面。Z 的均值与标准差可根据相互独立正态分布随机变量线性组合的性质得出

$$\mu_Z = g(x^*) + \sum_{i=1}^{n} \left(\frac{\partial g}{\partial X_i} \right)_{x^*} (\mu_{x_i} - x_i^*) \tag{5-35}$$

$$\sigma_Z = \sqrt{\sum_{i=1}^{n} \left[\left(\frac{\partial g}{\partial X_i} \right)_{x^*} \right]^2 \sigma_{X_i}^2} \tag{5-36}$$

整理可得可靠度指标 β 为

$$\beta = \frac{\mu_Z}{\sigma_Z} = \frac{g(x_i^*) + \sum\limits_{i=1}^{n} \left(\dfrac{\partial g}{\partial X_i} \right)_{x^*} (\mu_{x_i - x_i^*})}{\sqrt{\sum\limits_{i=1}^{n} \left[\left(\dfrac{\partial g}{\partial X_i} \right)_{x^*} \right]^2 \sigma_{X_i}^2}} \tag{5-37}$$

令 Y_i 为 X_i 的标准随机变量，即

$$Y_i = \frac{(X_i - \mu_{x_i})}{\sigma_{X_i}} \tag{5-38}$$

用 Y_i 改写式（5-34）对应的极限状态方程，并用式（5-36）遍除，得

$$\frac{g(x^*) + \sum\limits_{i=1}^{n} \left(\dfrac{\partial g}{\partial X_i} \right)_{x^*} (\mu_{x_i} - x_i^*)}{\sqrt{\sum\limits_{i=1}^{n} \left[\left(\dfrac{\partial g}{\partial X_i} \right)_{x^*} \right]^2 \sigma_{X_i}^2}} + \frac{\sum\limits_{i=1}^{n} \left(\dfrac{\partial g}{\partial X_i} \right)_{x^*} (\sigma_{X_i} \cdot Y_i)}{\sqrt{\sum\limits_{i=1}^{n} \left[\left(\dfrac{\partial g}{\partial X_i} \right)_{x^*} \right]^2 \sigma_{X_i}^2}} = 0 \tag{5-39}$$

$$-\beta - \frac{\sum\limits_{i=1}^{n}\left(\dfrac{\partial g}{\partial X_i}\right)_{x^*}\sigma_{X_i}}{\sqrt{\sum\limits_{i=1}^{n}\left[\left(\dfrac{\partial g}{\partial X_i}\right)_{x^*}\right]^2\sigma_{X_i}^2}} = 0 \qquad (5\text{-}40)$$

$$\sum_{i=1}^{n}\alpha_{X_i}Y_i - \beta = 0 \qquad (5\text{-}41)$$

X_i 的灵敏度系数 α_{X_i} 被定义为

$$\alpha_{X_i} = -\frac{\dfrac{\partial gX(x^*)}{\partial X_i}\sigma_{X_i}}{\sqrt{\sum\limits_{i=1}^{n}\left[\dfrac{\partial gX(x^*)}{\partial X_i}\right]^2\sigma_{X_i}^2}} \qquad (5\text{-}42)$$

正态标准随机变量空间 Y 下的点 y^* 对应的初始空间 X 中的点 x^*，称为验算点。式（5-41）表示在 Y 空间内极限状态面在 y^* 点处线性接近平面。以二维随机变量空间为例，式（5-41）表示过 y^* 的极限状态面。可证明从原点 O 作极限状态面的法线，刚好通过 y^* 点。法线方向余弦为 $\cos\theta_{Y_i}$ 等于灵敏系数，即 $\cos\theta_{Y_i} = \alpha_{X_i}$。通过计算得到 y^* 到空间坐标原点的距离与 β 的数值相同，因此可靠度指标 β 也可表述为坐标原点到极限状态曲面的最短垂直距离（标准化正态空间下）。

验算点在 Y 空间中的坐标为

$$y_i^* = \beta\cos\theta_{Y_i} = \beta\alpha_{X_i} \quad (i = 1, 2, \cdots, n) \qquad (5\text{-}43)$$

则在原始空间 X 中的坐标为

$$x_i^* = \mu_{X_i} + \beta\alpha_{X_i}\sigma_{X_i} \quad (i = 1, 2, \cdots, n) \qquad (5\text{-}44)$$

可靠指标 β 和验算点 x^* 多用迭代验算的方法求解，初始验算点 x^* 一般多采用均值点，如图 5-7 所示。

5.3.3 RSM

RSM 是一种统计学的综合试验技术。RSM 的主要思想是采用以影响边坡稳定的随机变量为自变量构成的响应面功能函数来替代真实不能明确表达的边坡功能函数，对样本数据采用确定性的分析方法得到边坡功能函数的响应值，确定各部分的分项系数，进而拟合一个响应面功能函数来逼近真

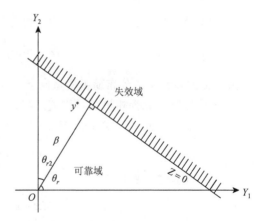

图 5-7 标准正态空间下可靠度指标的几何意义

实的边坡功能函数。系统的功能状态变量 Z 与随机变量 $X_1, X_2, \cdots, X_n$ 具有不能明确给出的未知函数关系 $Z = g(X_1, X_2, \cdots, X_n)$，采用 RSM 通过有限次的试验回归拟合一个近似功能函数关系即响应面功能函数 $\overline{Z} = \overline{g}(X_1, X_2, \cdots, X_n)$ 来代替真实的功能函数。

为了兼顾效率与精度，张璐璐、Rajashekhar 等认为，响应面函数表达式采用二次多项式的

形式较为合适，带交叉项的和不带交叉项的二次型的精度差异很小[14, 92]。因此，响应面功能函数一般多采用不带交叉项的二次多项式，既具灵活性又满足精度计算要求。

对于 n 个随机变量，响应 Z 是 n 个随机变量的函数，不带交叉项的二次响应面函数形式为

$$\overline{Z} = \lambda_0 + \sum_{i=1}^{n}(\lambda_i x_i) + \sum_{i=1}^{n}(\lambda_{ii} x_i^2) \tag{5-45}$$

式中：$\lambda_0, \lambda_i, \lambda_{ii}$ 为待定系数 $(i=1,2,\cdots,n)$，总计 $2n+1$ 个。

RSM 一般分析流程如下。

（1）选定含待定系数的响应面函数代替不能明确表达的真实功能函数，一般多采用不带交叉项的二次多项式形式。

（2）确定影响参数随机变量的分布形式或者取样范围。

（3）根据功能函数和随机变量分布，采用样本构造原理抽取一定数目的样本点。

（4）根据样本信息建立合适的模型求解实际功能响应，可采用极限平衡法或有限元法计算得到，就可以得到 N 组样本点及其功能响应的数据。

（5）将 N 组样本点及其对应的功能响应值代入响应面函数，求解待定系数，获得确定的响应面函数。

（6）基于响应面函数，可通过蒙特卡罗方法或一次二阶矩法的计算得到可靠指标或者失效概率。

为有效求解边坡可靠度，提出了基于 RSM 数据表的边坡可靠度计算模型。考虑影响边坡稳定性的主要强度参数 c、φ 的不确定性，采用 LHS 构建 RSM 随机样本点，借助岩土工程极限平衡的 Slide 程序获取样本响应值；通过将数据表法与 RSM 结合求解边坡可靠指标及失效概率。传统的验算点法计算边坡可靠指标，需要多次迭代重新抽样拟合，计算烦琐。当随机变量中存在相关非正态分布时，计算工作量更大可运用数据表法利用可靠指标的图形意义，采用 Excel 宏求解，不需编制复杂程序，即可实现相关正态变量及非正态变量问题的可靠度计算。数据表法基本原理如下。

为了避免相关变量的独立变换，可靠指标表示为

$$\beta = \min_{x \in F} \sqrt{(\boldsymbol{x} - \boldsymbol{m})^{\mathrm{T}} \boldsymbol{C}^{-1}(\boldsymbol{x} - \boldsymbol{m})} \tag{5-46}$$

式中：$\boldsymbol{x}$ 为多元正态分布随机变量向量，当 $\boldsymbol{x}$ 为其他分布时，可通过当量正态化变化转换为正态分布后计算；$\boldsymbol{m}$ 为随机变量均值；$\boldsymbol{C}$ 为协方差矩阵；$\boldsymbol{F}$ 为失效域（即 $Z<0$ 部分）。

随机变量空间下，式（5-47）表示空间的一个椭球

$$(\boldsymbol{x} - \boldsymbol{m})^{\mathrm{T}} \boldsymbol{C}^{-1}(\boldsymbol{x} - \boldsymbol{m}) = 1 \tag{5-47}$$

将式（5-47）变形可得

$$(\boldsymbol{x} - \boldsymbol{m})^{\mathrm{T}} \boldsymbol{C}^{-1}(\boldsymbol{x} - \boldsymbol{m}) = \beta^2 \tag{5-48}$$

几何意义如图 5-8 所示，在标准初始空间椭圆的长、短半轴分别为 σ_1、σ_2，椭圆长短轴相应增大 β 倍时椭圆与极限状态面向切，则所得的 β 即为所求的最小可靠度指标。在数据表法中，可采用 VBA（visual basic for applications，应用程序语言）自带的优化算法内置工具求解。求解可靠指标不需要像验算点法进行多次重新抽样拟合迭代。

可靠度计算方法的选取不仅影响计算的准度和精度，而且影响计算的速度和复杂性。

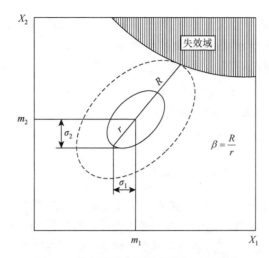

图 5-8 数据表法中可靠度指标 β 的确定

5.4 土石围堰 Kriging 代理模型的边坡可靠度

由于土石围堰的边坡材料的单一性，以及土石围堰的边坡施工及工作环境的复杂性，边坡系统常为多变量高阶非线性问题。蒙特卡罗方法精度高但是需求样本数巨大，计算效率偏低，影响实际工程的实用。一次二阶矩法对边坡的多变量高阶非线性问题无法直接计算求解。RSM 随着系统复杂程度的提高而相对误差也较大。因此寻求一种更符合土石围堰边坡可靠度研究的方法——高阶非线性的 Kriging 代理模型。

Kriging 代理模型是法国地理数学家 Matheron 在南非地质学家 Krige 的研究成果上进行系统的理论分析与整理，提出了一种插值外推方法理论[93]。依据最小方差准则，建立一种基于随机过程统计的无偏估计模型，是一半参数化的模型。Kriging 代理模型可考虑变量空间相关特性，并可获得空间分布数据的线性最优和内插无偏估计。

Kriging 代理模型比单个的参数化模型更具有灵活性，具有更强的预测能力，也克服了非参数化模型处理高阶非线性问题的限制，而且精度高。

5.4.1 Kriging 代理模型

在基于极限平衡法的边坡稳定可靠性分析中，大多数情况下功能函数都是高度非线性的隐式函数，传统的方法如一次二阶矩法等，需要将极限状态函数展开成泰勒级数，在求偏导时比较麻烦；而蒙特卡罗方法应用广泛，但是所需样本量巨大、计算效率偏低，在实际应用中受到了较大限制。而针对边坡隐式功能函数求解可靠度问题，采用 Kriging 代理模型对隐式功能函数进行显示化，然后采用传统可靠度计算方法求解可靠度。

Kriging 代理模型由两部分组成：回归部分和相关部分。即由一个参数模型（回归部分）和一个非参数随机过程（相关部分）联合构成的。

对于给定的样本 $S = (x_1, x_2, \cdots, x_n)$ 和其对应的响应 $Y = (y_1, y_2, \cdots, y_n)$，Kriging 代理模型可以表示为

$$\hat{y}(x) = f^{\mathrm{T}}(x)\delta + z(x) \tag{5-49}$$

式中：δ 为回归系数；$f(x)$ 为变量 x 的 0 阶、1 阶或 2 阶多项式，类似于 RSM 中的多项式形式。在设计空间中，$f(x)$ 模拟的全局近似，而 $z(x)$ 模拟局部的偏差的近似，是 $y(x)$ 的局部变化。通常情况下，$f(x)$ 可以取固定的常数，这并不会影响模型的精度，也就是说它的形式对精度不起决定性作用。$z(x)$ 服从正态分布 $N(0, \sigma^2)$，但是协方差为 0，即 $z(x)$ 不独立，但是同分布。随机部分 $z(x)$ 的存在，这是 Kriging 代理模型与 RSM 最主要的不同点，$z(x)$ 的协方差满足

$$\text{Cov}(z(x_i), z(x_j)) = \sigma^2[R(\lambda, x_i, x_j)]$$

$$R(\lambda, x_i, x_j) = \prod_{k=1}^{n_{d_v}} R_k(\lambda_k, d_k) \tag{5-50}$$

相关函数 R 有很多种形式，如指数函数、线性函数、高斯函数、球面函数、立方体函数及样条曲线函数等，指数函数、线性函数和球面函数表现为线性行为，所以这几个相关函数比较适合于线性问题。而高斯函数、立方体函数和样条曲线函数表现抛物线的物理形态，比较适合于非线性问题。其中高斯相关函数因为计算效果最好而广泛使用。高斯相关函数为

$$R_k(\lambda_k, d_k) = \exp(-\lambda_k d_k^2) \tag{5-51}$$

高斯过程假设下，相关函数 R 需要求解未知量 λ 构造的最优 Kriging 代理模型。根据最大似然估计，可得

$$\sigma^2 = \frac{1}{m}(Y - F\delta^*)^{\text{T}} R^{-1}(Y - F\delta^*) \tag{5-52}$$

相关参数 λ 可以通过式（5-53）优化问题获得

$$\begin{aligned} \min. \varphi \quad &(\lambda_k) = |R(\lambda_k)|^{\frac{1}{m}} \cdot \sigma(\lambda_k)^2 \\ \text{s.t.} \quad &\lambda_k \geqslant 0 \end{aligned} \tag{5-53}$$

给定 λ_k 就可建立一个 Kriging 代理模型。参数 λ_k 的求解是较为复杂的非线性函数寻优过程，是多参数空间的高维非线性问题。采用模式搜索法寻找最优的参数方法容易陷入局部最优；同时必须给定初值，而初值对结果有较大的影响。采用遗传算法处理 Kriging 代理模型中重要参数 λ_k 的优化问题，解决了目前 Kriging 代理模型参数的困难：对初值的依赖与结果仅为局部最优问题，得到最优的 Kriging 代理模型。

5.4.2 基于 Kriging 代理模型的人工边坡可靠度

1. 边坡功能函数的 Kriging 代理模型

将影响边坡稳定性的因素如黏聚力、内摩擦角等表述为随机变量 $x = [x_1, x_2, \cdots, x_n]$，根据 Kriging 代理模型的基本原理，边坡功能函数的 Kriging 代理模型可表述为

$$\bar{Z} = \bar{g}(x) = f(x)^{\text{T}} \delta^* + r(x) R^{-1}(Y - F\delta^*) \tag{5-54}$$

容量为 n 的边坡影响因素训练样本 $S = [x_1, x_2, \cdots, x_n]^{\text{T}}$ 和样本数据对应的边坡功能函数 Z 响应 $Y = [y_1, y_2, \cdots, y_n]^{\text{T}}$，根据 Kriging 代理模型建立过程得到边坡功能函数中各部分参数，回归函数采用常数型，相关函数采用适合非线性的高斯型。

2. 边坡 Kriging 代理模型的可靠度计算流程

可靠性指标 β 可以被视为标准极限状态空间下坐标原点到极限曲面的最短距离。可靠指标 β 的计算问题可转化为式（5-55）的寻优问题[94]

$$\begin{cases} \text{find} & x^* \\ \min & \text{dis}^*(x) = \sqrt{\sum_{i=1}^{n} x_i^2} \\ \text{s.t.} & g(x) = 0 \end{cases} \qquad (5\text{-}55)$$

式中： x_i 为随机变量经过标准正态化之后的量值。观测点 x^* 对应的系统响应值 y^* 可以通过 Kriging 代理模型确定。响应值 y^* 代表系统的功能函数值却不一定满足极限状态方程，这是 Kriging 代理模型与 RSM 的最大不同。为确保观测点 x^* 落在极限状态曲面上，必须使得 $y^* = 0$，必须考虑模拟响应值与实际真值之间可能存在一定的误差，因此在数值计算时给出一个极小的允许误差 ε。这样不仅可以保证计算的精度，而且可以大大地减少优化过程的迭代求解时间，提高计算效率。目标函数与式（5-55）相同，是标准正态化后从 x^* 到坐标原点的距离 dis^*。将式（5-55）最优问题转化为如下的最优化问题

$$\begin{cases} \text{find} & x^* \\ \min & \text{dis}^*(x) = \sqrt{\sum_{i=1}^{n} x_i^2} \\ \text{s.t.} & |y^*| \leqslant \varepsilon \end{cases} \qquad (5\text{-}56)$$

5.4.3 土石围堰边坡算例模拟分析

取土石围堰简化坡面边坡，其几何形状如图 5-9 所示。各土层的黏聚力 c 及内摩擦角 φ 均为互相独立且满足正态分布的随机变量，土层 1 与土层 2 的重度参数均为 19 kN/m^3，不考虑其变异性[95]，黏聚力与内摩擦角两参数的统计特性见表 5-5。

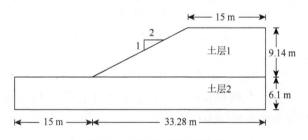

图 5-9 围堰基本简化剖面

表 5-5 土体强度参数及统计特征

土层号	c/kPa			$\varphi/(°)$		
	均值	变异系数	标准差	均值	变异系数	标准差
土层 1	38.31	0.2	7.66	0	0	0
土层 2	23.94	0.2	4.79	12	0.1	1.2

考虑土体物理力学参数黏聚力 c 和内摩擦角 φ 的变异性。c_1、c_2、φ_2 分别指土层 1 的黏聚力、土层 2 的黏聚力与内摩擦角。随机参数 c_1、c_2、φ_2 构成随机向量 $\boldsymbol{x} = \{c_1, c_2, \varphi_2\} = \{x_1,$

x_2，x_3}。采用 LHS 构建 15、20、25、30、35、40、45 组不同容量的样本，代入极限平衡法得到相应的功能函数值，通过 Slide 程序得到不同组数样本和其对应功能函数的数据后，根据 5.4.2 小节建立边坡功能函数的 Kriging 代理模型，通过编写的遗传算法优化程序得到 Kriging 代理模型中的重要参数，从而建立最优 Kriging 代理模型。

以蒙特卡罗方法 10^6 次直接模拟的结果作为基准解，可靠度指标 β 为 2.20，失效概率为 1.39%，失效概率收敛如图 5-10 所示，模拟次数 N 满足蒙特卡罗方法最低模拟次数检验式[96]

$$N \geqslant \frac{(1 - P_f)}{0.05^2 P_f} \tag{5-57}$$

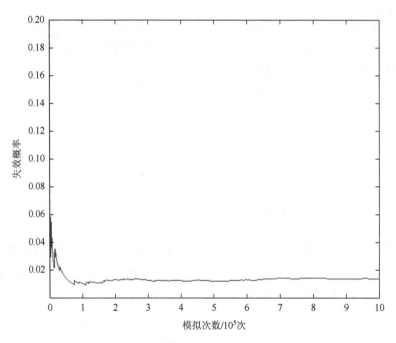

图 5-10 蒙特卡罗方法失效概率收敛图

运用 Kriging 代理模型求解边坡可靠度时回归模型分别取 1 阶和 2 阶（即图 5-11 中 Kriging1、Kriging2）。Kriging 代理模型的边坡可靠度计算结果与 RSM 可靠度的计算结果同蒙特卡罗方法基准解对比见表 5-6 和图 5-11。

表 5-6 不同容量样本可靠度计算结果对比

样本组数	可靠度指标 β			相对误差/%		
	RSM	Kriging1	Kriging2	RSM	Kriging1	Kriging2
15	2.047 9	2.236 6	2.152 6	6.91	1.66	2.15
20	2.431 8	2.307 8	2.353 1	10.54	4.90	6.96
25	2.311 6	2.344 4	2.210 4	5.07	6.56	0.47
30	2.066 1	2.182 7	2.355 0	6.09	0.79	7.05
35	2.301 0	2.216 7	2.254 4	4.59	0.76	2.47
40	2.558 9	2.294 1	2.150 1	16.31	4.28	2.27
45	2.317 1	2.301 1	2.258 7	5.39	4.60	2.67

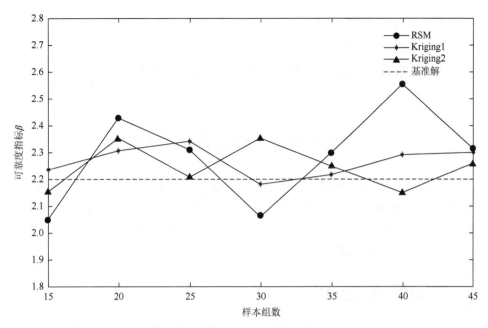

图 5-11　可靠度指标 β 随样本容量的变化图

同蒙特卡罗方法基准解对比可知，Kriging 代理模型求解结果整体上较 RSM 更为接近蒙特卡罗方法基准解，精确度更高，不同组样本下 Kriging 代理模型相对误差均小于 8%。Kriging 代理模型的选取对边坡可靠度结果影响较小。

本章仅限于对土石围堰简化的坡面进行研究，在实际工程中，围堰情况远比这要复杂，其基础覆盖层也远不止一层土质，有待于进一步研究。

本章从天然土坡的不确定性出发，归纳整理边坡中存在的不确定因素，从定性风险和定量风险两方面阐述了边坡风险。对坡体可靠度的功能函数、失效概率、可靠指标的定义及几何意义等的基本原理做了基本介绍；同时对不确定性的抽样试验方法和可靠度求解常用方法做了归纳与整理，总结了可靠度分析的常用方法一般流程。基于 RSM 思想提出了 RSM 数据表的可靠度求解方法。采用 LHS 构造样本数据，经过分析土石围堰的特性，通过遗传算法优化 Kriging 代理模型，建立土石围堰边坡可靠度的 Kriging 代理模型，进行简单比较性演算。演算结果有一定的合理性，但需进一步编写相应算法程序，实现自动运算，提高计算精度和效率，研究工作有待于进一步细化和深入。

第6章 土石体在施工导流中的风险分析

6.1 土石围堰在施工导流中的风险

水利水电工程中的施工导流是指为保证主体建筑在干地上施工，控制河水下泄所采取的措施。在水利水电工程中施工导流涵盖三个方面的含义：挡住河水下泄的挡水建筑物（围堰、拦洪度汛期坝体等），控制河水下泄的通道（导流泄水建筑物指导流洞、导流明渠、坝身预留孔、缺口等），以及由此产生的导流方式。

6.1.1 土石围堰施工导流风险

施工导流风险是指在考虑导流系统中不确定因素的条件下，挡水建筑物、泄水建筑物在导流系统中存在的各类风险。围堰作为施工中的排水建筑物，其风险和泄水建筑物的风险是同一事物两个方面的描述。因此研究截流中的土石体，以及研究由此加高而来的土石围堰的风险，就等同于研究整个施工导流的风险。

根据风险率的定义，导流系统在规定时间和规定条件下风险率功能函数 $Z<0$ 的概率，称为导流系统风险率。导流系统风险率[97]设为 P_f 的数学表达式为

$$P_f = R(Q_R < Q_L) = P(Z < 0) \tag{6-1}$$

式中：Q_R 为导流系统泄流能力（抗力）；Q_L 为河道来流的洪峰流量（荷载）；$Z = Q_R - Q_L$。

施工导流风险率被定义为在规定的导流期内天然来水量超过水库的调蓄和导流泄水建筑物的泄流能力的概率，一般采用如下计算公式

$$P_f = P\left[\int_0^T (Q_R - Q_L)\mathrm{d}t > \Delta V_D\right] \tag{6-2}$$

式中：T 为水库开始滞洪到出现最高库水位的延续时间；ΔV_D 为水库设计滞洪库容，由围堰或坝的上升高度或坝身过水稳定所限制的库水位所决定。

根据调洪演算原理，经调洪计算后，式（6-2）的导流风险率计算公式可变形为

$$P_f = P(Z_{max} > Z_D) \tag{6-3}$$

式中：Z_{max} 为上游围堰堰前最高库水位；Z_D 为上游围堰的设计挡水位。

在水利水电工程的施工导流系统中，影响系统风险的不确定性因素主要包括：水文不确定性、水力不确定性、水位库容关系不确定性、挡水建筑的抗洪潜力不确定性等。针对这些不确定因素并引入导流系统中提出了很多导流风险分析模型，主要研究状况如下。

1. 水文类

从水文分析角度入手，主要考虑施工洪水的随机性，基本以洪水的来水是否超过设计洪水的标准为施工导流产生风险的判断标准[98]。

20 世纪 70 年代，在最早引入 Poisson 模型最大超标洪水分布的研究基础上，采用古典概率论方法 Ben-Chie Yen[99]导出了 N 年内遭遇超标洪水的风险率模型为

$$P_f = (1-p)^N \tag{6-4}$$

式中：p 为设计洪水频率；N 为导流系统使用年限；P_f 为 N 年内遭遇超标洪水的概率。

基于此，美国《确定洪水频率指南》中提出了采用二项分布的风险率计算模型为

$$P(i) = C_N^i P^i (1-P)^{N-i} \tag{6-5}$$

式中：i 为出现超标洪水年的次数；$S(i)$ 为 N 年内遭遇 i 次超标洪水的概率。

1989 年，国内邓永录等[100]以随机点过程理论为依据，提出年内发生超标洪水的风险率计算模型为

$$P_f = 1 - \left(1 - \frac{Pt}{T + Pt}\right)^{N+1} \tag{6-6}$$

式中：P 为发生一次超标洪水的概率；T 为实测资料的年限；N 为实测 T 年内发生超标洪水的次数；t 为时间。

徐宗学等[101]根据随机点过程理论，给出洪水风险率 CSPPC 和 CSPPN 模型。CSPPC 模型以随机点过程理论为依据，采用复合泊松过程建立了洪水随机点过程的统计模型，从而使洪水频率的分析能在时域内进行；而 CSPPN 模型则是针对 CSPPC 模型中"丛中洪水同时出现"这一假定从而使模型产生的局限性，基于 Neyman-Scott 随机点过程提出的一种能"反映计数过程的成丛特征且考虑丛中洪水具体出现时间"的洪水风险率模型。

从施工导流工程的实际出发，给出遭遇超标洪水的风险率模型[102]

$$P_f = \frac{\int_0^{L+T_c} t f(t) \mathrm{d}t}{\int_0^\infty t f(t) \mathrm{d}t} \tag{6-7}$$

式中：L 为导流工程使用时间；T_c 为工程使用起始时间距离最近一次超标洪水的间距；t 为时间。

在此基础上，肖焕雄等采用随机点过程解决不过水围堰在不同建设阶段的具体条件下风险率的计算问题[103]。除了应用随机点过程理论，邓永录和徐宗学等通过将贝叶斯网络推断原理和随机点过程理论相结合，提出了洪水风险率的齐次随机点过程复合（homogeneous stochastic point process compound，HSPPB）模型[100, 104]。

此外，石明华等[105]提出基于水文模拟的施工导流超标洪水风险估计方法，采用时间序列分析技术分析系统超标洪水的风险；刘东海等[106]采用日径流水文模拟成果计算围堰实时挡水风险率。

这类模型只考虑了水文不确定性，而未考虑系统泄流能力的水力不确定性，因此很难全面反映工程实际。

2. 水力类

这类模型将实际洪峰流量 Q_L 当作荷载，泄流能力 Q_R 当作抗力，通过数理统计方法确定其概率分布，采用结构可靠性的失效概率公式为

$$P_f = P\{Q_L > Q_R\} = \int_0^{+\infty} \int_{Q_R}^{+\infty} f_R(Q_R) f_L(Q_L) \mathrm{d}Q_R \mathrm{d}Q_L \tag{6-8}$$

式中：$f_R(Q_R)$ 为抗力概率密度函数；$f_L(Q_L)$ 为荷载概率密度函数。

式（6-8）并没有考虑系统使用寿命和系统风险随时间变化的作用，而将实际洪峰流量和泄流能力看作是相互独立且与时间无关的随机变量，但这并不完全符合实际情况。

1983 年，Lee 和 Mays 利用条件概率公式，推导出风险率计算模型为

$$P_f = \frac{\int_{Q_T}^{+\infty} f(r)(1-\exp\{-L[1-F_L(r)]\})\mathrm{d}r}{1-F_R(Q_T)} \qquad (6\text{-}9)$$

式中：L 为系统使用年限；$f(\cdot)$ 为系统泄流能力概率密度函数；$F_L(\cdot)$ 为年最大洪水的概率分布函数；$F_R(\cdot)$ 为系统泄流能力的概率分布函数；Q_T 为设计洪水。

式（6-9）在推导过程中，认为只有大于设计洪水的洪水才属于荷载，并且抗力大于设计洪水。但这一前提条件并不合理，因为系统风险率的大小是由系统具有的实际泄流能力与实际洪水流量的相对大小决定的。当实际泄流能力小于设计泄流能力时，即使实际洪水小于设计洪水，也可能因为洪水大于实际泄流能力而发生系统失效。

陈凤兰等[107]综合考虑水文和水力两方面不确定性，引入洪峰削减系数 η，采用 JC 法对施工导流风险进行计算，计算模型为

$$P_f = P(Q_d < \eta Q_f) \qquad (6\text{-}10)$$

式中：Q_f 为河道来流的洪峰流量；Q_d 为导流建筑物设计流量；η 为洪峰削减系数。

根据水文不确定性在导流风险计算中的作用，式（6-10）计算模式，但是洪峰削减系数 η 的均值和标准差是依据水文资料进行多个样本的调洪演算得到的。而在实际工程中水文资料的样本有限，所以这种模式还不能在实际工程中很好地应用。

3. 库水位类

姜树海[108]将随机过程的概念应用于不同时刻水库蓄洪量 $w(t)$ 的随机变化研究。通过分析认为 $w(t)$ 是符合 Wiener 过程定义的，并在此基础上建立了带有随机输入项和随机初始条件的调洪演算 Ito 方程，然后利用 Fokker-Planck 向前方程求解了调洪过程库水位的概率密度分布

$$\begin{cases} \dfrac{\mathrm{d}H(t)}{\mathrm{d}t} = \dfrac{[\mu_{Q_1}(t)-\mu_{Q_2}(H,X)]}{G(\mu_H)} + \dfrac{\dfrac{\mathrm{d}B(t)}{\mathrm{d}t}}{G(H)} \\ H(t_0) = H_0 \end{cases} \qquad (6\text{-}11)$$

式中：$H(t)$ 为坝前水位随机过程；$\mu_{Q_1}(t)$ 为河道来水流量过程 $Q_1(t)$ 的均值函数；$\mu_{Q_2}(H,X)$ 为泄流流量过程 $Q_2(t)$ 的均值函数；$G(H)$ 为坝前水位流量关系曲线；$\dfrac{\mathrm{d}B(t)}{\mathrm{d}t}$ 为正态分布白噪声。

该模型较全面地反映了施工导流的实际情况，通过导流风险分析建立了随机微分方程，能够对影响库水位的各种不确定性因素进行较全面地考虑，但在实际应用过程中仍然面临随机微分方程的求解困难这一老问题，失效概率的计算公式有待完善。

采用随机微分方程方法求解调洪演算和堰前水位分布时，要推求其微分方程组。对于不同的施工洪水特性，微分方程的求解存在困难，并且方程中许多随机因素复杂，单纯采用解析方法求解结果精度不够。为此，可以利用蒙特卡罗方法模拟施工洪水过程和导流建筑物泄流，通

过系统仿真方法进行施工洪水调洪演算，用统计分析模型确定施工导流的上游围堰堰前水位分布和导流系统风险。此时考虑水文、水力等随机性，从上游围堰堰前水位和上游围堰设计挡水位的关系进行建模

$$P_f = P\{Z > H_{up}\} \tag{6-12}$$

式中：Z 为上游围堰堰前水位；H_{up} 为上游围堰设计挡水位。

基于蒙特卡罗方法，武汉大学胡志根教授考虑施工洪水入库过程和泄流能力随机性的导流系统，针对设计水位有效地计算了风险率，并对上游围堰堰前水位的变化及其分布函数的确定进行了统计分析。在文献[107]中，作者将洪峰流量不确定性，洪量和历时不确定性，以及导流建筑物的各种水力参数不确定性都考虑进风险率模型，并应用蒙特卡罗方法对模型进行了统计分析，得到了该情况下的导流风险率。在文献[108]中，作者仍旧应用蒙特卡罗方法，将坝体施工进度及完工工期的随机性也考虑进了风险率模型，建立了基于蒙特卡罗方法全面考虑水文水力不确定性和施工进度不确定性的施工导流系统综合风险分析模型。同一时期，钟登华等[109]，同样应用蒙特卡罗方法对考虑了多元不确定性的施工导流系统进行了仿真，并根据中心极限定理对随机抽样的最少次数进行了分析。

除对单一电站的施工导流进行多重不确定性的风险分析外，胡志根等学者[98]还针对梯级建设环境下的特点，将区间洪水、上游梯级泄流能力、下游梯级回水及支流汇入等不确定性因素纳入研究，对梯级施工导流系统的整体风险进行了分析，得到了一定的研究成果。

6.1.2 围堰工程在施工中风险不确定性分析

施工导流工程风险发生的原因是导流系统中存在多种不确定性（随机性）因素，如水文、水力不确定性等。水文的不确定性表现在施工洪水的不确定性。包括施工洪水洪峰流量的不确定性、施工洪水洪量的不确定性和施工洪水过程历时的不确定性。水力的不确定性主要为导流建筑物泄流能力的不确定性。通过施工导流不确定性分析对降低导流风险具有重要的意义[103]。本小节主要针对以上不确定性展开分析。

1. 施工洪水不确定性分析

施工洪水随机性是由施工围堰上游的汇水面积中的降水量的随机性及汇水时间的随机性引起的。从河流水文学的角度上讲，降水到产流的过程受到降水地点的气温、植被和地质等诸多自然因素决定，产流形成过程十分复杂。因此，在实践中确定洪水随机过程的分布很困难，可以通过随机序列样本计算某些数值特征，如均值函数、方差函数、自协方差函数、自相关函数和偏态系数等描述洪水随机变量的总体特征，为建立洪水随机模拟提供依据，使其既能表征洪水过程的基本特征又能满足实际应用的需要[110]。

对洪水过程模拟的关键，是在水文物理基础上建立纯随机洪水序列模型。洪水过程变化受众多因素影响，极其复杂且有明显的随机性。根据我国长期洪水系列分析和工程实际及实践经验，施工洪水不确定性主要表现在：施工洪水洪峰流量的不确定性、施工洪水洪量的不确定性和施工洪水过程历时的不确定性等[111]。

1）施工洪水洪峰流量的不确定性分析

洪水过程受多种复杂因素影响，随机变量总体分布是未知的。洪峰流量和洪量是洪水过程

不确定性中的两个重要因素。多年工程实践证明，我国一般假定洪峰流量 X 和洪量服从 P-III 型分布是合理的。P-III 型分布的密度函数如下：

$$f(x) = \frac{\beta^\alpha}{\Gamma(\alpha)}(X - a_0)^{\alpha-1} e^{-\beta(x-a_0)}$$ （6-13）

式中：α、β、a_0 为 P-III 型分布的形状、刻度和位置参数；$\Gamma(\alpha)$ 为 α 的伽马参数。

$$\alpha = \frac{4}{C_s^2}, \beta = \frac{2}{\mu_Q C_v C_s}, a_0 = \mu_Q\left(1 - 2\frac{C_v}{C_s}\right)$$ （6-14）

式中：C_s 为 P-III 型分布的离差系数；C_v 为 P-III 型分布的离势系数；μ_Q 为 P-III 型分布的均值。

2）施工洪水洪量的不确定性分析

洪量与洪峰的年内最大值是具有随机性的量，而且这两个量并不是统一的，即最大洪量时并不一定发生最大的洪峰，只是在最大洪量时发生最大洪峰的可能性大一些而已。根据我国长期洪水序列分析和多年工程设计及实践，洪量服从 P-III 型分布。

3）施工洪水过程历时的不确定性分析

施工洪水的行洪历时也是一个随机量，它决定洪水过程线的"胖瘦"。对一定的洪峰，显然"胖型"洪水过程线对导流系统的安全不利。根据目前的实测资料分析，一般情况下施工洪水过程的历时服从正态分布。

4）施工洪水过程的综合分析

由于洪水过程随机问题不仅与空间关联，还与时间有关，需要考虑施工洪水过程中洪峰流量、洪量和历时等不确定性，其解析解难以求出，可运用蒙特卡罗方法耦合上述不确定性，综合求取施工洪水过程的随机序列。

2. 导流建筑物泄流能力的不确定性分析

导流建筑物是水利水电工程的重要组成部分，其设计、施工和运行的成败关系工程顺利建设。在施工导流系统中，泄水建筑物的规模及布置决定导流系统的泄流能力和挡水建筑物的上下游水位。导流建筑物的设计、施工过程中存在误差是导致水力参数不确定性的主要原因，与泄流建筑物水力参数密切相关，如糙率、过水断面面积、湿周和底坡等[109]。

导流建筑物泄流的水力参数不确定性是影响导流建筑物泄流能力的主要因素。对于导流建筑物，其泄流能力一般由曼宁方程描述

$$Q = \frac{1}{n}A^{5/3}\chi^{-2/3}s^{1/2}$$ （6-15）

式中：n 为糙率系数；A 为过水断面面积；χ 为湿周；s 为底坡。

由于曼宁方程只是描述恒定均匀流动的，而实际导流建筑物往往是非恒定非均匀流动。可采用修正因子 λ 对曼宁方程进行修正，则泄流能力 Q 为

$$Q = \frac{\lambda}{n}A^{5/3}\chi^{-2/3}s^{1/2}$$ （6-16）

水力参数 n、A、χ、s 等具有不确定性，如果各水力参数的密度函数为已知，根据泄流能力和水力参数的关系，理论上就可以得出泄流能力的密度函数。

国内外目前缺乏大量资料来准确确定上述水力参数的随机分布概率，常对其分布进行假设以便分析研究。引起过水断面面积、湿周和底坡不确定性的主要原因是施工测量误差和材料的不确定性。根据一些工程经验和学者的分析及已有糙率资料，假设过水断面面积、湿周和底坡

近似服从正态分布，糙率系数 n 近似服从三角形分布，其众数（密度最高处）为 n_b、最小值为 n_s 和最大值为 n_c。

根据假设的各水力参数的随机分布，直接确定泄流能力的密度函数比较困难。分析具体工程导流洞的泄流能力时可以运用蒙特卡罗方法模拟各水力参数，通过假设检验分析泄流能力的随机分布。导流洞的泄流能力分布函数类型常用的为三角形分布概率模型。

三角形分布的概率密度函数为

$$f(x_i) = \begin{cases} \dfrac{2(x_i - a_i)}{(b_i - a_i)(c_i - a_i)}, & a_i \leqslant x_i \leqslant b_i \\[2mm] \dfrac{2(c_i - x_i)}{(c_i - a_i)(c_i - b_i)}, & b_i \leqslant x_i \leqslant c_i \\[2mm] 0, & \text{其他} \end{cases} \tag{6-17}$$

三角形分布函数为

$$F(x_i) = \begin{cases} \dfrac{(x_i - a_i)^2}{(b_i - a_i)(c_i - a_i)}, & a_i \leqslant x_i \leqslant b_i \\[2mm] 1 - \dfrac{(c_i - x_i)^2}{(c_i - a_i)(c_i - b_i)}, & b_i \leqslant x_i \leqslant c_i \\[2mm] 0, & \text{其他} \end{cases} \tag{6-18}$$

其相应的均值和变差系数分别由式（6-19）和式（6-20）求得

$$\overline{x}_i = \frac{1}{3}(a_i + b_i + c_i) \tag{6-19}$$

$$C_{x_i} = \frac{1}{2} - \frac{a_i b_i + b_i c_i + c_i a_i}{6\overline{x}_i^2} \tag{6-20}$$

式中：x_i 为某一水力因子；a_i、b_i、c_i 为各水力因子的最小值、众数和最大值，通过导流建筑物施工及其运行的统计资料来确定。

6.1.3 围堰工程在导流系统中水力因素分析

施工导流工程的形式可以分成两大类：一类是分段围堰导流方式，另一类是全段围堰导流方式。围堰作为施工导流中的挡水建筑物，其风险和泄水建筑物的风险是同一事物两个方面的描述，而围堰的挡水高程是由泄水建筑物决定的，因此分析施工围堰的风险，要从分析泄水建筑物的泄流风险入手。

1. 围堰堰顶高程的确定

围堰堰顶高程取决于导流设计流量及围堰的工作条件[112]。

下游围堰的堰顶高程由式（6-21）决定

$$H_d = h_d + h_a + \delta \tag{6-21}$$

式中：H_d 为下游围堰堰顶高程；h_d 为下游水位高程，可直接从河流水位流量关系查出；h_a 为波浪爬高；δ 为围堰的安全超高。

上游围堰的堰顶高程由式（6-22）决定

$$H_u = h_d + z + h_a + \delta \tag{6-22}$$

式中：H_u 为上游围堰堰顶高程；z 为上下游水位差；其他符号意义同式（6-21）。

现代水利水电工程坝高超过百米的越来越多，与其相匹配的围堰高度也随之增加。由于高土石围堰库容较大，部分来水流量可以充当库容进而导致泄流量减少，造成削峰。这种现象虽降低了土石围堰的顶高程，却增加了风险发生的可能性，因此有必要进行风险分析。

必须指出，当围堰要拦蓄一部分水流时，堰顶高程应通过调洪演算确定。调洪演算实质上是入库洪水、泄流建筑物类型与尺寸、运用方式已知的情况下的水库蓄洪调节计算。调洪演算的直接目的在于求出水库逐时段的蓄水和泄水变化过程，从而获得该次洪水后的水库最高洪水位和最大下泄流量，以供进一步防洪计算分析之用。在某一时间段 Δt 内，入库水量与出库水量之差等于该时段内水库蓄水量的变化，用水库的水量平衡方程表示为

$$(\bar{Q} - \bar{q})\Delta t = \frac{1}{2}(Q_1 + Q_2)\Delta t - \frac{1}{2}(q_1 + q_2)\Delta t = V_2 - V_1 = \Delta V \tag{6-23}$$

式中：$\bar{Q}$ 为 Δt 时段中的平均入库流量，$\bar{Q} = \dfrac{Q_1 + Q_2}{2}$；$\bar{q}$ 为 Δt 时段平均下泄流量，$\bar{q} = \dfrac{q_1 + q_2}{2}$；$Q_1, Q_2$ 分别为 Δt 时段初、末的入库流量；q_1, q_2 分别为 Δt 时段初、末的下泄流量。

必须指出，当围堰要拦蓄一部分水流时，则堰顶高程应通过调洪演算确定。

2. 泄水建筑物导流水力计算

当采用分期导流时，河床被束窄造成上游水位的壅高。分期导流的流态随纵向围堰的长度 Z 及上游水深 H 而不同；被束窄河床的流态变化随着束窄度变大分别按照明渠流、束窄河床流、堰流来处理。通常宽顶堰的极限长度限于 10 倍水深，对于临时水工建筑物可以放宽至 20 倍水深[102]。

1）束窄河床泄流能力计算

对于淹没堰流，通过束窄河床的泄流量 Q 近似按式（6-24）计算

$$Q = mA_c\sqrt{2g(H_0 - h_s)} \tag{6-24}$$

$$Z = \frac{v_c^2}{2gm^2} - \frac{v_0^2}{2g} \tag{6-25}$$

式中：m 为流量系数，随围堰的平面布置形式而定，当平面布置为矩形时，m 取值范围为 0.75～0.85；当平面布置为梯形时，m 取值范围为 0.80～0.85；当平面布置为导流墙时，m 取值范围为 0.85～0.90；v_0、v_c 为行近流速和收缩断面流速；H_0 为上游水头，$H_0 = H + \dfrac{v_0^2}{2g}$；$H$ 为上游水深，$H = h_s + Z$；h_s 为下游水深；Z 为上下游水位差；A_c 为断面面积。

当河床束窄率较大，束窄河槽为棱柱形正坡渠道，且出口水深接近于正常水深时，可近似地按明渠均匀流计算。

2）坝体缺口、梳齿的水力计算

缺口或梳齿泄流，当堰顶长度 l 和水头 H 的关系在 $2.5H < l \leqslant 20H$ 时，按宽顶堰公式计算，泄水流量 Q 为

$$Q = \varepsilon \sigma m B \sqrt{2g} H_0^{3/2} \tag{6-26}$$

式中：B 为堰孔过水宽度，对于梳齿 $B = nb$，n 为梳齿数目，b 为梳齿过水宽度；σ 为淹没系数，当宽顶堰为非淹没出流时，$\sigma = 1$；H_0 为缺口或梳齿底槛以上的上游水头；ε 为侧收缩系数，锐缘进口的缺口；m 为流量系数；g 为重力加速度。

此外，还有台形堰、侧堰、斜交堰及弧形堰等，其泄流公式与宽顶堰类似但计算方法各有不同。

3）明渠泄流能力水力计算

明渠或渡槽泄流时，水流可能呈均匀流或非均匀流。水力计算的目的在于根据不同情况，计算渠道各段水深（水位）、流速及泄流能力，求得上游壅高水位及进出口的水流衔接形式，据此确定围堰高程、侧墙高度及防护措施等。

一般天然明渠大多属于非均匀流，明渠恒定渐变流中，断面比能 E_s 满足微分方程

$$\frac{dE_s}{ds} = i - J \tag{6-27}$$

而对棱柱形明渠的恒定渐变流，从式（6-27）可以推导出水深 h 的沿程变化率

$$\frac{dh}{ds} = \frac{i - J}{1 - Fr^2} \tag{6-28}$$

$$J = \frac{v^2}{C^2 R} = \frac{Q^2}{K^2} = \frac{n^2 Q^2}{A^2 R^{4/3}} \tag{6-29}$$

式中：i 为底坡坡度；J 为水力坡度；C 为谢才系数；R 为水力半径；K 为流量模数；n 为糙率；s 为渠道沿流动方向的沿程坐标；A 为过水断面面积。

小底坡渠道的断面比能表达式为

$$E_s = h + \frac{\alpha v^2}{2g} = h + \frac{\alpha Q^2}{2gA^2} \tag{6-30}$$

式中：α 为动能修正系数；v 为流速。

对于渠道恒定渐变流水面曲线的计算，在渠道中从控制断面（$p = 1$）开始，每隔一定距离取一个断面。在两个相邻断面之间的渠段上，用差分格式将式（6-27）离散化，得

$$E_{s,p+1} - E_{s,p} = \pm \Delta s_p (i - \bar{J}_p) \quad (p = 1, 2, \cdots, n) \tag{6-31}$$

或

$$\left(h_{p+1} + \frac{\alpha Q^2}{2gA_{p+1}^2} \right) - \left(h_p + \frac{\alpha Q^2}{2gA_p^2} \right) = \pm \Delta s_p (i - \bar{J}_p) \quad (p = 1, 2, \cdots, n) \tag{6-32}$$

其中渠段平均水力坡度

$$\bar{J}_p - \frac{1}{2}(J_p + J_{p+1}) - \frac{Q^2 n^2}{2} \left(\frac{1}{A_p^2 R_p^{4/3}} + \frac{1}{A_{p+1}^2 R_{p+1}^{4/3}} \right) \tag{6-33}$$

式中：$E_{s,p}$、$E_{s/p+1}$ 为断面 p、$p+1$ 的断面比能；Δs_p 为两个断面的间距；n 为渠道糙率；h_p、A_p、R_p、J_p 为断面的水深、过水断面面积、水力半径和水力坡度。

式（6-31）、式（6-32）中等号右边"±"项的选择：急流时取"＋"，缓流时取"－"。根据控制水深可判别流态的急缓。

急流时，控制断面是下游渠段水面线的起点，断面序号向下游方向增加；缓流时，控制断面是上游渠段水面线的起点，断面序号向上游方向增加。

明渠均匀流是明渠非均流的特例，宜采用相应简化公式进行计算，这里不再赘述。

4）隧洞、涵管、底孔导流水力计算

施工中常用隧洞、涵管或底孔导流，均属管道泄流，其水力学计算方法是一致的，隧洞泄流水力情况比较复杂，泄流过程分为无压流、半有压流及有压流。其水力计算公式简化表达如下。

（1）无压流水力计算。管道的长短、底坡的陡缓、进口形式及出流条件都直接影响明流管道的泄流能力。判别短管、长管的界限及影响泄流的因素见表6-1。

表 6-1　明流管道的影响泄流因素及其判别

影响因素		判别界限	流态描述
缓坡	短管	$i < i_k, h_0 > h_k$ $l < l_c = (106 \sim 270\ m_0)h_k$ 或 $l < l_c = (64 \sim 163\ m_0)H$	进口收缩断面未淹没，水流呈现全部急流或者急流接缓流状态
	长管	$i < i_k, \quad l \geqslant l_c$	进口断面已淹没，水流呈现全部缓流状态
陡坡		$i > i_k, \quad h_0 < h_k$	管道长度对泄流无影响，按短管计算

表中：h_0 为正常水深；h_k 为临界水深；l 为管道长度；l_c 为长管的下限长度；m_0 为进口系数

对于自由出流泄流能力计算，缓坡时，短管的泄流量按非淹没宽顶堰公式计算：

$$Q = m\bar{B}_k \sqrt{2g}H_0^{3/2} \qquad (6\text{-}34)$$

$$m = m_0 + (0.385 - m_0)\frac{A_H}{3A - 2A_H} \qquad (6\text{-}35)$$

式中：m 为流量系数；A 为上游壅高水深处断面面积；A_H 为水深 H 与 $\bar{B}_k$ 的乘积；$\bar{B}_k$ 为临界水深下的平均过水宽度；m_0 为进口流量系数。

长管的泄流量按淹没宽顶堰公式计算

$$Q = \phi A_c \sqrt{2g(H_0 - h_c)} \qquad (6\text{-}36)$$

式中：ϕ 为流速系数；h_c 为进口断面处水深，按水面线推算；A_c 为进口处过水断面面积；H_0 为上游水深。

陡坡时泄流量按短管自由出流，由式（6-34）计算。

为保证管内明流，改善进口段压力，在明流管道进口可设置压坡段。压坡斜率一般为1：4、1：5、1：6，当 H / h_1 在 3～12 时（h_1 为压坡末端高度），上述压坡后的竖向收缩系数 ε 分别为 0.895、0.914、0.918，粗略计算可取 $\varepsilon = 1.0$。

对于淹没出流泄流能力计算，根据试验，淹没出流的条件大致为

$$h_s - il \geqslant 0.75\,H \quad 或 \quad h_s - il \geqslant 1.25h_k \qquad (6\text{-}37)$$

式中：h_s 为下游水深。

此时泄流量为

$$Q = \delta m \bar{B}_k \sqrt{2g} H_0^{3/2} \tag{6-38}$$

式中：δ 为淹没系数；m 为流量系数；$\bar{B}_k$ 为临界水深下过水断面的平均宽度。

（2）有压流水力计算。当下游水位超过出口管顶高程时，可近似认为属于淹没出流。在淹没出流条件下为有压流。当下游水位未淹没管顶时为自由出流。在自由出流条件下，上游壅高水深比超过 τ_{fc}，或流量超过其下限流量 Q_{fc} 后，管内将产生有压流。其泄流能力计算如下所示。

基本计算公式

$$Q = \mu A_d \sqrt{2g(T_0 - h_p)} = \mu A_d \sqrt{2g Z_0} \tag{6-39}$$

式中：A_d 为管道出口断面面积；T_0 为出口底板高程至上游水位并计入行近流速水头的总水头；h_p 为出口底板以上的计算水深；自由出流时 $h_p = \eta d$，η 为泄流状态系数（大气中取 0.5，出口有顶托侧墙不约束取 0.7，出口有顶托侧墙有约束取 0.85）；Z_0 为计入行近流速水头的上、下游水位差；μ 为有压流流量系数，需要计算取得。

底坡 i 沿程不变时

$$Q = \mu A_d \sqrt{2g(H_0 + il - h_p)} \tag{6-40}$$

式中：i 为水力坡降；l 为管道长度；

在自由出流且管道断面沿程不变时

$$\mu = \frac{1}{\sqrt{1 + \sum \zeta + \dfrac{2gl}{C^2 R_d}}} \tag{6-41}$$

式中：$\sum \zeta$ 为进口及管内局部水头损失之和；C、R_d 为谢才系数和水力半径。

管道断面沿程变化时

$$\mu = \frac{1}{\sqrt{1 + \sum \zeta_i \left(\dfrac{A_d}{A_{di}}\right)^2 + \sum \dfrac{2gl_i}{C_{di}^2 R_{di}}\left(\dfrac{A_d}{A_{di}}\right)^2}} \tag{6-42}$$

式中：l_i、A_{di} 为管道分段长度和断面面积；ζ_i 为某一局部能量损失系数；C_{di}、R_{di} 为分段的谢才系数和水力半径；A_d 为管道断面面积。

在淹没出流条件下，当出口后的过水断面面积 A_s 远大于管道断面面积 A_d 时，μ 仍用式（6-41）计算。如果 A_s 与 A_d 相差不大，式（6-42）分母中的 1 应以 $\left(\dfrac{A_s - A_d}{A_s}\right)^2$ 代替。

半有压流流态比较复杂，研究成果中有很多近似计算公式，但实际工程中一般采用有压流与无压流的平滑连接拟出的曲线所得的近似值。

6.2　施工围堰及导流系统风险分析

导流标准的选择是关系水利水电工程建设投资和顺利施工的关键问题。做好施工导流的规划，优化导流标准对于规避导流风险，缩短建设工期，减少风险损失影响巨大。在导流标准决策中，导流风险是重要的决策指标。由于导流系统复杂，在导流风险的设计中存在水文、水力参数上的多种不确定性，国内外的学者提出了许多导流风险量化分析模型用以导流风险的计算。而导流围堰作为一种临时性挡水建筑物，基于挡水可靠性进行施工导流风险定义。在导流过程中，最直接的观测就是上游水位是否超过了围堰堰顶，以此来判断是否失事。基于此，本节详细介绍导流风险度的计算方法及风险分析模型，并以施工围堰为例介绍一般性的施工导流风险分析过程。

6.2.1 导流风险度的计算方法

施工导流系统中存在许多不确定性因素，如水文不确定性、水力不确定性、水位库容关系不确定性、挡水建筑的抗洪潜力不确定性等，使得在进行方案确定、方式选择、设计优化时，施工导流系统风险量化问题十分重要。研究施工导流风险度的方法与途径多种多样，一般包括一次二阶矩法、高次高阶矩法、蒙特卡罗方法、JC 法等[113]。

1. 一次二阶矩法

引用计算结构可靠度的随机变量一次二阶矩法用在导流风险度计算上，其基本原理是相同的，不再赘述。实际研究中，方法有区别，常见的一次二阶矩法包括均值一次二阶矩法、改进的一次二阶矩法、JC 法、映射变化法、帕罗黑莫法和实用分析法。这些方法存在一定的递进关系[114]。

1）均值一次二阶矩法

均值一次二阶矩法是一种近似的分析法，其基本原理是：将功能函数 $Z = g(X_1, X_2, \cdots, X_n)$ 在均值点 μ_{X_i} 处展开成泰勒级数，略去二次和更高次项，使之线性化，得到功能函数为

$$Z = g(\mu_{X_1}, \mu_{X_2}, \cdots, \mu_{X_n}) + \sum_{i=1}^{n} (x_i - \mu_{X_i}) \frac{\partial g}{\partial x_i} \Big|_{\mu_{x_i}} \qquad (6\text{-}43)$$

Z 的均值 μ_Z 可以从简化后的功能函数中获得，其标准差 σ_Z 在随机变量 x_i $(i = 1, 2, \cdots, n)$ 间都是统计独立条件下由式（6-44）求得

$$\sigma_Z = \left[\sum_{i=1}^{n} \left(\frac{\partial g}{\partial x_i} \Big|_{\mu_{x_i}} \sigma_{X_i} \right)^2 \right]^{1/2} \qquad (6\text{-}44)$$

然后将 Z 看成是正态分布，由可靠度指标 $\beta = \mu_Z / \sigma_Z$ 求风险

$$P_f = (\phi - \beta) \qquad (6\text{-}45)$$

均值一次二阶矩法不考虑随机变量的实际分布，假定它服从正态分布或对数正态分布，分析时采用泰勒级数在均值点展开得出计算值。

2）改进的一次二阶矩法

改进的一次二阶矩法将线性化点选在与结构最大可能失效概率对应的验算点上，其功能函数 $g(\cdot)$ 在失事临界点 $(x_1^*, x_2^*, \cdots, x_n^*)$ 展开成泰勒级数，取线性部分得

$$Z = g(x_1^*, x_2^*, \cdots, x_n^*) + \sum_{i=1}^{n} (x_i - x_i^*) \frac{\partial g}{\partial x_i} \Big|_{x_i^*} \qquad (6\text{-}46)$$

Z 的均值为

$$Z = g(x_1^*, x_2^*, \cdots, x_n^*) + \sum_{i=1}^{n} (\mu_{X_i} - x_i^*) \frac{\partial g}{\partial x_i}\Big|_{x_i^*} \tag{6-47}$$

由于 x_i^* 位于失事边界上，即有 $g(x_1^*, x_2^*, \cdots, x_n^*) \cong 0$，于是均值 μ_Z 和方差 σ_Z^2 变为

$$\mu_Z = \sum_{i=1}^{n} (\mu_{X_i} - x_i^*) \frac{\partial g}{\partial x_i}\Big|_{x_i^*} \tag{6-48}$$

$$\sigma_Z^2 = \sum_{i=1}^{n} \left(\mu_{X_i} - x_i^* \frac{\partial g}{\partial x_i}\Big|_{x_i^*} \right)^2 \tag{6-49}$$

设

$$\alpha_i = \frac{\sigma_{X_i} \frac{\partial g}{\partial x_i}\Big|_{x_i^*}}{\sqrt{\sum_{i=1}^{n} \left(\sigma_{X_i} \frac{\partial g}{\partial x_i}\Big|_{x_i^*} \right)^2}} \tag{6-50}$$

α_i 称为灵敏度系数，表示第 i 个随机变量对整个标准差的相对影响。由可靠度指标 β 的定义可知

$$\beta = \frac{\mu_Z}{\sigma_Z} = \frac{\sum_{i=1}^{n} (\mu_{X_i} - x_i^*) \frac{\partial g}{\partial x_i}\Big|_{x_i^*}}{\sum_{i=1}^{n} \alpha_i \sigma_{X_i} \frac{\partial g}{\partial x_i}\Big|_{x_i^*}} \tag{6-51}$$

由式（6-51）可解出

$$x_i^* = \mu_{X_i} - \beta \alpha_i \sigma_{X_i} \quad (i = 1, 2, \cdots, n) \tag{6-52}$$

可靠度指标 β 可通过迭代求出。最后由式（6-53）求出风险值为

$$P_f = 1 - \phi(\beta) \tag{6-53}$$

通过方程联立求解未知数有困难，一般采用迭代法求解。

改进的一次二阶矩法相对均值一次二阶矩法，由于把验算点选择在失效边界上，因此它与失效边界相距最近，可靠度指标 β 的计算结果更加准确。

3）JC 法

JC 法是由 Rackwitz 和 Fiessler 等提出的，它的基本原理是在设计验算点法的基础上，将非正态的变量先行"当量正态化"，在验算点处，当量正态化变量的累积分布函数值和概率密度函数值应与原变量累积分布函数值和概率密度函数值分别相同。

一般情况下，对多状态变量问题，其极限状态方程为

$$Z = g(x_1, x_2, \cdots, x_n) = 0 \tag{6-54}$$

当量正态化公式为

$$\begin{cases} \sigma_{X_i'} = \phi\{\Phi^{-1}[F_{X_i}(x_i^*)]\} / f_{X_i}(x_i^*) \\ \mu_{X_i'} = x_i^* - \sigma_{X_i'} \Phi^{-1}[F_{X_i}(x_i^*)] \end{cases} \tag{6-55}$$

式中：$f_{X_i}(\cdot)$ 和 $F_{X_i}(\cdot)$ 分别为变量 X_i 原来的概率密度函数和累积概率分布函数；$\phi(\cdot)$ 和 $\Phi(\cdot)$ 分别为标准正态分布下的概率密度函数和累积概率分布函数；$\mu_{X_i'}$ 和 $\sigma_{X_i'}$ 分别为变量 X_i 当量正态化后的均值和标准差。JC 法求可靠度指标 β，则围堰的失效概率为 $P_f = \Phi(-\beta)$。

对于实用分析法，它采用帕罗黑莫法的某些概念，引用当量正态化的方法将非正态随机变量先"当量正态化"，然后再用 JC 法计算，即一次二阶矩法，详见第 5 章，这里不再详述。

2. 蒙特卡罗方法

蒙特卡罗方法在目前结构可靠度计算中，被认为是一种相对精确法[115]。由概率定义知，某事件的概率可以用大量试验中该事件发生的频率来估算。因此，可以先对影响其可靠度的随机变量进行大量随机抽样，然后把这些抽样值一组一组地代入功能函数，确定结构失效与否，最后从中求得结构的失效概率。

没有统计独立的随机变量 x_1、x_2、$\cdots$、x_n，其对应的概率密度函数分别为 f_{x_1}、f_{x_2}、$\cdots$、f_{x_n}，功能函数为 $Z = g(x_1, x_2, \cdots, x_n)$，蒙特卡罗方法求解结构失效概率 P_f 的过程如下。

（1）首先用随机抽样分别获得各变量的分位值 x_1、x_2、$\cdots$、x_n。

（2）计算功能函数值 Z

$$Z = g(x_1, x_2, \cdots, x_n) \tag{6-56}$$

（3）设抽样数为 N，每组抽样变量分位值对应的功能函数值为 Z，$Z \leqslant 0$ 的次数为 L，则在大批抽样之后，结构失效概率可由式（6-57）算出

$$P_f = L / N \tag{6-57}$$

蒙特卡罗方法关键在于：随机抽样数 N 和随机抽样方法的确定。该方法避开了结构可靠度分析中的数学困难，不需要考虑功能函数的非线性和极限状态曲面的复杂性，且直观、精确、通用性强；缺点是计算量大，效率低。

除以上介绍的计算风险的方法外，还有高次高阶矩法。

6.2.2　导流系统风险分析

由于导流系统风险识别和评估对水利水电工程的重要性，施工导流系统风险在不确定方面的研究是十分必要的。国内传统对施工导流系统风险的不确定性研究，主要针对随机不确定性及模糊不确定性，多采用可靠度理论和模糊综合评价的理论[115]。但是建立在可靠度理论和模糊综合评价理论上的风险率研究，并不能全面反映实际导流系统中影响风险率的不确定性因素。为弥补这一点，灰色理论也被应用到导流系统风险中，进一步开展了对施工导流系统中随机不确定性与灰色不确定性耦合作用的研究。

1. 基于蒙特卡罗方法的导流风险度计算模型

施工导流风险计算是根据设计资料，综合考虑施工洪水过程和导流建筑物泄流能力等不确定性因素的影响，模拟上游洪水过程和导流建筑物泄流能力，通过施工洪水的调洪演算，统计分析计算上游围堰堰前水位超过上游围堰设计挡水位的概率，即[103]

$$P_f = P(Z_{up} > H_{upcoffer}) \tag{6-58}$$

式中：Z_{up} 为模拟上游围堰堰前水位；$H_{uocoffer}$ 为上游围堰设计挡水位。

确定施工导流风险，要系统考虑河道来流洪水过程、导流建筑物泄流能力及枢纽的其他特征，通过系统模拟的方法来实现。

1）随机变量的模拟

针对施工洪水过程及导流建筑物泄流能力等不确定性因素的随机分布类型，几个重要随机变量的模拟如下。

（1）三角分布随机变量的产生可以采用逆变换法，则

$$x_i = \begin{cases} a + \sqrt{(b-a)(c-a)r_i} & (a \leqslant x_i \leqslant b) \\ c - \sqrt{(1-r_i)(c-b)(c-a)} & (b \leqslant x_i \leqslant c) \end{cases} \tag{6-59}$$

式中：x_i 为 P-III 型分布随机数；a、b、c 分别为三角形分布变量的下限、众数（密度最高处）及上限；r_i 为某均匀系数。

（2）正态分布不能直接采用逆变换法得到随机变量，通常采用如下的变换方法。

设两个均匀随机数为 r_i 和 r_{i+1}，则

$$\begin{cases} \varepsilon_i = \sqrt{-2\ln r_i}\,\cos(2\pi r_{i+1}) \\ \varepsilon_{i+1} = \sqrt{-2\ln r_i}\,\sin(2\pi r_{i+1}) \end{cases} \tag{6-60}$$

式中：ε_i、ε_{i+1} 为标准正态分布随机数。

由 ε_i 可得

$$y_i = \mu + \sigma_y \varepsilon_i \tag{6-61}$$

式中：μ、σ_y 分别为正态分布的均值和标准差。

（3）P-III 型随机变量可采用均匀随机数，计算得

$$x_i = a_0 + \frac{1}{\beta}\left(-\sum_{K=1}^{[\eta]} \ln r_K - B_i \ln r_i\right) \tag{6-62}$$

$$a_0 = \overline{x}\left(1 - 2\frac{C_v}{C_s}\right); \quad \eta = \frac{4}{C_v^2}; \quad \beta = \frac{2}{\overline{x}C_v C_s}$$

式中：$\overline{x}$、C_v、C_s 为 P-III 型分布的三个参数，一般为已知；$[\eta]$ 为小于或等于 η 的最大整数，η 为泄流状态系数。

参数 B_i 按式（6-63）计算

$$B_i = \frac{r_{[\eta]+1}^{1/K}}{r_{[\eta]+1}^{1/K} + r_{[\eta]+2}^{1/s}} \tag{6-63}$$

式中：$r_{[\eta]+1}$、$r_{[r]+2}$ 为一对均匀随机数；系数 K、s 按照式（6-64）和式（6-65）计算

$$K = \eta - [\eta] \tag{6-64}$$

$$s = 1 - K \tag{6-65}$$

在模拟时必须使 B_i 计算公式中的分母小于或等于 1，否则舍去，再重新取一对均匀随机数计算，直到满足要求为止。

2）施工洪水过程的模拟

通过建立随机变量的融合模型将上述洪水随机变量融合，即可根据不同的参数随机模拟施

工洪水过程，洪峰、洪量服从 P-III 型分布。随机变量的融合可采用蒙特卡罗方法进行，随机变量的融合模型如图 6-1 所示。

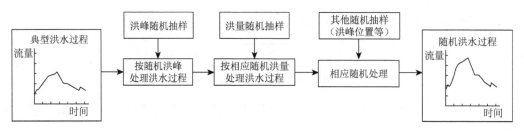

图 6-1　随机施工洪水过程模拟框图

3）导流系统泄流能力的模拟

导流系统泄流能力的不确定性与泄流建筑物水力参数的不确定性有关，如糙率、过水断面面积、湿周、底坡等。导流建筑物在施工运行过程中存在的误差是导致水力参数不确定性的主要原因。

由于缺乏大量资料来准确确定水力参数的随机分布概率，导流系统泄流能力又表现出复杂的随机特征，直接确定泄流能力的密度函数和分布函数比较困难。分析具体工程的泄流能力时，运用蒙特卡罗方法模拟各水力参数，通过假设检验分析泄流能力的随机分布。联合泄流能力模拟分析流程如图 6-2 所示。

图 6-2　联合泄流能力模拟分析流程

4）导流系统风险的模拟

综合考虑多重不确定性因素，运用蒙特卡罗方法，模拟施工洪水过程及导流建筑物泄流能力，通过调洪演算和统计分析模型得到导流设计水位的风险率。其过程如下所示：①确定模拟仿真次数；②输入导流系统的水文、水力原始数据及计算参数；③产生施工洪水过程的随机数；④拟合洪水过程线；⑤产生泄流过程随机数；⑥拟合泄流过程线；⑦对施工洪水过程线进行调洪演算，统计上游围堰水位分布；⑧在考虑多种不确定性因素情况下分析施工导流风险。

2. 基于 JC 法的施工导流灰色随机风险研究

所谓的随机性，是研究与处理随机现象，事件自身具有鲜明的含义。但是，由于条件欠缺，条件与事件之间无法出现决定性的因果关系，在事件的出现与否上表现出不确定的性质。研究灰色系统的本质是：事件的部分信息已知、部分信息未知的不确定性。绝大部分传统的系统理论，研究那些信息较为充分的系统，通常利用黑箱的方法，研究一些信息比较贫乏的系统，也取得了许多成功的经验。但是，目前为止，对一些内部信息部分已知、部分信息未知的系统，研究成果欠缺。灰色系统理论主要就是一门研究"外延已知，内涵未知"的"小样本""贫信息"问题的应用数学学科。在客观问题中，大量存在的不是白色系统也不是黑色系统，而是灰色系统。

影响施工导流风险最主要的因素在于天然来水和泄流能力方面。由于天然来水缺乏充足的信息，而且在泄流能力方面导流建筑物在施工、运行过程中存在误差，并且采用的水力模型不尽合理及模型参数不完全确定，施工导流系统同样存在大量灰色不确定性。灰色理论可以较好地解决评价指标复杂、模糊的问题[113]。建立在可靠度理论和模糊综合评价理论上的风险率研究，忽视了灰色性因素，并不能全面反映实际导流系统中影响风险率的不确定性因素。因此，开展对施工导流系统中随机不确定性与灰色不确定性耦合作用的研究，不仅是对施工导流风险分析中不确定性量化的新探索，而且对于施工导流标准的决策也有很重要的意义。

1）施工导流灰色不确定性因素

（1）河道洪峰流量的灰色不确定性。河道来水的天然来水流量与水文是紧密相关的。事实上，设计洪水过程线的推求过程，水文资料的收集、整理往往与实际洪水过程存在偏差，样本数量有限，且信息已知成分较少，约束条件较弱，统计参数由于缺乏充足的观测试验信息而存在灰色不确定性，如各参数存在一定范围的随机波动。因此，水文事件或现象中不仅具有随机性和模糊性，而且还有灰色性。如年洪峰最大流量系列均值、变差系数、偏态系数、方差等参数都来源于实际资料的平均值或典型值。而实际资料缺乏充足的观测信息，又因受到许多不确定性因素的显著影响而具有一定范围的随机变动性，故可以进一步考虑为这些水文参数由于缺乏观测信息而存在的灰色不确定性。

（2）工程实际导流情况往往与导流设计使用的物理和数学模型之间的差异存在灰色性。由于原型导流工程的工作特点、几何形状及材料性质等非常复杂，无法完全模拟，原型与模型之间始终存在差异。同时，结构物定线不准、材料的可变性、施工差异、水力结构尺寸及施工技术等都将造成原型与模型的结构、材料与施工的差异具有灰色性。其中，有些差异的影响虽然比较明显，但是却难以估计。灰色性无处不在，如导流工程自身变形，地基存在软弱层、裂隙，材料的不均匀性，施工时产生的误差对实际施工导流产生的影响都包含灰色性。

（3）泄流能力的灰色性。在确定各类导流建筑物的泄水设计流量前，先确定施工导流标准。由于各类导流建筑物的实际泄水能力不可能用一个明确的界限来确定，其实际泄水能力除具有随机不确定性外，它与设计泄水能力从不一致到符合一致存在一个中介过渡。也就是说，导流建筑物的泄水能力存在灰色不确定性。

（4）施工导流系统风险率定义及数学表达式具有灰色性。水力不确定性导致泄流能力不可能用一个明确的导流设计流量来确定，其设计界限值是灰色的。同时，天然河道来水又具有随机性和灰色性。因此，定义的风险率及其数学表达式均具有灰色性。

由于上述灰色不确定性因素的存在，回避或者忽略灰色性都是不科学的，也是不全面的。采用灰色系统理论对"部分信息已知、部分信息未知"的"小样本""贫信息"施工导流系统进行风险分析，就必须建立新的风险率模型和计算方法，将少量的表征信息转化成灰区间形式，最终得出灰色-随机风险率。

2）施工导流系统灰色-随机风险率计算模型

导流系统随机风险率是指在规定的时间内，天然来水流量超过水库的调蓄和导流泄水建筑物的泄水能力的概率，主要指的是洪水期存在的风险，即[114]

$$P = P(\eta Q_f > Q_d) \tag{6-66}$$

式中：P 为风险率；η 为调洪系数；Q_f 为天然来水（洪水）的洪峰流量；Q_d 为导流建筑物的设计流量。

这个定义包括对象（施工导流系统）、时间、功能等。若要将随机风险率定义拓展成灰色-

随机风险率，就应对风险率的定义进行修改，将原定义中的"概率"改变成"概率区间"，从而实现在风险率的表达上的灰色化。因此，得到河道天然来水流量灰色–随机分布函数 $F_G(Q_f)$ 与导流建筑物泄水能力灰色–随机分布函数 $F_G(Q_d)$，则施工导流系统失效的风险率为

$$P_G = P_G(\eta Q_f > Q_d) \tag{6-67}$$

一般来说，系统涉及多个因素或者状态变量，假设用向量 $\boldsymbol{X}_G = (X_{G1}, X_{G2}, \cdots, X_{Gn})$ 表示，$X_{G1}, X_{G2}, \cdots, X_{Gn}$ 代表各个随机变量，因此施工导流系统的功能函数是这些因素的函数 $g(\boldsymbol{X}_G) = Q_d - \eta Q_f$，系统失效的风险率定义为 $g(\boldsymbol{X}_G) < 0$ 的概率。

系统中每一个状态变量 X_{Gi} 都遵从可用灰色概率分布函数 $[F_{X_{gi}}^*(x), F_{Gi}^*(x)]$ 或灰色概率密度函数 $[f_{X_{gi}}^*(x), f_{Gi}^*(x)]$ 表征的某一灰色概率分布，因此，可以得出，$g(\boldsymbol{X}_G) > 0$ 表示系统处于安全状态；$g(\boldsymbol{X}_G) < 0$ 表示系统处于失效状态。

几何学上，系统的极限状态方程 $g(\boldsymbol{X}_G) > 0$，是一个 n 维曲面，也可称为"极限状态面""失败面"。由于导流系统中存在 n 个灰色不确定性参数，故存在 2^n 个失效面。若原点到失效面的最小距离用向量 $\boldsymbol{d} = (d_1, d_2, \cdots, d_{2^n})$ 表示。因为相对于原点的失效面的位置决定了系统的风险率，失效面的位置可用失效面到原点的最小距离来表示。因此，所有最小距离的最小值 $\min(d)$ 与最大值 $\max(d)$ 可近似地用于风险率的量度，即 $[\min(d), \max(d)]$。

如变量 $X_{G1}, X_{G2}, \cdots, X_{Gn}$ 的联合概率密度函数为 $f_{G1,G2,\cdots,Gn}(X_{G1}, X_{G_2}, \cdots, X_{Gn})$，失效状态的概率为

$$R_G = \int f(x_{G1}, x_{G2}, \cdots, x_{G1})(X_{G1}, x_{G2} \cdots, X_{G2}) \mathrm{d}(X_{G1}, X_{G2}, \cdots, X_{Gn}) \tag{6-68}$$

简写成

$$R_G = \int_{g(\boldsymbol{X}_G)<0} \cdots f_{\boldsymbol{X}_G}(\boldsymbol{X}_G) \mathrm{d}\boldsymbol{X}_G \tag{6-69}$$

式中：$g(\boldsymbol{X}_G)$ 为灰色理论通过积分域计算得到的失败面。

在水利水电工程施工导流系统中，当采用隧洞导流时，若为有压淹没出流时，隧洞泄流量计算公式为

$$Q_d = \mu_c A \sqrt{2gz} \tag{6-70}$$

式中：μ_c 为淹没出流时流量系数；A 为隧洞断面面积；z 为上下游水位差；g 为重力加速度。

对于一般的水利水电工程，导流隧洞会选择城门洞断面，式（6-71）可以具体地表达城门洞形导流洞的泄流公式

$$\mu_c = \cfrac{1}{\sqrt{\cfrac{2gLn^2}{(A/\chi)^{4/3}} + \sum \varsigma + 1}} \tag{6-71}$$

$$A = BH + \frac{\theta \pi r^2}{360} - Br\cos\frac{\theta}{2} \tag{6-72}$$

式中：$\sum \varsigma$ 为局部水头损失之和；L 为隧洞洞长；χ 为湿周；n 为糙率；B 为隧洞矩形部分高度；θ 为圆心角；r 为半径。

在水利水电工程施工导流系统中，不确定性变量包括河道天然来水的洪峰流量 Q_f、调洪系数 η、流量系数 μ_c、导流建筑物过水断面面积 A、上下游水位差 z 等。因此，可得针对采用隧洞导流的水利水电工程，施工导流系统风险率功能函数为

$$g(X_G) = g(\mu_c, A, z, \eta, Q_f) = \mu_c A \sqrt{2gz} - \eta Q_f \tag{6-73}$$

考虑影响施工导流风险的多重不确定性因素服从正态分布或其他非正态分布，进一步认为这些参数由于缺乏充足的观测试验信息而存在灰色不确定性。利用 JC 法将这些参数的非正态分布进行当量正态化，服从正态分布的参量则维持不变。随后，用 D-S 方法，将所有参数的均值处理成灰区间形式，即得到各参数的上、下期望值。

3）D-S 方法

目前，对不充分信息的统计推断，较为广泛使用和有效的处理方法中，D-S 理论导出的上下概率、上下概率分布等表达的概念与前述的灰色概率分布定义相似。因而，对灰色概率分布的参数估计，可以借鉴 D-S 理论中的 D-S 统计推断方法[115]。

D-S 理论与传统概率理论相联系，是通过从一个空间到另一个空间的多值映射（图 6-3）。

图 6-3 中，Θ 为参数空间；θ 为某一取值，且 $\theta \in \Theta$；T 为概率空间；μ_T 为 T 内的概率密度；$\Gamma(t) \subset \Theta$ 代表一个从 T 到 Θ 的多值映射。通过映射，在 T 内的一个传统概念分布 μ_T 相应地在 Θ 内产生一个不准确概率。Shafer 称其为一个基本概率赋值（basic probability assignment，BPA），用 $m(A)$ 表示，其中 $A \subset \Theta$，即 $m(A: A = \Gamma(t)) = \mu_T(t)x$ [118-119]。

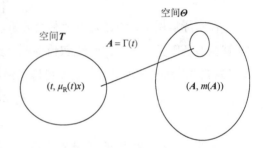

图 6-3　从 T 到 Θ 的多值映射示意图

在 D-S 理论中，Shafer 定义用于表达子集 A 的不确定性，是通过似然函数[plausibility function，Pl(A)]和信任函数[belief function，Bel(A)]这两个重要概念。Dempster 在其原始工作中分别称为下概率[lower probability，LP*(A)]和上概率[upper probability，UP*(A)][120-121]。其值可从基本概率赋值中用式（6-74）和式（6-75）计算

$$\text{Bel}(A) = \sum_{B \subset A} m(B) \tag{6-74}$$

$$\text{Pl}(A) = \sum_{B \cap A = \phi} m(B) \tag{6-75}$$

Bel(A) 和 Pl(A) 能分别解释为 Θ 属于 A 的最小概率和最大概率。

考察一组大小为 n 的样本观测值和已知方差 σ^2 的均值 μ 的推断。在无先验信息基本概率赋值时，能得到边缘分布 $f(\mu)$ 和 $g(\mu)$ 的解析式为

$$f(m_x, \mu) - \begin{cases} \dfrac{(m_x - \mu)}{\sigma^2/n} e^{-\frac{(m_x - \mu)^2}{2(\sigma^2/n)}} & (\mu \leqslant m_x) \\ 0 & (\mu \geqslant m_x) \end{cases} \tag{6-76}$$

$$g(\mu) = \begin{cases} \dfrac{(\mu - m_x)}{\sigma^2/n} e^{-\frac{(\mu - m_x)^2}{2(\sigma^2/n)}} & (\mu \geqslant m_x) \\ 0 & (\mu \leqslant m_x) \end{cases} \tag{6-77}$$

显然，$f(\mu)$ 和 $g(\mu)$ 式服从瑞利分布。m_x 的上下区间为 $\left[\mu-\sqrt{\dfrac{2\pi}{n}},\mu+\sqrt{\dfrac{2\pi}{n}}\right]$。

4）灰色-随机风险率计算模型的求解

综上所述，整个施工导流系统灰色-随机风险率的计算过程按照以下方法进行。

（1）根据水电工程的导流建筑物，确定灰色-随机风险功能函数 $g=Q_d-\eta Q_f$，其中 Q_f 一般服从 P-Ⅲ分布，Q_d 由导流建筑物对应的泄流计算公式确定。

（2）采用 JC 方法建立的功能函数，对这些参数的非正态分布进行当量正态化，服从正态分布的参量则维持不变。

（3）采用 D-S 方法将所有参数分布的均值处理成灰色区间形式，得到各参数的上、下期望值。

（4）分解为 2^n 个随机风险率的形式可以用来表达灰色-随机风险率，因此，可以将灰色-随机风险率转换为一般的随机风险率，这样可以用改进一阶二矩法进行计算。

原则上，R_G 应从向量 $\boldsymbol{R}=(R_1,R_2,\cdots,R_n)$ 中通过取最大值、最小值得到，即

$$R_G=[\min(\boldsymbol{R}),\max(\boldsymbol{R})] \tag{6-78}$$

在实际运用中，通过有关信息及分析，可以判断各因素 X_{Gi} 变化对 X_G 大小的影响。据此，能够构造各因素一阶、二阶矩取值的两组组合，并从其中一组（$\boldsymbol{X}_G^*$）中可推求最小风险率值（记为 R_*），从另一组（$\boldsymbol{X}_G^*$）中可推求最大风险率值（记为 R^*），即

$$R_*=P\{g(\boldsymbol{X}_G^*)<0\} \tag{6-79}$$

$$R^*=P\{g(\boldsymbol{X}_G^*)>0\} \tag{6-80}$$

上述 R_* 与 R^* 可用 JC 法分别求得。

6.2.3　三峡工程二期施工导流系统风险分析

近十年来，施工导流风险分析成功应用于三峡、溪洛渡、龙滩等大型水利水电工程的设计与施工中，其中三峡工程二期施工导流系统风险研究具有一定的代表性。下面将以三峡工程二期截流风险计算和三峡工程二期围堰填筑施工风险分析为例介绍施工导流系统风险研究的一般过程。

1. 三峡工程二期截流风险计算

施工截流标准选择的因素很多，其中大多数都是具有不确定性的，主要有水文不确定性产生的水位风险和水力不确定性产生的水力风险。对于三峡工程而言，需充分考虑截流过程中不确定性因素，做好截流风险分析，一旦截流失败，其影响巨大[120]。

截流合龙工程中的河道流量（截流设计流量）Q 可分为 4 部分：

$$Q=Q_r+Q_d+Q_s+Q_{ac} \tag{6-81}$$

式中：Q_r 为龙口流量；Q_d 为分流建筑中通过的流量；Q_{ac} 为上游河槽中的调蓄流量；Q_s 为戗堤渗透流量。

三峡水利枢纽截流时的分流建筑物（导流泄水建筑物）是右岸明渠。明渠右岸边线全长 3 950 m，其中上引航道长约 1 050 m，渠身段长约 1 700 m，下引航道长约 1 200 m，其左侧为混凝土纵向围堰，全长 1 191.5 m。设计过水断面为横向复式断面，最小底宽 350 m，右侧高渠渠底宽 100 m，高程为 58 m，左侧低渠渠底高程沿水流方向分为四级：58 m、50 m、45 m、53 m。

上游堰外段和下压段的渠底高程为 58 m，下游为 53 m，高低渠间用 1∶1 边坡连接，导流明渠的泄流能力见表 6-2。

表 6-2　导流明渠泄流能力表

Q/(万 m³/s)	0.94	1.67	2.48	3.02	3.83	5.16	5.76	6.30	7.37
H/m	66.67	69.07	71.21	72.81	75.21	79.23	81.09	82.16	85.36

三峡水利枢纽采用立堵法截流，随着截流施工的进行，龙口过水断面宽度逐渐缩窄。龙口流量 Q_r 可采用式（6-82）计算

$$Q_r = mB\sqrt{2g}H_0^{3/2} \tag{6-82}$$

式中：m 为流量系数；B 为龙口宽度；H_0 为上游水头。

1）河道来水流量 Q_1 的概率分布

目前，在我国河流上，来水流量的概率分布工程界多采用 P-III 型分布，其概率密度函数为

$$f(Q_1) = \frac{b^a}{\Gamma(a)}(Q_1 - a_0)^{a-1}\exp[-b(Q_1 - a_0)] \quad (a_0 < Q_1 < +\infty) \tag{6-83}$$

式中：a_0、a、b 是与 m、Q 相关且与离势系数、离差系数及方差相关的系数。

三峡坝址处（三斗坪）截流时段（11 月下旬至 12 月上旬）的最大日平均流量频率计算见表 6-3。

表 6-3　最大日平均流量频率计算

时段	$\bar{Q}$/(m³/s)	离势系数 C_v	离差系数 C_s	不同频率下的流量/(m³/s)		
				10%	20%	30%
11 月下旬	9 450	0.25	1.5	14 000	12 600	11 100
12 月上旬	7 030	0.15	1.0	9 010	8 520	8 090

2）下泄流量 Q_2 的概率分布

由于三峡工程截流过程中上游水位壅高并不大，如当设计流量为 9 010 m³/s 时，上下游最大落差仅为 0.29 m，设计流量为 14 000 m³/s 时，上下游最大落差也仅为 0.66 m，截流过程中上游河槽的调蓄流量很小。因此，在计算时，不考虑上游河槽的调蓄流量。同时，戗堤的渗透流量较小，故也不考虑。由于这两部分流量未考虑，截流设计更偏于安全、保守。

因此，下泄流量：

$$Q_2 = Q + Q_d \tag{6-84}$$

由于 Q、Q_d 均服从正态分布，由概率论可知，下泄流量 Q_2 也服从正态分布，其未知参数为

$$\mu_{Q_2} = \mu_Q + \mu_{Q_d} \tag{6-85}$$

即

$$\mu_{Q_2} = \bar{Q} + \bar{Q}_d \tag{6-86}$$

尺度参数为

$$\sigma_{Q_2}^2 = \sigma_Q^2 + \sigma_{Q_d}^2 \tag{6-87}$$

即

$$\sigma_{Q_2}^2 = C_{Q_d}^2 \bar{Q}_d^2 + C_Q^2 \bar{Q}^2 \tag{6-88}$$

3）截流系统风险率功能函数

令

$$Z = Q_2 - Q_1 \tag{6-89}$$

当 $Z<0$ 时，系统失事；当 $Z=0$ 时，系统处于极限状态；当 $Z>0$ 时，系统处于正常状态，则有

$$R = P(Z < 0) \tag{6-90}$$

假定泄水建筑物泄流能力与设计值相符，即不考虑水力不确定性，只考虑水文不确定，即只考虑来水流量 Q_1 的随机性。此时，施工截流系统的风险率是指河道实际来水流量 Q_1 大于设计流量 Q_R 的发生概率，即发生超标来水事件的概率，称为施工截流系统超标来水风险率，用 R_1 表示，则有

$$R_1 = P(Q_1 > Q_R) \tag{6-91}$$

令 Q_1 的概率密度函数为 $f(Q_1)$，概率分布函数为 $F(Q_1)$，则

$$R_1 = \int_{Q_R}^{+\infty} f(Q_1)\mathrm{d}Q_1 = 1 - F(Q_1) \tag{6-92}$$

4）截流过程动态全面风险率模型

风险率功能函数为

$$Z = Q_2 - Q_1 = Q + Q_d - Q_1 \tag{6-93}$$

若 Q_1、Q_2 均服从正态分布 $N(\mu_{Q_1}, \sigma_{Q_1}^2)$、$N(\mu_{Q_2}, \sigma_{Q_2}^2)$ 且相互独立，则 Z 也服从正态分布 $N(\mu_z, \sigma_z^2)$

$$\begin{cases} \mu_z = \mu_{Q_2} - \mu_{Q_1} \\ \sigma_z^2 = \sigma_{Q_1}^2 + \sigma_{Q_2}^2 \end{cases} \tag{6-94}$$

即可求得 Z 的概率分布及其概率密度函数 $f(z)$ 为

$$f(z) = \frac{1}{\sqrt{2\pi}\sigma_z} \exp\left[-\frac{(z-\mu_z)^2}{2\sigma_z^2}\right] \tag{6-95}$$

$$R_2 = \int_{-\infty}^0 f(z)\mathrm{d}z = \Phi(-\beta) = 1 - \Phi(\beta) \tag{6-96}$$

式中：$\beta = \dfrac{\mu_z}{\sigma_z} = \dfrac{\mu_{Q_2} - \mu_{Q_1}}{\sqrt{\sigma_{Q_1}^2 + \sigma_{Q_2}^2}}$；$\Phi(\cdot)$ 为标准正态分布。

然而，来水流量 Q_1 并不服从正态分布，而是服从 P-Ⅲ 分布，则需进行当量正态化。当量正态化公式为

$$\begin{cases} \sigma_{X_i'} = \phi\{\Phi^{-1}[F_{X_i}(x_i^*)]\} / f_{X_i}(x_i^*) \\ \mu_{X_i'} = x_i^* - \sigma_{X_i'}\Phi^{-1}[F_{X_i}(x_i^*)] \end{cases} \tag{6-97}$$

式中：$f_{X_i}(\cdot)$ 和 $F_{X_i}(\cdot)$ 分别为变量 X_i 原来的概率密度函数和累积概率分布函数；$\phi(\cdot)$ 和 $\Phi(\cdot)$ 分别为标准正态分布下的概率密度函数和累积概率分布函数；$\mu_{X_i'}$ 和 $\sigma_{X_i'}$ 分别为变量 X_i 当量正态化后的均值和标准差。

5）三峡二期截流施工过程动态全面风险率

三峡二期截流采用 5%频率的分旬平均流量设计，当只考虑水文不确定性时，施工截流超标来水风险率 $R_1 = 5\%$。

风险率功能函数

$$Z = Q_2 - Q_1 \tag{6-98}$$

式中：Q_2 服从正态分布 $N(\mu_{Q_2}, \sigma_{Q_2}^2)$，而 Q_1 服从 P-Ⅲ分布，统计参数见表 6-4。

表 6-4　截流设计流量统计参数表

时段	μ_{Q_1} /(m³/s)	C_v	C_s	a_0/(m³/s)	α	b	C_v / μ_{Q_1}
11 月下旬	9 450	0.25	1.5	6 300	1.778	0.000 564	2 362.5
12 月下旬	7 030	0.15	1.0	4 921	4	0.001 897	1 054.5

将 Q_1 在 Q_1^* 处当量正态化，当量正态变量的均值和方差分别为

$$\sigma_{Q_1'} = \varphi\{\Phi^{-1} F_{Q_1}(Q_1^*)\} \tag{6-99}$$

$$\mu_{Q_1'} = Q_1^* - \Phi^{-1}[F_{Q_1}(Q_1^*)]\sigma_{Q_1'} \tag{6-100}$$

式中

$$F_{Q_1}(Q_1^*) = \frac{b^\alpha}{\Gamma(\alpha)} \int_{a_0}^{Q_1^*} (x - a_1)^{\alpha-1} \exp[-b(x - a_0)]\mathrm{d}x \tag{6-101}$$

采用迭代法计算施工截流过程动态全面风险率 R_2，计算结果列于表 6-5。

表 6-5　施工截流过程动态全面风险率 R_2 计算成果表

流量	龙口宽度/m	R_2/%
9 010 m³/s	190	7.42
	140	7.63
	100	8.08
	60	9.09
14 000 m³/s	190	6.51
	140	6.56
	100	6.95
	60	7.48

2. 三峡二期围堰填筑施工风险分析

1）施工导流系统的风险本质

与施工截流一样，施工导流系统由于众多不确定性因素的影响而含有风险。在施工导流系统中，围堰挡水，水流通过泄水建筑物下泄到下游河道。围堰的堰顶高程一旦确定，即为一定

值，而泄水建筑物的规模及布置虽已确定，但其泄流能力却与上（下）游水位有关。当在导流时段内，水位超过堰顶时，导流系统就不能发挥作用，即失事。

因此，施工导流系统可能失效的直接原因是，在河道来水流量、泄水建筑物的下泄流量等的共同作用下，堰前水位超过了堰顶高程。

施工导流系统的风险率也就是在围堰施工及使用期内，堰前水位超过堰顶高程的概率。

2）三峡二期截流戗堤挡 11 月洪水的风险率计算

在截流成功并实现戗堤闭气后，长江来水将全部从导流明渠泄向下游，根据设计资料，戗堤顶高程为 69 m，若 12 月上旬完成截流施工，导流明渠宣泄 12 月的洪水时其上游水位应小于堰顶高程，导流系统才能正常运用。但由于导流明渠实际施工和运行中的水力参数具有不确定性，且河道来水也是随机的，因此，堰前水位仍有超过堰顶高程的可能。

此时风险率定义为在这一时段内堰前水位超过堰顶高程的概率，即

$$R = P（Z > H_{堰}）\qquad(6\text{-}102)$$

式中：Z 为堰前水位；$H_{堰}$ 为围堰堰顶高程。

在枯水季节，长江来水变化比较平缓，假定上游河槽无调蓄流量，即来水流量全部由导流明渠泄向下游。导流系统的风险率即为河道来水流量大于相应于围堰顶（戗堤顶）高程时导流明渠的泄流量的概率。这两个流量均为随机变量，河道来水流量的概率分布可用 P-III 型分布来描述，而导流明渠的下泄流量可用正态分布来描述。

计算的截流戗堤（堤顶高程为 69 m）挡 11 月洪水的风险率为 17.69%。截流戗堤拦挡 12 月洪水的风险率为 0.01%。

3）二期围堰填筑过程各月风险率计算

截流完成后，按设计要在 1998 年 2 月底形成防渗墙施工平台，即填筑至 73 m 高程，此时上游水位只要不高于高程 73 m，导流系统即是安全的；到 1998 年 4 月完成上排防渗墙施工，即到此时，上游水位均不超过 73 m 高程为安全；1998 年 5 月完成围堰度汛断面填筑，即挡水高程 85.0 m；到 1998 年 8 月围堰施工完毕，即挡水高程 86.2 m。各施工阶段，长江水文统计成果列于表 6-6，导流系统风险率计算成果列于表 6-7。

表 6-6 围堰填筑过程分月最大日平均流量频率表　　　　　　单位：m³/s

时间	0.01%	0.1%	1%	5%	10%	20%
3 月	16 000	13 600	10 900	8 950	8 070	7 080
4 月	27 500	23 500	19 500	16 300	14 700	13 100
5 月	52 900	50 800	38 000	30 100	26 500	22 500
6 月	79 000	67 600	55 900	46 800	42 700	37 900
全年	113 000	99 800	83 700	72 300	66 600	60 300

表 6-7 围堰填筑过程导流系统风险率计算结果表

时间	围堰挡水高程/m	挡水标准	导流明渠泄流量/(m³/s)	明渠流量均方差/(m³/s)	导流系统风险率/%
2 月	69	3 月洪水	20 458	2 095	0.01
3 月	69	4 月洪水	20 458	2 095	0.39
3 月	73	4 月洪水	37 208	3 795	0.01
4 月	73	5 月洪水	37 208	3 795	0.41

时间	围堰挡水高程/m	挡水标准	导流明渠泄流量/(m³/s)	明渠流量均方差/(m³/s)	导流系统风险率/%
5月	73	6月洪水	37 208	3 795	25.66
5月	85	6月洪水	83 700	8 495	0.01
6月	85	全年洪水	83 700	8 495	1.29
全年	86.2	全年洪水	88 400	9 052	0.45

计算说明，设计要求在 4 月完成上排防渗墙施工，7 月完成下排防渗墙施工；二期蓄坑安排 1998 年 6 月进行限制性抽水，8 月基坑抽干，即在 1998 年 6 月前堰前上游水位均只要不超过 73 m 高程的混凝土防渗墙施工平台，导流系统即是安全的，具有足够的安全度。

6.2.4 溪洛渡工程施工导流系统灰色–随机风险率分析

1. 溪洛渡工程施工导流概况

溪洛渡水电站拦河大坝为混凝土双曲拱坝，坝顶高程 610.00 m，最大坝高 278.00 m，顶拱中心线弧长 698.07 m；在左右两岸山体内设置发电厂房且为地下式，分设装机 9 台、单机容量为 700 MW 的水轮发电机组，总装机容量 12 600 MW；施工期左右岸各布置有 3 条导流隧洞，其中左右岸各 2 条与厂房尾水洞结合，导流隧洞采用"五洞截流，六洞导流"的布置方案[123]。

金沙江流域径流主要来自降水，上游有部分融雪补给，洪水主要由降水形成；其下游洪水，多由两个雨区，即高原雨区和中下游雨区降水所形成的洪水叠加而成。洪水多连续发生，呈多峰过程叠加的复式峰型[124]。各种频率洪水见表 6-8。

表 6-8 溪洛渡水电站洪水计算结果表

均值	C_v	C_s/C_v	各种频率计算值 Q_P/(m³/s)				
			$P=0.01\%$	$P=0.02\%$	$P=0.1\%$	$P=0.2\%$	$P=1\%$
17 900	0.3	4	52 300	49 800	43 700	41 200	34 800

根据屏山站 53 年实测资料点绘制历年各月洪峰流量散布图，分析洪水在年内变化规律，结合施工要求，将分期洪水划分为 8 个时段进行计算。分期洪水结果见表 6-9。

表 6-9 溪洛渡水电站分期洪水结果表

分期	使用期	均值	C_v	C_s/C_{vv}	$P=1\%$ /(m³/s)	$P=2\%$ /(m³/s)	$P=3.3\%$ /(m³/s)	$P=5\%$ /(m³/s)	$P=10\%$ /(m³/s)	$P=20\%$ /(m³/s)
1月	1月1日～1月31日	1 840	0.14	4	2 540	2 440	2 360	2 300	2 180	2 050
2～3月	2月1日～3月25日	1 510	0.12	4	1 990	1 930	1 870	1 830	1 750	1 660
4月	3月26日～4月25日	1 910	0.28	4	3 570	3 300	3 090	2 920	2 630	2 310
5月	4月26日～5月25日	3 250	0.32	4	6 570	6 020	5 590	5 250	4 640	4 000

分期	使用期	均值	C_v	C_s/C_v	$P=1\%$ /(m³/s)	$P=2\%$ /(m³/s)	$P=3.3\%$ /(m³/s)	$P=5\%$ /(m³/s)	$P=10\%$ /(m³/s)	$P=20\%$ /(m³/s)
6 月	5 月 26 日~ 6 月 20 日	8 810	0.34	4	18 500	16 900	15 600	14 600	12 800	10 900
7~10 月	6 月 21 日~ 10 月 31 日	17 900	0.30	4	34 800	32 000	29 900	28 200	25 100	21 800
11 月	11 月 1 日~ 11 月 30 日	4 800	0.28	4	8 970	8 280	7 700	7 350	6 600	5 800
12 月	12 月 1 日~ 12 月 31 日	2 650	0.18	4	4 000	3 800	3 650	3 520	3 290	3 030

溪洛渡水电站初期导流采用的导流方式如下：一次断流围堰挡水、隧洞导流、主体工程全年施工。综合考虑单洞泄流量、出口消能、导流洞施工、封堵期承受的水头及与水工枢纽布置有关等因素，导流洞与厂房尾水洞结合布置的条件要着重考虑，并参照国内已建工程导流洞规模，初期导流采用两岸各布置 3 条导流洞的施工导流方案，后期导流选择坝体设置导流底孔的导流方式。溪洛渡工程初期导流采用 50 年一遇的导流标准，设计导流流量大。在此导流时段中，坝体混凝土处于施工阶段，不具备挡水条件，故采用围堰挡水[123]。因此，在导流初期，针对 6 条导流洞共同泄流的风险进行分析和计算。

根据导流建筑物布置及施工总进度计划安排，初期施工导流程序如下：2007 年 10 月导流洞完建，同年 11 月上旬河道截流，2007 年 12 月~2008 年 6 月进行围堰基础防渗墙和围堰堆筑施工。2008 年 7 月~2011 年 6 月，导流设计流量 $Q_p = 32000$ m³/s 由 6 条导流洞共同泄流，上游水位 434.80 m。

根据水利枢纽布置和坝区的地形、地质条件，初期导流在两岸坝肩与厂房取水口之间各布置 3 条导流洞，从左至右，左岸依次为#1、#2、#3 导流洞，右岸依次为#4、#5、#6 导流洞，#1、#2 导流洞分别与#2、#3 尾水洞结合布置，#5、#6 导流洞分别与#4、#5 尾水洞结合布置。导流洞采用城门洞型，过水断面 18.0m×20.0 m。导流洞布置采用五低一高的导流洞布置方案，即抬高 6#导流洞进口高程，1#~5#导流洞进口闸门井均采用地下竖井式。

2. 施工导流灰色–随机风险率的计算

由于溪洛渡工程导流程序复杂且相关资料受限，只针对该工程初期导流风险进行分析和计算。溪洛渡工程初期导流采用 6 条导流洞，考虑在设计洪水位时，6 条导流洞皆为有压淹没出流，故导流洞泄流能力与上下游水位、流量系数和导流洞断面面积相关，与隧洞进出口的底板高程无关。泄流基本参数由于数据较少，6 条导流洞的断面形状相同，衬砌施工相同，因此可认为它们糙率相同。其中，6 条导流洞的底板进出口高程不尽相同，因此联合泄流同时满足流量守恒和水位相似两个条件

$$\begin{cases} Q = \sum_{i=1}^{n} Q_i \quad (i=1,2,\cdots,n) \\ Z = Z_1 = Z_2 = \cdots = Z_n \end{cases} \tag{6-103}$$

式中：Q_i 为同一上游水位下，一个泄流建筑物的泄流量；Z 为上游水位。

6 条导流洞联合泄流关系表见表 6-10。

表 6-10　六条导流洞联合泄流关系表

流量/(m³/s)	水位/m	流量/(m³/s)	水位/m
2 000	374.02	12 800	394.73
4 090	377.21	16 800	402.49
5 160	380.30	21 800	411.76
7 350	382.21	25 100	418.11
8 280	386.05	29 900	429.72
10 900	391.39	32 000	434.80

建立施工导流风险功能函数为

$$G = Q_d - \eta Q_f = g(\mu_c, A, z, \eta, Q_f) = 6\mu_c A\sqrt{2gz} - \eta Q_f \tag{6-104}$$

式中：μ_c 为淹没出流时流量系数；A 为隧洞断面面积；z 为上下游水位差；η 为调洪系数；Q_f 为天然河道来水洪峰流量。

由于天然河道来水的不确定性表现为流量和洪水过程的不确定性，为简化研究，在施工导流风险率计算中，假设洪水过程不确定性对风险影响较小且难以用解析方法计算并忽略它的影响，只考虑洪水流量的不确定性。

计算最大洪峰流量，我国一般采用 P-Ⅲ 分布，其分布函数为

$$F(Q_f) = \frac{\beta^\alpha}{\Gamma(\alpha)} \int_b^{Q_f} (Q_f - b)^{\alpha-1} \exp[-\beta(Q_f - b)] dQ_f \tag{6-105}$$

$$\alpha = \frac{4}{C_s^2}, \quad \beta = \frac{2}{m_Q C_v C_s}, \quad a_0 = m_Q\left(1 - 2\frac{C_v}{C_s}\right), \quad b = m_Q\left(1 - 2\frac{C_v}{C_s}\right)$$

式中：m_Q 为年最大洪峰流量系列均值；C_v 为离势系数；C_s 为离差系数。

年最大单峰洪水过程一般约 22 天，复峰过程一般 30～50 天。根据屏山站 53 年实测资料统计：年最大洪峰最早出现在 6 月（1994 年 6 月 23 日），最晚出现在 10 月（1989 年 10 月 20 日），以出现在 7～9 月为最多。实测年最大洪峰系列的最大值为 29 000 m³/s（1966 年 9 月 2 日），最小值为 10 500 m³/s（1967 年 8 月 8 日）。初期导流标准洪水见表 6-11。

表 6-11　溪洛渡水电站洪水计算结果表

时期	均值	C_v	C_s/C_v	$P = 1\%$/(m³/s)	$P = 2\%$/(m³/s)	$P = 3.3\%$/(m³/s)	$P = 5\%$/(m³/s)	$P = 10\%$/(m³/s)	$P = 20\%$/(m³/s)
6～7 月	17 900	0.30	4	34 800	32 000	29 900	28 200	25 100	21 800

可以得到溪洛渡水电站初期导流天然来水洪峰流量的极值 P-Ⅲ 型累积概率函数为

$$F(Q_f) = 1.092 \times 10^{-10} \int_{8950}^{Q_f} (Q_f - 8950)^{1.778} \exp[-3.104 \times 10^{-4} \times (Q_f - 8950)] dQ_f \tag{6-106}$$

导流洞断面面积与流量系数函数分布的计算。μ_c 的取值一般根据实际工程进行模型试验，但也参照已有相似工程，在一定的范围内选取来确定，但必须按照规范。其结果使得实际的导

流底孔 μ_c 和设计 μ_c 不一样，存在很大的不确定性。如果流量系数 μ_c 服从三角形分布，其密度函数为

$$f(\mu_c) = \begin{cases} \dfrac{2(\mu_c - a)}{(b-a)(c-a)} & (a \leqslant \mu_c \leqslant b) \\[3mm] \dfrac{2(c - \mu_c)}{(c-a)(c-b)} & (b \leqslant \mu_c \leqslant a) \\[3mm] 0 \end{cases} \tag{6-107}$$

式中：a、b、c 为流量系数的最小值、众值和最大值。计算中使用的三角形参数取值为 $a = 0.97\mu_c$，$b = 1.0\mu_c, c = 1.05\mu_c$。

根据有压泄流公式，流量系数的公式为

$$\mu_c = \frac{1}{\sqrt{\dfrac{2gLn^2}{(A/\chi)^{4/3}} + \sum \varsigma + 1}} \tag{6-108}$$

对于溪洛渡工程来说，导流隧洞为城门洞断面，式（6-109）可以具体地表达城门洞形导流洞的断面面积为

$$A = BH + \frac{\theta \pi r^2}{360} - Br\cos\frac{\theta}{2} \tag{6-109}$$

由前文可知，溪洛渡工程施工导流洞采用两岸对称共布置 6 条导流隧洞，其断面尺寸为 18 m×20 m（宽×高），根据水电站设计、建成运行经验及专家建议，导流洞泄流材料糙率均值取 0.015，即 $B = 18$ m, $H = 20$ m, $\theta = 106°15'36.7''$, $r = 1125$ mm。

在进行施工导流风险率分析计算时，可以用设计值来代替不确定分布的均值，计算流量系数的各参数取值见表 6-12。

表 6-12　不确定性变量取值表（一）

变量	L_{AVE}/m	A/m²	n	χ/m	$\sum \varsigma$
取值	1 565.687	335.627	0.015	69.862	0.148

注：L_{AVE} 为过流长度

故导流洞泄流流量系数分布函数为

$$f(\mu_c) = \begin{cases} 3030.30(\mu_c - 0.648) & (0.648 \leqslant \mu_c \leqslant 0.668) \\ 1173.51(0.701 - \mu_c) & (0.668 \leqslant \mu_c \leqslant 0.701) \\ 0 \end{cases} \tag{6-110}$$

3. 上下游水位差的不确定性计算

由于建筑物下游水深情况各异，一般有大气出流、非淹没孔口及淹没孔口三种压力流情况，对于导流工程中的泄水建筑物来说，这三种情况一般都可以找到与落差的对应关系。

施工导流洞的进口高程为 368 m，出口高程为 360 m。溪洛渡水电站坝址区的水位流量关系见表 6-13。

表 6-13　溪洛渡水电站坝址区的水位流量关系表

序号	流量/(m³/s)	水位/m	
		上游围堰轴线断面	下游围堰轴线断面
1	2 000	374.01	372.20
2	4 000	378.42	376.71
3	6 000	381.87	380.14
4	8 000	384.81	383.05
5	10 000	387.13	385.39
6	12 000	389.24	387.45
7	14 000	391.28	389.40
8	16 800	393.96	391.99

根据一些工程经验和学者的分析及已有的工程资料，前文中已经做了详细分析，z 服从正态分布。在设计流量情况下，上下游水位差 z 标准差的取值，因缺乏观测资料，故按照均值的5%进行选取。则 A、z 的取值见表 6-14。

表 6-14　不确定性变量取值表（二）

变量	均值	方差
隧洞断面面积 A/m^2	335.627	0.759 6
上下游水位差 z/m	30.41	1.52

因为导流泄水建筑物的结构尺寸（B 和 h）服从正态分布，所以标准差用极限误差来估算，均值都取设计值。在施工导流风险功能函数中，水库调洪系数、隧洞的尺寸误差、上下游水位差这几个参数由于实测资料有限，部分信息未知，必须借鉴专家意见和以往的工程经验，因此可以认为这些参数存在灰色不确定性。采用 Shafer 方法将它们的均值处理成灰色区间的形式，见表 6-15。

表 6-15　不确定性变量取值表（三）

变量	调洪系数 η	来水洪峰流量 $Q_f/(\mathrm{m}^3/\mathrm{s})$	流量系数 μ_c	隧洞断面面积 A/m^2	上下游水位差 z/m
均值	0.813	17 900	0.6680	335.6270	30.41
均方差	0.050	5 370	0.033 4	0.759 6	1.52
灰色区间	[0.804, 0.822]	[16 976.4, 18 823.6]	[0.662, 0.674]	[335.496, 335.758]	[30.15, 30.67]

由式（6-104）可知，施工导流风险功能函数 Z 中，调洪系数 η、来水洪峰流量 Q_f 与施工导流风险率呈正相关关系，而流量系数 μ_c、隧洞断面面积 A、上下游水位差 z 与施工导流风险率呈负相关关系。因此，用 JC 法可以从 $(\eta^*, Q_f^*, \mu_*, A_*, z_*)$ 求得风险率最小值 g_*，从 $(\eta^*, Q_f^*, \mu_*, A_*, z_*)$ 求得风险率最大值 g^*。计算结果表明：当施工导流风险率功能函数 $g < 0$ 时，不会发生事故；当 $g > 0$ 时，则天然来水洪峰流量超过导流隧洞的泄流能力。在设计洪

水情况下，施工导流系统灰色-随机风险率为[0.016 2, 0.022 2]，较为全面、合理地反映了施工导流系统的风险率。由于该工程水文特性的影响，考虑了多重不确定性因素的施工导流系统灰色-随机风险率区间为[0.016 2, 0.022 2]，设计标准的 0.02（50 年一遇洪水）正是处于这一区间内，且风险率区间的下限值低于设计风险率，结果说明采用该导流方案是满足风险要求的。

在施工导流工程中，存在很多不确定性因素，导致其风险率的计算变得极其复杂。溪洛渡工程施工导流风险功能函数中并非所有不确定变量都是正态分布，因此在本领域许多学者的研究基础上[126-128]，提出了利用 JC 法并借助 MATLAB 编制程序的方法来计算施工导流系统灰色-随机风险率。通过建立施工导流系统灰色-随机风险率模型，相较于传统确定唯一的随机风险率，它更合理、更贴合实际地反映导流系统风险率。

6.3　施工截流戗堤安全风险分析

目前大型水利水电工程都建设在大江大河之上，施工环境复杂的深水截流工程往往面临一定的困难，其风险性也极大。大江截流具有高水深、低落差、大流量、小流速等水流特性，在戗堤进占时堤头会有大规模坍塌现象发生，它不仅影响了施工进度，而且危及施工人员和施工机械的安全。因此，对施工截流戗堤风险的分析研究是十分必要的。本节介绍在截流戗堤坍塌的机理研究中目前取得的三种研究成果和堤头坍塌计算模型，并对三峡二期围堰截流戗堤塌滑现象进行研究。

6.3.1　截流戗堤坍塌机理

大江截流具有高水深、低落差、大流量、小流速等水流特性，这是与一般水利水电工程的截流水流条件迥然不同的。

经多次试验表明，上、下戗堤在进占的不同阶段，堤头均会发生坍塌，其一般规律为：当抛投料抛入江中后，先在堤顶至水面以下 5~7 m 的堤坡处堆积，使该段坡度逐渐变陡，当坡度达到 1∶1~1∶1.1 或更陡时，发生首次坍塌，坍塌物在水深 10~15 m 坡面处堆积。当上部继续进占时，在水深大约为 15 m 以上再一次形成陡坡，同样，当坡度达到 1∶1~1∶1.1 或更陡时，发生第二次坍塌，范围比第一次大，堆积在水深 20~30 m 处。如水深更大，还将有第三次坍塌，直至坍塌到坡脚，且坍塌范围一次比一次大。水越深，戗堤越高，最大坍塌的范围越大，对施工安全的影响也越大。

戗堤坍塌机理在国内外有关研究成果较少，目前初步研究成果大致分为三类。

（1）第一类坍塌成因机理：从散粒体极限平衡理论分析坍塌机理。三峡工程截流是以大水深、低流速、低落差为主要特点，它的坍塌主要是由水深（即堤高）和散粒体的稳定平衡性质决定的。另外，截流材料浸水湿化后引起的稳定内摩擦角的变化也是造成堤头坍塌的原因之一。

（2）第二类坍塌成因机理：认为浸水湿化是坍塌的主要原因，并从突变理论分析微观空隙结构的失稳。浸水湿化引起的突变是整个系统平衡状态的突变，它使已达到稳定平衡状态的应力空间突变成不平衡状态，则系统控制变量的微小扰动都可能引起系统的整体性突变。

（3）第三类坍塌成因机理：从施工水力学及自组织临界理论研究坍塌机理。三峡二期截流戗堤堤头坍塌计算模型利用以上机理进行安全分析。

6.3.2 堤头坍塌计算模型

采用先平抛垫底至 40 m 高程、再立堵进占的截流方案，截流水深仍在 27 m 以上，堤头坍塌仍不可避免。为此，在应用长江科学院物理模型试验成果的基础上，与清华大学和武汉大学水利水电学院合作，结合施工实际过程加以研究，建立了堤头坍塌计算模型。在坍塌滑动面为平面的假设下，分底部无水流冲刷和有水流冲刷两种情况计算了坍塌高度和堤顶坍塌长度与坍塌临界坡度、稳定坡度和水深（或堤顶高度）的关系。

1. 无水流冲刷条件下戗堤稳定分析与计算

假设围堰高度为 H_0，一次坍塌高度为 H，坍塌临界坡度为 α_1，坍塌后稳定坡度为 α_2，抛投物料的静摩擦角为 Φ_0，动摩擦角为 Φ，坍塌滑动面为平面。取单位宽度和单位厚度的微元体来分析，如图 6-4 所示。在失去稳定的滑动条件下，微元体受到自身水下重力 W' 及下垫面的摩擦力 F 和正应力 N 作用，各力处于平衡状态，则有

$$W'\cos\alpha_2 = N \tag{6-111}$$

$$W'\sin\alpha_2 = F \tag{6-112}$$

$$\frac{F}{N} = \tan\Phi \tag{6-113}$$

由以上公式可以得出 $\tan\alpha_2 = \tan\Phi$，即坍塌后稳定的坡度等于动摩擦角。

假设一次坍塌高度为 H，如图 6-5 所示，则堤顶（水深）下 h 处的长度（沿围堰轴线方向）l 和宽度 B 分别为

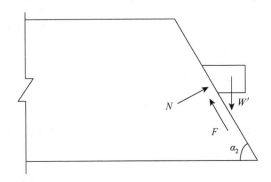

图 6-4　坡面上块体受力示意图

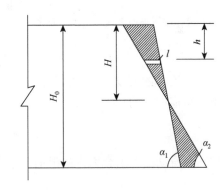

图 6-5　堤头坍塌示意图

$$\begin{cases} l = (H-h)(\cot\alpha_2 - \cot\alpha_1) \\ B = B_0 + 2h\cot\alpha_2 \end{cases} \tag{6-114}$$

式中：B_0 为堤顶宽度。

堤顶坍塌长度为

$$L = H(\cot\alpha_2 - \cot\alpha_1) \tag{6-115}$$

堤头坍塌时固体物料在坡面上部塌落，而在下部堆积，从而形成稳定坡度，达到新的平衡。堤头一次坍塌上部塌落的体积为

$$V_x = V = \int_0^H lB\mathrm{d}h = (\cot\alpha_2 - \cot\alpha_1)\left(\frac{B_0}{2} + \frac{1}{3}H\cos\alpha_2\right)H^2 \qquad (6\text{-}116)$$

同样，下部堆积的体积为

$$V_y = (\cot\alpha_2 - \cot\alpha_1)\left(\frac{B_0}{2} + \frac{1}{3}H\cot\alpha_2 + \frac{2}{3}H_0\cot\alpha_2\right)(H_0 - H)^2 \qquad (6\text{-}117)$$

显然上部塌落的体积就等于下部堆积的体积，即

$$V_s = V_x \qquad (6\text{-}118)$$

$$H = \frac{1}{2}H_0\left(1 + \frac{\frac{1}{3}H_0\cot\alpha_2}{B_0 + H_0\cot\alpha_2}\right) \qquad (6\text{-}119)$$

上述分析表明，在堤顶高为 H_0 的条件下，坍塌高度 H、堤顶坍塌长度 L 和坍塌体积 V 主要与临界坡度 α_1 和稳定坡度 α_2 有关，当取 $H_0 = 27$ m，$B_0 = 20\sim30$ m 时，即相应于三峡工程围堰尺度。

2. 水流冲刷作用下围堰戗堤稳定性分析

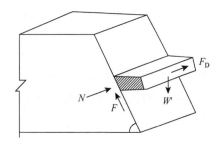

图 6-6   水流作用下坡面上块体受力示意图

水流冲刷作用体现在两个方面：①水流对坡面产生拖曳作用力，使得坡面的稳定性降低；②水流对坡面底角的淘刷作用，使堤头坍塌加剧。

如图 6-6 所示，取单位宽度、单位高度、平均长度为 l 的脱离体，在临界状态受自身水下重力 W'、水流表面拖曳力 F_D 及下垫面的摩擦力 F 和正应力 N 作用。拖曳力和重力的大小分别为

$$F_D = \frac{1}{2}\rho C_D v^2 \qquad (6\text{-}120)$$

$$W_t = (\gamma_s - \gamma_w)l \qquad (6\text{-}121)$$

式中：ρ 为流体的密度；C_D 为流体的阻力系数；γ_s 为块体容重；γ_w 为水容重。

重力与拖曳力的合力 W_t' 为

$$W_t' = \sqrt{W'^2 + F_D^2} \qquad (6\text{-}122)$$

块石在滑动面上沿合力方向滑动，平衡状态下有

$$W'\cos\alpha_2' = N \qquad (6\text{-}123)$$

$$W_t'\sin\alpha_2' = F \qquad (6\text{-}124)$$

$$\frac{F}{N} = \tan\Phi \qquad (6\text{-}125)$$

从上述公式得出

$$\tan\alpha_2' = \frac{W'}{W_t'}\tan\Phi = \cos\varepsilon\tan\Phi \qquad (6\text{-}126)$$

式中：ε 为重力与合力的夹角。

由于拖曳力的作用，坍塌后形成的坡度变缓（$\alpha_2' < \alpha_2$）。

拖曳力为表面力，比塌落块体受到的重力相比要小，只对表面层或块体长度 l 与块体粒径相当时才起一定作用。因而在堤头坍塌的瞬间过程中可不考虑拖曳力的作用。需要考虑的是水流持续不断的淘刷作用。坡角石块的淘刷和流失及河床的冲刷，将使得堤头的坍塌加剧。坡角冲刷坑的深度与河床的泥沙颗粒组成、颗粒的临界起动流速及龙口的单宽流量有关。坡角淘刷形成一定深度的冲刷坡，相当于加大了堤头的高度。在水流的淘刷作用下，堤头的坡角形成的冲刷坑深度为 ΔH，在这种条件下堤头的坍塌高度可由式（6-127）计算

$$H = \frac{1}{2}(H_0 + \Delta H)\left[1 + \frac{\frac{1}{3}(H_0 + \Delta H)\cot \alpha_2}{B_0 + (H_0 + \Delta H)\cot \alpha_2}\right] \qquad (6\text{-}127)$$

得出堤头的坍塌高度后，堤顶坍塌长度和坍塌体积则还由式（6-115）～式（6-118）计算得出。从泥沙运动力学中关于桥墩冲刷试验得知，冲刷坑达到最大时，水深 H_s、单宽流量 q 和颗粒临界起动流速 v_c 之间的关系为 $H_s = \dfrac{q}{v_c}$。

由于堤顶与水面非常接近，作为近似可以假设 $H_s = H_0 + \Delta H$，即认为水流淘刷后的堤头坡角高度近似等于水流的水深。

根据关于江河截流中混合粒径群体抛投石料稳定性研究，各类抛石的抗冲稳定流速公式如下。

抛投单个石块

$$v_c = 0.89\sqrt{2gd\frac{\gamma_s - \gamma_w}{\gamma_w}} \qquad (6\text{-}128)$$

群体抛投混合石块

$$v_c = 0.93\sqrt{2gd\frac{\gamma_s - \gamma_w}{\gamma_w}} \qquad (6\text{-}129)$$

群体抛投均匀石块

$$v_c = 1.07\sqrt{2gd\frac{\gamma_s - \gamma_w}{\gamma_w}} \qquad (6\text{-}130)$$

式中：d 为粒径，不仅与 d_{50} 有关，还与均方差 σ 有关，d_{50} 为级配的一个特征值。

根据式（6-115）、式（6-118）和式（6-127）可计算不同粒径条件下的最大水深、坍塌高度、堤顶坍塌长度和坍塌体积随单宽流量的变化。实际计算中，当流速小于起动流速时，取水深等于无冲刷条件下的堰高 27 m。

上述两种条件下的戗堤稳定性分析通过引入完全坍塌和不完全坍塌的概念，将堤头结构的自身稳定与水流的冲刷作用加以考虑，并利用肖焕雄的抛投料稳定流速公式，通过理论模型的建立与求解，形成了堤头稳定分析的理论体系。经计算，所得出的结果与模型试验结果吻合。

3. 截流埋头坍塌预报

应用上述建立的围堰戗堤坍塌稳定计算模型。三峡截流工程选定上游戗堤单戗立堵截流方案，根据三峡工程水文资料，二期截流的设计流量按长江 11 月中旬至 11 月下旬 5% 频率最大日平均流量 14 000 m³/s～19 400 m³/s 确定，选取最大日均流量 19 400 m³/s，并结合龙口水力特性的试验结果（表 6-16），进行三峡工程大江截流围堰戗堤坍塌预报。

表 6-16　龙口合龙不同宽度时水力特征参数的试验结果（$Q=19\,400\ \mathrm{m^3/s}$）

龙口宽/m	150	130	100	80	50	30	0
上游水位/m	67.94	68.02	68.22	68.3	68.41	68.46	68.48
下游水位/m	67.38	67.39	67.43	68.43	67.48	67.47	67.45
截流落差/m	0.56	0.62	0.79	0.87	0.93	0.99	1.03
明渠分流比	63.54	68.51	76.02	82.88	92.51	96.12	99.85
戗堤轴线水位/m	67.64	67.58	67.73	67.7	67.66	67.74	—
龙中水深/m	27.64	27.58	27.33	27.7	18.4	8.8	—
龙中垂线平均流速/m³/s	2.18	2.33	2.54	2.82	3.08	3.67	—
龙中单宽流量/m³	60.26	64.26	69.42	78.11	56.67	32.3	—

不同流量下堤顶坍塌长度随龙口口门宽度的变化关系如图 6-7 和图 6-8 所示。堤顶坍塌长度 L 主要与堤头高度 d、龙口口门宽度 B、水流流速、抛投料的摩擦角和河床的物质组成及粒径大小有关。

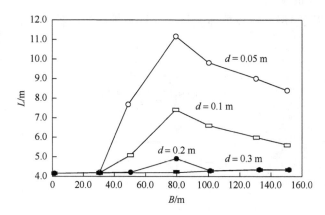

图 6-7　堤顶坍塌长度随龙口宽的变化（$Q=19\,400\ \mathrm{m^3/s},\cot\alpha_2=1.4$）

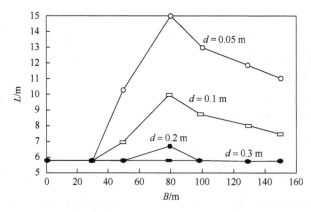

图 6-8　堤顶坍塌长度随龙口宽的变化（$Q=19\,400\ \mathrm{m^3/s},\cot\alpha_2=1.5$）

抛投料的摩擦角对堤头的坍塌规模起控制作用，对选定的抛投料来说，堤头的摩擦角也随即确定，相当于三峡大江截流的抛投料的稳定坡角为 $\cot \alpha_2 = 1.4 \sim 1.5$。在河床颗粒粒径较粗、大于颗粒起动要求的临界粒径的情况下，坡角不产生强烈淘刷，不能形成很深的冲刷坑。但是，在水流流速较大时，由于河床组成的非均匀性，小粒径的颗粒不断被水流冲走，较小尺度的冲刷坑就会形成。在小冲刷坑的条件下，堤头高度近似保持为常数，堤头坍塌的规模较稳定。在河床不会发生淘刷的情况下，堤顶坍塌的长度为 $4.35 \sim 5.80$ m，相当于稳定坡度 $\cot \alpha_2 = 1.4 \sim 1.5$ 的变化范围。当河床组成代表粒径为 0.2 m 时，河床的最大冲刷坑的深度小于 4 m，此种情况近似反映了三峡大江截流的坡角淘刷实际条件。于是，计算的堤顶坍塌长度为 $4.35 \sim 6.70$ m，最大坍塌发生在龙口口门宽为 $80 \sim 100$ m 的范围内。龙口口门宽不同时堤顶坍塌长度和坍塌量的计算结果见表 6-17～表 6-20。

表 6-17　龙口口门不同宽度时堤顶坍塌长度的计算结果（$Q = 19\,400$ m³/s, $\cot \alpha_2 = 1.4$）

龙口口门宽/m	150	130	100	80	50
$d = 0.05$ m	8.33	8.97	9.79	11.19	7.76
$d = 0.1$ m	5.57	6	6.57	7.53	5.18
$d = 0.2$ m	4.35	4.35	4.37	5.02	4.35
$d = 0.3$ m	4.35	4.35	4.35	4.35	4.35

表 6-18　龙口口门不同宽度时堤顶坍塌长度的计算结果（$Q = 19\,400$ m³/s, $\cot \alpha_2 = 1.5$）

龙口口门宽/m	150	130	100	80	50
$d = 0.05$ m	11.13	11.98	13.08	14.95	10.37
$d = 0.1$ m	7.43	8.01	8.77	10.06	6.91
$d = 0.2$ m	5.8	5.8	5.82	6.7	5.8
$d = 0.3$ m	5.8	5.8	5.8	5.8	5.8

表 6-19　龙口口门不同宽度时堤顶坍塌量的计算结果（$Q = 19\,400$ m³/s, $\cot \alpha_2 = 1.4$）

龙口口门宽/m	150	130	100	80	50
$d = 0.05$ m	6 466	7 757	9 661	13 534	5 435
$d = 0.1$ m	2 443	2 933	3 629	5 056	2 059
$d = 0.2$ m	1 373	1 373	1 385	1 918	1 373
$d = 0.3$ m	1 373	1 373	1 373	1 373	1 373

表 6-20　龙口口门不同宽度时堤顶坍塌量的计算结果（$Q = 19\,400$ m³/s, $\cot \alpha_2 = 1.5$）

龙口口门宽/m	150	130	100	80	50
$d = 0.05$ m	8 947	10 751	13 412	18 835	7 590
$d = 0.1$ m	3 351	4 015	4 996	6 982	2 819
$d = 0.2$ m	1 871	1 871	1 871	2 624	1 871
$d = 0.3$ m	1 871	1 871	1 871	1 871	1 871

6.3.3　三峡二期围堰截流戗堤塌滑机理

　　三峡工程二期深水截流模型试验中戗堤堤头塌滑现象不仅频频发生，且塌滑规模较大。而事实上，戗堤实际施工时堤头确实频频出现塌滑现象，因此对其失稳机理进行研究具有重要意义。

　　三峡截流工程选定上游戗堤单戗立堵截流方案，二期截流的设计流量按长江 11 月中旬～11 月下旬 5%频率最大日平均流量 14 000 m³/s～19 400 m³/s 确定。为安全起见，取截流流量 19 400 m³/s（11 月中旬合拢）进行研究，二期截流戗堤轴线横跨长江主河床，左端接牛场子山坡经长江左漫滩、主河床、长江右漫滩，在中堡岛上游混凝土纵向围堰相接。截流戗堤布置在二期上游围堰背水侧，呈折线布置。二期围堰轴线大体平行，最大距离 132 m。轴线全场 628.246 m。戗堤设计断面为梯形，上游边坡 1∶1.3，下游边坡 1∶1.5，堤顶高程按不同进展时段的当旬 5%最大日平均流量确定，由两岸的 79 m 降至合拢段的 69 m，堤顶宽度左右非龙口段为 25 m，龙口段为 30 m。非龙口段水深一般 25 m，龙口段水深为 30～40 m，最大水深约 60 m。

　　三峡水利枢纽在设计过程中对戗堤填料（石碴料）及堤基新淤沙的应力-应变关系进行了大量的试验分析，其试验成果与 E-B 模型拟合曲线吻合较好，并提出了 E-B 模型参数。故材料采用 E-B 模型，并使用有限元法进行堤头稳定分析计算。

　　E-B 模型的物理方程为

$$\mathrm{d}(\sigma_1 - \sigma_3) = E\mathrm{d}\varepsilon_1 \tag{6-131}$$

$$\mathrm{d}(\sigma_1 - \sigma_3) = B\mathrm{d}\varepsilon_{\mathrm{v}} \tag{6-132}$$

式中：E、B 分别为切线弹性模量和体积模量；σ_1、σ_3 分别为最大主应力、最小主应力；ε_1、ε_{v} 分别为最大主应变和体积应变。

　　试验曲线 $(\sigma_1 - \sigma_3)$-ε_1 用双曲线拟合为

$$\sigma_1 - \sigma_3 = \cfrac{\varepsilon_1}{\cfrac{1}{E_{\mathrm{i}}} + \cfrac{\varepsilon_1}{(\sigma_1 - \sigma_3)_u f}} \tag{6-133}$$

式中：E_{i} 为初始切线模量；u 为对应的应力差；f 为参数。

　　通过公式变形计算，体积模量可表示为

$$B = K_{\mathrm{b}} P_{\mathrm{a}} \left(\frac{\sigma_3}{P_{\mathrm{a}}} \right)^m \quad \left(\frac{E}{3} \leqslant B \leqslant 17E \right) \tag{6-134}$$

式中：K_{b}、m 分别为体模量数和体积模量指数；P_{a} 为大气压强。

　　蓄水后，初始切线模量 E_{i} 用 E_{ur} 代替，并按式（6-135）计算

$$E_{\mathrm{ur}} = K_{\mathrm{u}} P_{\mathrm{a}} \left(\frac{\sigma_3}{P_{\mathrm{a}}} \right) \tag{6-135}$$

式中：K_{u} 为对应的体积模量系数。

　　戗堤有限元计算的网格划分，按如下条件进行：①戗堤基础深度大于 3 倍的坝高，即大于 3H，戗堤堤顶的设计范围大于 2H，戗堤下部河床宽度大于 2H；②统一网格中材料分区相同；

③相邻网格均匀变化，表面突变；④基岩面采用固定约束，戗堤上游端及下游河床端采用水平约束；⑤所有网格均为四边形。

根据上述特点，每个方案划分单元约 1 700 个，节点均达 1 800 个左右。

具体计算时，有以下 8 种方案。

（1）方案Ⅰ：一般塌滑类型。堰顶高程 69 m，堰高 54 m，戗堤边坡 1：1.31。

（2）方案Ⅱ：浸水软化塌滑类型。方案Ⅱ-1：堰顶高程与方案Ⅰ相同，水下（266.59 m）戗体料软化，内摩擦角 φ 由 38°降至 36°，戗堤边坡 1：1.375。方案Ⅱ-2：戗体填料在 40 m 高程以下软化，其 φ 也由 38°降至 36°，戗堤边坡为 1：1.370。

（3）方案Ⅲ：抛投凸起体类型。凸起体在 40 m 高程处凸起 1 m，凸起体上部边坡为 1：1.355，其余同方案Ⅰ。

（4）方案Ⅳ：堤基冲刷塌滑型。堤基冲刷边坡为 1：2.0，冲刷深为 10 m，戗堤边坡为 1：1.355，其余同方案Ⅰ。

（5）方案Ⅴ：堤基倾斜塌滑型。堤基坡度为 1：4，戗堤边坡为 1：1.375，其余同方案Ⅰ。

（6）方案Ⅵ：软基塌滑型。堤基 $\varphi = 20°$，戗堤边坡为 1：1.45，其余同方案Ⅰ。

（7）方案Ⅶ：边坡冲刷塌滑型。戗堤在 40 m 高程处，冲刷凹进，下部边坡较上部边坡缓 0.050，且下部戗堤料软化，其 φ 也由 38°降至 36°，戗堤上部边坡为 1：1.325。

（8）方案Ⅷ：低戗堤塌滑型。低堰的堰顶高程为 69 m，水位 66.59 m，堰高 20 m，戗堤边坡为 1：1.31。

通过有限元法计算，各方案戗堤基面和边坡节点最大位移值见表 6-21 和表 6-22。

表 6-21　各方案戗堤基面节点最大位移表

方案	水平最大位移/cm	垂直最大位移/cm
方案Ⅰ	21.54	−40.68
方案Ⅱ-1	22.02	−42.23
方案Ⅱ-2	22.24	−42.52
方案Ⅲ	22.25	−40.40
方案Ⅳ	26.22	−43.13
方案Ⅴ	23.64	−41.06
方案Ⅵ	32.13	−43.89
方案Ⅶ	23.21	−39.07
方案Ⅷ	5.40	−13.70

注：水平最大位移与垂直最大位移的位置（坐标节点）不同

表 6-22　各方案戗堤边坡节点最大位移表

方案	水平最大位移/cm	垂直最大位移/cm
方案Ⅰ	17.82	−24.02
方案Ⅱ-1	22.65	−24.42
方案Ⅱ-2	23.05	−23.32

方案	水平最大位移/cm	垂直最大位移/cm
方案Ⅲ	18.23	−24.05
方案Ⅳ	33.93	−30.94
方案Ⅴ	20.97	−23.73
方案Ⅵ	27.81	−24.15
方案Ⅶ	20.46	−22.11
方案Ⅷ	5.19	−6.95

注：水平最大位移与垂直最大位移的位置（坐标节点）不同

根据前述三峡截流戗堤有限元计算结果，可以归纳下述结论。

（1）材料浸水软化、抛投凸起体形成、堤基冲刷是戗堤失稳的重要原因。材料浸水软化，φ 降低 20°时，其稳定边坡由未软化时的 1∶1.31 缓至 1∶1.375 以上；抛投凸起体凸起 1 m 时，其稳定边坡由无凸起体的 1∶1.31 缓至 1∶1.355 以上；堤基冲刷深 10 m，冲刷边坡为 1∶2 时，稳定边坡由未冲刷的 1∶1.31 缓至 1∶1.355 以上。

（2）堤基倾斜、软基影响、戗堤边坡冲刷也是戗堤失稳的重要原因。堤基倾斜度为 1∶4 时，戗堤稳定边坡由 1∶1.31 缓至 1∶1.375 以上；堤基为软基，其 φ 值为 20°时，戗堤稳定边坡将缓至 1∶1.45 以上；戗堤边坡冲刷时，其稳定边坡由 1∶1.31 缓至 1∶1.325。

（3）戗堤高度对戗堤稳定也有一定的影响。戗堤高度越高，其失稳可能性越大。

6.4 过水围堰度汛风险分析

土石过水围堰是水利水电工程施工导流中具有挡、溢结合作用的导流建筑物，其运行工况相对复杂。土石过水围堰导流方式具有优越性，采用此种导流方式，可以减小临时导流建筑物的规模，降低临时工程的费用，缩短临时工程的建设工期，既为主体工程的施工创造有利条件，又能降低建设投资，在施工工期和经济方面具有显著的优越性和巨大的应用前景。这也为土石过水围堰施工导流风险的研究带来了紧迫性。土石过水围堰度汛风险分析主要在土石过水围堰的失稳方式、导流标准、下游护坡及垫层的稳定性、最不利流量等方面。

6.4.1 下游护坡的溢流设计风险分析

土石围堰过水时，一般要受到两种破坏作用：一是水流沿下游坡面下泄动能不断增加，冲刷堰体表面；二是过水时水流渗入堰体所产生的渗透压力，引起下游坡连同堰顶一起深层滑动，最后导致溃堰。因此，土石围堰过水时保持稳定的关键是对堰面及堰脚附近基础进行简易而可靠的加固保护。根据实际观测资料和试验研究表明，土石过水围堰的失稳大多从下游护坡的局部破坏开始，随着过水流量的加大，堰体材料被冲走，最终破坏整个围堰。因此，下游护坡的稳定性是土石过水围堰稳定性的决定性因素。

根据可靠性理论，风险率是指在规定时间内、规定条件下系统的荷载超过系统抗力的概率。对过水围堰溢流系统而言，荷载是指由河道洪水来流和围堰的上下游水位差变化引起的其下部护坡最大流速水头 h_v。抗力是指按照最不利溢流工况下设计的围堰下游护坡抗冲流速水头

h_{vR}。因此，过水土石围堰下游边坡护坡溢流时的设计风险率为围堰运行时，下游护坡最大流速水头 h_v 超过设计条件下的抗冲流速水头 h_{vR} 的概率，失效概率 P_f 为

$$P_f = P(h_{vR} < h_v) \tag{6-136}$$

其中，过水土石围堰最不利工况下设计的围堰下游护坡流速水头 h_v 为

$$h_v = Z - K \frac{Z^{1.5}}{q^{1/3}} \tag{6-137}$$

式中：q 为过堰单宽流量；Z 为上下游水位差；K 为能量损失系数，由模型试验或者原型观测数据可得，对于土石围堰，一般取值为 0.55～0.70。

在一个水文年时段内，发生 $h_v > h_{vR}$ 的概率，也称年溢流风险率。如果围堰使用期为 N 年，则在 N 个溢流时段内，至少发生一次 $h_v > h_{vR}$ 的概率成为多年溢流时段风险率。在一个溢流时段，h_v、h_{vR} 两个事件是相互独立的。因此，在年溢流时段内，发生 $h_v \leqslant h_{vR}$ 的概率为

$$P(h_v \leqslant h_{vR}) = 1 - P_f = P_s \tag{6-138}$$

则在 N 个溢流时段内，均发生 $h_v \leqslant h_{vR}$ 的概率为

$$P_N(h_v \leqslant h_{vR}) = P^N(h_v \leqslant h_{vR}) = (P_s)^N \tag{6-139}$$

极限状态方程为

$$M = h_{vR} - h_v = h_{vR} - Z + KZ^{1.5} / q^{\frac{1}{3}} = 0 \tag{6-140}$$

若已知 h_v 和 h_{vR} 的概率密度函数，并且它们相互独立，可采用积分的方法求出风险率，即

$$P_f = P(h_v < h_{vR}) = \int_0^\infty \int_0^\infty f_{h_v}(h_v) f_{h_{vR}}(h_{vR}) \mathrm{d}h_v \mathrm{d}h_{vR} \tag{6-141}$$

由于 $f_{h_v}(h_v)$ 和 $f_{h_{vR}}(h_{vR})$ 的形式都很复杂，要求得解析解是非常困难的，可通过 JC 法迭代计算或蒙特卡罗方法模拟求解。

6.4.2　过水围堰混凝土护板下反滤层的可靠性分析

土石过水围堰上游面有防渗结构，当其过水时，水流从围堰顶部开始渗入堰体，经过反滤层及堰体，最后经下游护坡渗出。在这种工况下反滤层所起的作用是：水流开始下渗时阻止其下渗；当其进入堰体后，又让其顺畅地排出。水流从反滤层进入堰体，再从堰体进入反滤层，消耗了大量的能量，所以护板底下的压强得以有效地降低。反滤层在受到水流向下及向上渗透作用时，往往会造成渗透破坏。反滤层一旦破坏，其减压效果将大大降低，这会引起护板的位移，进而影响护板的稳定。

在合理级配下，反滤层的密度较大时，其抗渗性较好，渗透变形为流土；反滤层的密度较小时，其抗渗整体性较差，渗透变形为管涌。土石过水围堰反滤层失稳的原因是其所承受的渗透比降大于临界渗透破坏比降，其临界渗透破坏比降 J_f 可表达为以下几种。

对非管涌型反滤料有

$$J_{f1} = 618 \, \mathrm{d}_{k1} / D_{20} - 10 \tag{6-142}$$

对管涌型反滤料有

$$J_{f2} = \frac{1}{10}(618 \, \mathrm{d}_{k2} / D_{20} - 10) \tag{6-143}$$

式中：D_{20} 为反滤层下层的特征粒径；d_{k1}，d_{k2} 为反滤层上层的控制粒径，其值随不均匀系数

的变化而变化；$d_k = d_{(p<5\,mm)\times0.7}$，即反滤层料中 5 mm 以下颗粒含量的百分数的 0.7 倍作为特征粒径值。

根据反滤层的减压作用，反滤料实际承受的最大渗透比降 J_y 可表达为[1]

$$J_y = (Z + P) / B \qquad (6\text{-}144)$$

式中：Z 为反滤层承受的水头差，此处取上下游水位差；P 为护板下的脉动压力；B 为反滤层厚度。

由渗透比降及临界破坏比降的表达式可看出，理想的反滤层极限状态方程为

$$M = f(G, F)$$

式中：G 为几何条件，主要指被保护土的保护颗粒和反滤层的特征粒径；F 为水力学条件，主要指渗透坡降和水深等。

土石过水围堰下游护坡反滤层的可靠度是实际所承受的渗透比降小于临界渗透破坏比降时的概率。

令 $M = J_f - J_y$

$$M_1 = J_{f1} - J_y = 618\,S_1 - 10 - (Z + P) / B \qquad (6\text{-}145)$$

$$M_2 = J_{f1} - J_y = 61.8\,S_2 - 10 - (Z + P) / B \qquad (6\text{-}146)$$

则 M 为过水土石围堰下游混凝土板护坡反滤层设计的可靠性状态函数。$M > 0$ 时的概率称为反滤层设计的可靠度。非管涌型反滤层设计的可靠性模型用 P_{s1} 表示为

$$P_{s1} = P(M > 0) = P(J_{f1} > J_y) = P\{618\,S_1 - 1.0 > (Z + P) / B\} \qquad (6\text{-}147)$$

管涌型反滤层设计的可靠性模型用 p_{s2} 表示，即

$$P_{s2} = P(M > 0) = P(J_{f2} > J_y) = P\{61.8\,S_2 - 1.0 > (Z + P) / B\} \qquad (6\text{-}148)$$

假设土石过水围堰使用期为 N 年，每年的洪水发生是相互独立的，即当年是否发生某一级的洪水与上一年是否发生无关，而且也不影响下一年的洪水发生情况。因此，在围堰整个使用期的 N 年内，反滤层实际所承受的渗透比降不超过其临界渗透破坏比降的概率。

对非管涌型反滤层

$$P_{N1} = (P_{s1})^N \qquad (6\text{-}149)$$

对管涌型反滤层

$$P_{N2} = (P_{s2})^N \qquad (6\text{-}150)$$

其中脉动压力计算公式为

$$p' = 2A_{max} = p_{max} - p_{min} \qquad (6\text{-}151)$$

式中：p' 为脉动压力；A_{max} 为脉动压力振幅；p_{max} 为瞬时压强最大值；p_{min} 为瞬时压强最小值。

通过许多项工程的原型观测及实验，目前采用了一个简单地用流速水头来表示的脉动压力双倍振幅的方法

$$2A_{max} = K\frac{v^2}{2g} \qquad (6\text{-}152)$$

式中：v 为流速；K 为系数，一般取值为 2%～10%。

根据《溢洪道设计规范》(SL 253—2018)，作用于一定面积底板上的脉动压力可按式(6-153)计算

$$P' = \pm\beta_{\mathrm{m}}p'A \qquad\qquad (6\text{-}153)$$

式中：A 为作用面积；β_{m} 为面积均化系数（表 6-23）。

表 6-23 脉动压力的面积均化系数

结构部位	泄槽、鼻坎		平底消力池底板								
结构分块尺寸	$L_m > 5$ m	$L_m \leqslant 5$ m	L_{m} / h_2	0.5			1			1.5		
			b / h_2	0.5	1	1.5	0.5	1	1.5	0.5	1	1.5
β_{m}	0.1	0.14	—	0.55	0.46	0.1	0.44	0.37	0.32	0.37	0.31	0.27

注：L_{m} 为结构顺流向的长度；b 为结构块垂直流向的长度；h_2 为第二共轭水深

6.4.3 龙滩水电站过水围堰（$P = 5\%$）风险分析

龙滩工程拟采用全段围堰法一次拦断河床的隧洞导流方式，工程拟定初期导流阶段施工导流采用土石过水围堰结合左右岸隧洞导流。该土石围堰等级为 4 级，相应的挡水标准采用短系列 10 年一遇（$P = 10\%$）洪水标准，相应流量为 14 700 m³/s，过水标准采用长系列 20 年一遇（$P = 5\%$），相应流量为 18 500 m³/s。考虑当前隧洞施工水平及来水流量较大，左右岸地形地质及水流条件基本无差别，拟在左右岸各设置一条导流隧洞。右岸导流洞位于河床的凹岸，洞身长 857.65 m，进口底板高程 220.00 m，出口底板高程 215.63 m，底坡 $i = 0.005$。左岸导流洞洞身长 585.886 m，进口底板高程 215.00 m，出口底板高程 214.40 m，底坡 $i = 0.00$。

因为该土石围堰的高度较高且要求安全性较高，所以有必要进行风险分析。

1. 过水围堰的施工导流风险分析

由于龙滩水电站天然来水流量比较大，水库自身有一定的滞洪调节作用，为经济起见，在确定土石围堰的具体设计之前，利用公式对水库进行调洪演算。

综合水文气象及红水河径流等条件，洪水过程线选用 1966 年 7 月典型洪水过程线，采用同倍比放大法推求并调洪演算，由图 6-9、图 6-10 的计算结果可知，上游水位为 $Z = 261.823$ m，上游围堰堰高为 55.65 m。

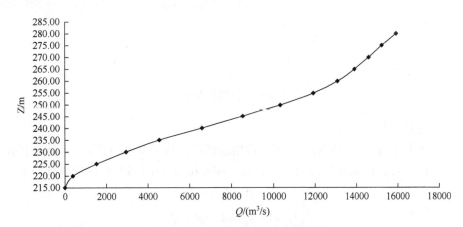

图 6-9 左右导流洞联合泄流曲线图

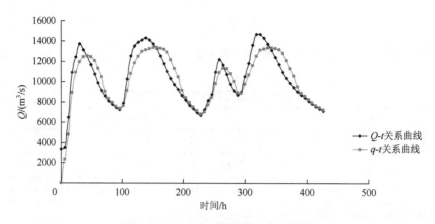

图 6-10　水库来水泄水时间变化曲线

分别计算不同来水流量即不同工况下的上游围堰上下游水位差。围堰过水的同时隧洞也会泄流，按二者联合泄流计算。围堰溢流按宽顶堰公式计算。

从表 6-24 可看出，当天然来水流量为 18 500 m^3/s，围堰过水量为 4 366.45 m^3/s 时为最不利工况。

表 6-24　最不利流量计算参数表

来水流量/(m^3/s)	围堰过水量/(m^3/s)	隧洞导流量/(m^3/s)	堰上水位/m	堰下水位/m	落差/m
15 000	1 205.9	13 794.1	261.41	208.51	52.9
16 000	2 090.8	1 390.93	265.19	212.44	52.75
17 000	2 998.2	14 001.8	265.88	213.03	52.85
18 500	4 366.45	14 133.55	266.8	213	53.8

2. 下游护坡的溢流设计风险分析

龙滩水电站过水围堰的挡水标准选取全年短系列 $P = 10\%$，相应流量 $Q = 14\,700$ m^3/s，过水标准为全年长系列 $P = 5\%$，$Q = 18\,500$ m^3/s，围堰使用期限为两年。围堰剖面图及基本尺寸如图 6-11 所示。

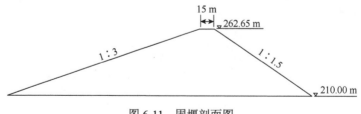

图 6-11　围堰剖面图

1）用 JC 法进行风险计算

当已知各状态变量的均值和标准差时，可用迭代法解得可靠度指标 β，计算步骤详见 6.3.1 小节。求出 β 后，若各状态变量均为正态分布，则可由式（6-154）直接求得风险率

$$\begin{cases} P_{\mathrm{f}} = 1 - P_{\mathrm{s}} = 1 - \phi(\beta) \\ P_{\mathrm{f}}' = 1 - P_{\mathrm{s}}^{n} = 1 - [\phi(\beta)]^{n} \end{cases} \qquad (6\text{-}154)$$

水力参数的统计特征值见表 6-25。

表 6-25 水力参数统计特征值

水力参数	分布	均值 μ	离差系数 c_s
h_{vR}	正态	55.0	0.28
K	正态	0.6	0.16
Z	正态	53.8	0.13
q	正态	14.6	0.35

取初始值 $\beta_0 = 1.5$，用 JC 法进行迭代计算。可求出满足精度要求得可靠度指标 $\beta = 1.47$，将 β 代入式（6-154），可得土石围堰过流时段风险率 $P_f = 7.08\%$，多年过流风险率 $P_f' = 13.06\%$。在围堰试用期为两年的情况下，多年溢流时段风险率明显高于年溢流时段风险率。

2）下游混凝土板护坡反滤层的可靠性分析

龙滩水电站上游围堰为土石过水围堰，围堰下游坡为混凝土护板溢流面。护板的设计厚度为 1.5 m。护板下反滤层为非管涌型，设计厚度为 1.5 m，反滤层上层控制粒径 d_k 与下层特征粒径 D_{20} 的设计比值为 0.05，围堰断面尺寸如图 6-11 所示。根据式（6-151）计算得脉动压力 $p' = 9.9N$。

3）JC 法计算反滤层的可靠性分析

各随机变量的特征值见表 6-26。

表 6-26 水力特征参数统计表

随机变量	s	Z/m	p/N	B/m
分布类型	正态	正态	正态	正态
设计值	0.05	53.8	9.9	1.5
离差系数 c_s	0.35	0.42	0.35	0.25

取初始值 $\beta_0 = 0.8$，用 JC 法进行迭代计算，计算得出上游围堰护坡的可靠度指标 $\beta = 0.78$，将 β 代入式（6-154），可得反滤层年可靠度 $P_f = 78.23\%$，多年可靠度为 $P_f' = 61.20$。在围堰试用期为两年的情况下，反滤层多年可靠度明显低于年可靠度。

计算表明，围堰使用期为两年的过程中，在最不利流量工况下，下游护坡年溢流风险率为 7.08%，两年溢流风险率为 13.06%，下游护坡多年溢流时段风险率明显高于年溢流时段风险率；反滤层年可靠度为 78.23%，多年可靠度为 61.2%，多年可靠度明显低于年可靠度。

运用可靠性理论的 JC 法，即考虑基本变量分布类型的一次二阶距方法，给出了过水围堰溢流时护坡板设计风险率的计算方法，为围堰下游护坡结构提供了理论依据。为了提高土石围堰过流的安全性，可考虑抬高下游库水位或进行基坑预充水，以减少上下游水位差，从而降低围堰运行期风险。

6.5 不过水高土石围堰漫顶风险分析

随着大坝越来越高，围堰的高度也随之增高，特别是大型江河上的大型水利枢纽对应的围堰，如三峡二期土石围堰高达 88.5 m，为 2 级建筑物。由于该围堰安全标准较高，针对这些高围堰进行漫顶风险分析时，在拦蓄一部分洪水的情况下，可看作大坝的漫顶进行风险分析，此时应考虑波浪爬高和壅高。

6.5.1 漫顶风险计算模型

所谓漫顶是指在坝前水位超过堰顶高程形成溢流的过程。Z 代表坝前水位，H 代表堰顶高程，则漫顶失事可表示为 $Z > H$，漫顶风险概率计算公式为

$$P_f = P(Z > H) = P(Z_0 + L + e + R > H) \quad (6\text{-}155)$$

式中：Z_0 为水库的初始水位；L 为洪水作用下的水库水位升高值；e 为风浪壅高；R 为波浪爬高。

综合考虑洪峰、风浪壅高和波浪爬高的不确定性，借鉴本团队提出的基于流量关系的土石坝漫顶风险计算模型并采用 JC 法求其漫顶风险率。针对式（6-155）土石坝漫顶风险率模型的定义，计算方法主要为蒙特卡罗方法和 JC 法这两类。对于蒙特卡罗方法，计算量大，计算效率低；而 JC 法则难以将导致大坝漫顶的不确定因素引入计算公式中，因此，土石围堰漫顶风险通常转化定义为：在规定的时间内，土石坝泄水建筑物的最大下泄流量超过其设计最大泄水能力的概率，其风险率 P_f 为

$$P_f = P(q_m > q_D) = \int_{q_D}^{\infty} f(q_m) \mathrm{d}q_m \quad (6\text{-}156)$$

式中：q_D 为泄水建筑物的设计最大下泄流量；q_m 为洪水调洪演算后泄水建筑物的最大下泄流量。

文献[129]中 q_m 是指在最高洪水位 $Z_{max} = Z_0 + L$ 下所对应的最大下泄流量，并没有考虑风浪壅高和波浪爬高的影响。本书加入了风浪壅高和波浪爬高对泄水建筑物的最大下泄流量 q_m 的影响，即

$$q_m = q_{m1}(Z_{max}) + q_{m2}(e) + q_{m3}(R) \quad (6\text{-}157)$$

1. q_{m1} 的计算

根据调洪演算原理，逐时段的联立求解水库的水量平衡方程和水库的蓄泄方程，计算某一特定洪水的泄水建筑物最大下泄流量 q_m，其调洪演算如图 6-12 所示。

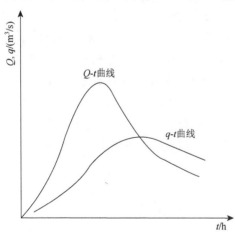

图 6-12 中 $Q\text{-}t$ 为天然洪水流量过程线，$q\text{-}t$ 为泄水建筑物泄流过程线。对于每一次最大洪水 Q_i 经典型洪水过程线放大后获得 $Q_i\text{-}t$，调洪演算后获得泄水建筑物的最大下泄流量 q_{mi}，对应每组 (Q_i, q_{mi}) 定义一个调洪系数 ρ 来描述 Q_i 与 q_{mi} 之间的关系[130]为

$$\rho_i = \frac{q_{mi}}{Q_i} \quad (6\text{-}158)$$

由水文资料计算可得一系列 ρ_i 值，假设调洪系数 ρ 服从正态分布 $\rho \sim N(\mu, \sigma^2)$。

图 6-12 调洪演算示意图

$$\begin{cases} u = \dfrac{1}{n}(\rho_1 + \rho_2 + \cdots + \rho_n) \\ \sigma^2 = \dfrac{1}{n}\displaystyle\sum_{i=1}^{n}(\rho_i - \mu)^2 \end{cases} \qquad (6\text{-}159)$$

式中：μ 和 σ^2 分别为调洪系数 ρ 的均值和方差。则最大下泄流量 $q_{m1} = \rho Q_m$。

2. q_{m2} 和 q_{m3} 的计算

首先，对溢洪道的堰上水头 h 和与此相应的调洪水位的库容 V 的关系进行线性回归，由 $V = ah + b$ 来确定 ΔV 与 Δh 之间的关系为

$$\Delta V = a\Delta h \qquad (6\text{-}160)$$

在设计洪水或校核洪水时，假设相应的库容 ΔV 的均值与 ΔQ 的均值相等，ΔV 的方差与 ΔQ 的方差相等，即 $E(\Delta V) = E(\Delta Q)$，$D(\Delta V) = D(\Delta Q)$。认为在设计洪水或校核洪水时，产生的风浪壅高和波浪爬高从物理角度转化的库容，全部以瞬时添加的待泄库容存在，且转化的库容为瞬时待泄库容。由式（6-160）可得

$$\begin{cases} E(\Delta Q) = aE(h) \\ D(\Delta Q) = a^2 D(h) \end{cases} \qquad (6\text{-}161)$$

则计算 q_{m2} 和 q_{m3} 的均值和方差为

$$\begin{cases} E(q_{m2}) = aE(e) \\ D(q_{m2}) = a^2 D(e) \end{cases} \qquad \begin{cases} E(q_{m3}) = aE(R) \\ D(q_{m3}) = a^2 D(R) \end{cases} \qquad (6\text{-}162)$$

通过上述分析，土石坝漫顶风险计算模型可表述为

$$P_f = P(q_D - \rho Q_m - ae - aR < 0) \qquad (6\text{-}163)$$

式中：洪峰流量 Q_m、壅高 e、波浪爬高 R 均为变量。

6.5.2 三峡二期围堰施工及运行过程风险分析

对于不过水围堰的度汛风险分析，同时考虑水文和水力不确定性，将实际洪峰流量 Q_L 当作荷载，泄流能力 Q_R 当作抗力，通过数理统计方法确定其概率分布，结构可靠性的失效概率模型如下[131]：

$$P_f = P\{Q_L > Q_R\} = \int_0^{+\infty}\int_{Q_R}^{+\infty} f_R(Q_R) f_L(Q_L)\,\mathrm{d}Q_R\,\mathrm{d}Q_L \qquad (6\text{-}164)$$

式中：$f_R(Q_R)$ 为抗力概率密度函数；$f_L(Q_L)$ 为荷载概率密度函数。

1. 三峡二期围堰施工及使用期风险计算模型

设来流洪水流量随机过程为 $Q_L(t)$，泄水建筑物的泄水能力随机过程为 $Q_R(t)$，则失效概率的数学表达式为

$$P_f = P\{Q_L(t) > Q_R(t)\} \qquad (6\text{-}165)$$

在二重随机泊松模型建立后，得

$$P_f = 1 - \int_0^{+\infty} \exp\left[-x\int_{t_0}^{t_0+t} w(u)\,\mathrm{d}(u)\right]\mathrm{d}F_{A_g(x)} \qquad (6\text{-}166)$$

式中：A_g 为随机变量，是与客观泄流量 Q_g 相对应的。

表 6-27　各种频率的最大瞬时流量和日平均流量表

频率%	日平均流量/(m³/s)	最大瞬时流量/(m³/s)
0.01	113 000	115 000
0.1	98 800	100 000
1	83 700	85 000
2	79 000	80 200
5	72 300	73 400
10	66 600	67 600
20	60 300	61 200

现已知，A_g 是一对数正态分布的随机变量，将它代入式（6-166）可得

$$P_f = 1 - \int_0^{+\infty} \left\{ \exp(-xt) \frac{1}{\sqrt{2\pi}\sigma_X} \exp\left[-\frac{(\ln x - \mu)^2}{2\sigma^2} \right] \right\} dx \qquad （6-167）$$

$$\mu = 7.4283 - 0.1456 \times 10^{-3} \mu_{Q_g}$$

$$\sigma = 0.1456 \times 10^{-3} \times \frac{0.05}{\sqrt{6}} \mu_{Q_g}$$

式中：t 为系统剩余使用年限；μ_{Q_g} 为流量为 Q_g 时的流量系数。

2. 二期围堰工程使用期内风险率计算分析

（1）泄流能力水位流量关系的回归拟合。二期围堰工程是三峡工程中重要的临时建筑物，它的上游横向围堰按百年一遇洪水 $Q = 83\,700\ \mathrm{m^3/s}$ 设计，按二百年一遇洪水 $Q = 88\,400\ \mathrm{m^3/s}$ 校核，下游围堰和导流明渠则按 50 年一遇洪水 $Q = 79\,000\ \mathrm{m^3/s}$ 设计，考虑到临时船闸在较大洪水时敞开泄洪，实际泄流能力就是导流明渠和临时船闸的共同泄流能力的和。因此在考虑泄流能力时，必须在计算导流明渠泄流流量的基础上加上在此水位下的临时船闸的敞开泄流的流量。为此必须求出导流明渠不同流量下的水位。见二期导流水位流量关系曲线表（表 6-28）。

表 6-28　二期导流水位流量关系曲线表

流量/(m³/s)	5 920	6 400	8 950	10 300	16 300	23 100	25 000
水位/m	66.18	66.24	66.53	66.73	67.82	69.31	69.75
流量/(m³/s)	30 100	41 400	46 800	72 300	83 700	86 000	88 400
水位/m	71.05	74.15	75.54	82.28	85.00	85.63	86.21

（2）临时船闸的泄流能力估算。当临时船闸敞开泄洪时，是矩形明渠，其泄流能力为

$$Q = \frac{A}{n} R^{2/3} \sqrt{i} \qquad （6-168）$$

式中：n 为糙率；A 为过水断面面积；R 为水力半径；i 为底坡。根据设计资料取 $n = 0.015$（查表得），$i = 2/240 = \dfrac{1}{120}$，当水位为 H 时，$R = 24 \times (H-60)/[24 + 2(H-60)]$，则

$$Q = \frac{[24 \times (H-60)]^{5/3}}{[24 + 2(H-60)]^{2/3}} \cdot \frac{\sqrt{\dfrac{1}{120}}}{0.015} \tag{6-169}$$

（3）各种设计标准及其泄流能力。根据技术设计资料，计算出遭遇 50 年、100 年和 200 年一遇的洪水漫堰风险。由于堰顶高程为 88.5 m，故对应的流量 $Q = 98\ 171\ \text{m}^3/\text{s}$。不同频率下的流量对应的水位和强度为

$$Q_1 = 79\ 000\ \text{m}^3/\text{s} \quad H_1 = 83.73 \quad A_{g1} = 0.02$$
$$Q_2 = 83\ 700\ \text{m}^3/\text{s} \quad H_2 = 85.00 \quad A_{g2} = 0.01$$
$$Q_3 = 88\ 400\ \text{m}^3/\text{s} \quad H_3 = 86.20 \quad A_{g3} = 0.005$$
$$Q_4 = 98\ 171\ \text{m}^3/\text{s} \quad H_4 = 88.50 \quad A_{g4} = 0.001\ 043\ 3$$

或考虑临时船闸的泄流能力，则实际泄流能力为导流明渠和临时船闸泄流之和。而在上述设计标准下，临时船闸的泄流能力由式（6-168）计算得

$$H_1 = 83.73\ \text{m 时}，\quad Q_1 = 13\ 829\ \text{m}^3/\text{s}$$
$$H_2 = 85.00\ \text{m 时}，\quad Q_2 = 14\ 737\ \text{m}^3/\text{s}$$
$$H_3 = 86.2\ \text{m 时}，\quad Q_3 = 15\ 600\ \text{m}^3/\text{s}$$
$$H_4 = 88.5\ \text{m 时}，\quad Q_4 = 17\ 262\ \text{m}^3/\text{s}$$

故不同设计标准下导流明渠和临时船闸的实际共同泄流能力为

$$H_1 = 83.73\ \text{m 时}，\quad Q_1 = 92\ 829\ \text{m}^3/\text{s}$$
$$H_2 = 85.00\ \text{m 时}，\quad Q_2 = 98\ 437\ \text{m}^3/\text{s}$$
$$H_3 = 86.2\ \text{m 时}，\quad Q_3 = 10\ 400\ \text{m}^3/\text{s}$$
$$H_4 = 88.5\ \text{m 时}，\quad Q_4 = 115\ 433\ \text{m}^3/\text{s}$$

（4）二期围堰工程使用期内风险率分析。根据不同设计标准及使用期，计算出围堰所承担的风险率，以使三峡二期围堰的基坑施工能保质保量、按期顺利完成。若不考虑临时船闸的泄流能力，只考虑导流明渠的泄流能力，即若临时船闸没有按期完成，导流系统的风险率见表 6-29，表中首先计算从 1998 年 6 月二期围堰建成开始至 2002 年 11 月拆除这 5 年所承担的风险，如果 1998 年未发生破坏事件，还计算出剩余 4 年所承担的风险，这样依次类推，分别计算出 $t = 5$ 年、4 年、3 年、2 年、1 年所承担的风险，即动态风险。

表 6-29 不考虑临时船闸泄流时系统的风险率

剩余年限/年	设计标准			
	$Q = 79\ 000\ \text{m}^3/\text{s}$ $A_g = 0.02$ $H = 83.73\ \text{m}$	$Q = 83\ 700\ \text{m}^3/\text{s}$ $A_g = 0.01$ $H = 85.00\ \text{m}$	$Q = 88\ 400\ \text{m}^3/\text{s}$ $A_g = 0.005$ $H = 86.20\ \text{m}$	$Q = 98\ 171\ \text{m}^3/\text{s}$ $A_g = 0.001\ 043\ 3$ $H = 88.50\ \text{m}$
5	0.083 57	0.043 28	0.022 20	0.005 498
4	0.067 48	0.034 80	0.017 82	0.004 416
3	0.051 09	0.026 24	0.013 41	0.003 332
2	0.034 40	0.017 60	0.008 987	0.002 247
1	0.017 40	0.008 877	0.004 540	0.001 160

同时考虑导流明渠和临时船闸的泄流能力的风险率,即临时船闸按时完成,实际泄流能力为导流明渠和临时船闸的共同泄流能力,计算成果列于表 6-30。

表 6-30 共同泄流时的系统风险率

剩余年限/年	设计标准			
	$Q = 79\ 000\ \text{m}^3/\text{s}$ $A_g = 0.02$ $H = 83.73\ \text{m}$	$Q = 83\ 700\ \text{m}^3/\text{s}$ $A_g = 0.01$ $H = 85.00\ \text{m}$	$Q = 88\ 400\ \text{m}^3/\text{s}$ $A_g = 0.005$ $H = 86.20\ \text{m}$	$Q = 98\ 171\ \text{m}^3/\text{s}$ $A_g = 0.001\ 043\ 3$ $H = 88.50\ \text{m}$
5	0.011 79	0.005 294	0.002 411	0.005 224
4	0.009 458	0.004 252	0.001 944	0.000 432 9
3	0.007 121	0.003 209	0.001 476	0.000 343
2	0.004 777	0.002 164	0.001 009	0.002 537
1	0.002 427	0.001 119	0.000 541 0	0.000 164 2

成果分析:从表 6-29 可以看出,临时船闸如果不能按期完成,则导流系统在使用期内的风险率最大达到 8.357%,对于三峡工程这样举世瞩目的重大工程来说,所冒风险大了一些,因此临时船闸必须按期完成,参加二期围堰的导流。从表 6-30 可以看出,当导流明渠和临时船闸共同泄洪时,二期围堰所承担的风险都很小。对于漫堰的风险,其风险率更小。对三峡这样的大工程来说,这也是需要的。

以上利用随机点过程对三峡二期围堰工程使用期内的风险进行分析,给出了具体的计算模型和计算结果,从计算结果来看,成果是令人满意的,对其他类似工程问题也是合适的。

6.5.3 白鹤滩水电站高土石围堰漫顶风险分析

白鹤滩水电站上游围堰最大堰高 83.00 m,堰体设计总填筑量 190.23 万 m³,防渗墙最大深度 50.00 m,挡水时间 4 年,拦洪库容 4.0×10^8 m³,级别选定为 3 级,挡水标准选定为 50 年一遇。上游围堰位于拱坝拱冠上游 280 m 处,距大寨沟口约 160 m。枯水期江水位 591 m,江面宽 75 m,水深 9~18 m。白鹤滩水电站施工期采用围堰全年挡水隧洞导流方式,导流隧洞分别布置在左右岸,共 5 条导流隧洞,左岸 3 条导流隧洞,右岸 2 条导流隧洞,隧洞总长为 8 980.26 m,导流隧洞下游段均与尾水洞相结合,结合洞线长度为 2 005.75 m。围堰采用复合土工膜斜墙土石围堰。水库所在流域内多年平均最大风速为 $W = 20.1$ m/s,风向多为南东向,年最大风速系列均方差 $\sigma_W = 2.70$ m/s,吹程为 $D = 375$ m,根据水文资料可知,年最大洪峰流量服从 P-III 型分布,历年最大洪峰流量均值 $\mu_Q = 9\ 280$ m³/s,离差系数 $C_s = -1.66$,离势系数 $C_v = -0.028$,其设计最大下泄流量为 $q_D = 25\ 800$ m³/s,水文资料见表 6-31 和表 6-32。

表 6-31 坝址设计洪水结果表(全年洪水)

项目	频率/%						
	0.20	0.50	1.00	2.00	3.33	5.00	10.00
$Q_m/(\text{m}^3/\text{s})$	36 500	33 400	31 100	28 700	26 800	25 300	22 700
$W_{24\ h}/(\text{亿 m}^3)$	30.9	28.3	26.4	24.0	22.7	21.4	19.2
$W_{72\ h}/(\text{亿 m}^3)$	89.6	82.0	76.4	70.0	65.8	62.0	55.6

项目	频率/%						
	0.20	0.50	1.00	2.00	3.33	5.00	10.00
W_{7d}/(亿 m³)	190.0	174.0	162.0	149.0	140.0	132.0	118.0
W_{15d}/(亿 m³)	372.0	340.0	317.0	292.0	273.0	257.0	231.0
W_{30d}/(亿 m³)	641.0	591.0	550.0	509.0	476.0	450.0	406.0

表 6-32　坝址多年平均各月径流及年内分配表

时间	1月	2月	3月	4月	5月	6月	7月	8月	9月	10月	11月	12月	年
月平均流量/(m³/s)	1 430	1 220	1 170	1 360	2 080	4 650	8 700	9 280	9 220	5 970	3 050	1 880	4 190
年内分配/%	2.9	2.2	2.4	2.7	4.2	9.1	17.7	18.8	18.1	12.1	6.0	3.8	100

由土石坝漫顶风险计算模型可知，漫顶风险的极限状态方程为

$$Z = q_D - \rho Q_m - ae - aR = 0 \qquad (6\text{-}170)$$

式中：ρ、Q_m、e、R 分别服从正态分布、P-Ⅲ型分布、极值Ⅰ型分布和瑞利分布。

由水文资料，通过调洪演算和分析，得到泄水建筑物的设计最大下泄流量 q_D 和洪水调洪演算后泄水建筑物的最大下泄流量 q_m 之间的关系，调洪系数 ρ 服从正态分布：ρ-N(0.917, 0.008)，根据水位库容曲线，设计水位时的线性回归参数 $a = 11340$，极限状态方程 $g(\rho, Q_m, e, R) = q_D - \rho Q_m - ae - aR$，各变量分布及均值见表 6-33。

表 6-33　不确定性变量信息表

变量	函数分布类型	变量初始验算点（均值）
ρ	正态分布	0.917
Q_m/(m³/s)	P-Ⅲ型分布	9 280
e/m	极值Ⅰ型分布	0.000 595
R/m	瑞利分布	0.478 044

分别假设不同的可靠度指标 β，利用 JC 法进行计算，当进行两次 β 的迭代计算后，为快速准确地计算得到 β，可利用式（6-171）计算下一次的 β 假设值：

$$\beta_{n+1} = \beta_n - g_n \frac{\Delta\beta}{\Delta g} \qquad (6\text{-}171)$$

JC 法迭代计算结果见表 6-34。

表 6-34　JC 法迭代计算结果表

可靠度指标 β	ρ	Q_m/(m³/s)	e/m	R/m	$Z = g(x^*)$
1.8	0.921 847	9 167.787	0.000 19	1.427 787	1 159.467 000
2.1	0.922 601	9 172.808	0.000 19	1.570 613	−475.724 891
2.012 507 00	0.922 381	9 171.344	0.000 19	1.528 669	3.276 784
2.013 105 76	0.922 383	9 171.354	0.000 19	1.528 955	0.008 862

通过假设计算，当可靠度指标 $\beta = 2.013\,057\,6$ 时，围堰漫顶的功能函数 $g(x^*) = 0.008\,862 \approx 0$，其漫顶风险率为 $P_f = 1 - \Phi(\beta) = 0.022\,051\,752$，围堰发生漫顶风险率很低。结果计算表明，当只考虑洪峰流量和波浪爬高的不确定性时围堰的漫顶风险率与同时考虑洪峰流量、风浪壅高和波浪爬高三者不确定性时的风险率几乎相同。因此，风浪壅高的不确定性对漫顶风险的影响很小，而洪峰流量和波浪爬高的不确定性都对围堰的漫顶风险占有主导作用。

相比仅考虑调洪演算后堰前水位大于围堰顶高程的漫顶风险分析，此种分析方法借助大坝漫顶的分析方法，能更好地用在高安全标准的高土石围堰上，通过考虑堰前洪水位、水位波浪爬高和壅高的影响，提高了围堰漫顶风险的计算精度，将更有利于围堰工程的施工安全。

第7章 土石围堰施工作业风险分析

7.1 土石围堰施工作业风险因素分析

施工安全因素分析作为风险管理的一项重要组成部分，其研究基础是针对施工内容及危险源的深入了解。采用合理的方法准确地辨识水利水电工程施工过程中存在的危险源，对隐患排查、事故预防起着至关重要的作用。本节针对大型江河截流过程中的土石方填筑高危作业进行风险分析；并根据修订的 HFACS 框架识别土石围堰高危作业过程中的安全因素，对各安全因素进行关联性、相关性等分析；最后采用结构模型方程，与实际工程相联系，在多次修正模型的基础上，得到各施工安全因素之间的相关关系。

7.1.1 土石围堰施工作业危险源辨识

危险源是指可能导致伤害或疾病、财产损失、工作环境破坏或这些情况组合的根源或状态。危害是指可能造成人员伤害、职业病、财产损失、工作环境破坏的根源或状态。在水利水电土石围堰施工过程中造成危害的事故主要分为：土石方塌方、施工围堰坍塌、土石方施工机械安全事故、施工围堰拆除爆破安全事故等。危险源既存在于施工活动场所，也存在于可能影响到施工场所周围社区。其形成原因包括：施工前期的勘察设计不合理和施工过程的各种不合理的活动、物质条件（人、物、环境、管理）[132]。

所谓危险源辨识，是指认识系统中存在的危险源并确定其特征的过程。辨识危险源研究的第一步是有效控制事故发生的基础，包括给出恰当的危险源定义及用合理的辨识标准来确认系统中存在的危险源。根据危险源在事故发生、发展中的作用，把危险源划分为两大类，即第一类危险源和第二类危险源。第一类危险源是指意外释放的能量作用于人体造成伤害；第二类危险源是指导致约束、限制能量的措施（屏蔽）失控、失效或破坏的各种不安全因素[133-134]。

水利水电工程施工过程中的危险源划分与一般危险源划分标准相同，根据水利水电工程施工期的实际情况，将第一类危险源分为施工作业活动、大型设备、设施场所三类危险源。第二类危险源出现得越频繁，发生事故的可能性越大。准确辨识并排查水利水电工程施工过程中的危险源，有利于提高危险施工的安全性并预防重大安全事故的发生。

根据《生产安全事故报告和调查处理条例》，按生产安全事故造成的人员伤亡或者直接经济损失，事故一般分为以下等级。

（1）特别重大事故，是指造成 30 人以上死亡，或者 100 人以上重伤（包括急性工业中毒，下同），或者 1 亿元以上直接经济损失的事故。

（2）重大事故，是指造成 10 人以上 30 人以下死亡，或者 50 人以上 100 人以下重伤，或者 5 000 万元以上 1 亿元以下直接经济损失的事故。

（3）较大事故，是指造成 3 人以上 10 人以下死亡，或者 10 人以上 50 人以下重伤，或者 1 000 万元以上 5 000 万元以下直接经济损失的事故。

（4）一般事故，是指造成 3 人以下死亡，或者 10 人以下重伤，或者 1 000 万元以下直接经济损失的事故。

基于水利水电工程危险源的划分及事故等级的划分，将水利水电工程施工过程中的主要危险施工分为 10 类：施工爆破；大件的起吊与安装；高边坡开挖；混凝土生产系统；大模板的安装、使用、拆除；油库的施工与运行；大型施工设备的安装、运行、拆除；竖井、斜井或洞室开挖施工；排架的搭设、使用、拆除；爆破器材库的运行与管理。

按照上述事故的分类，以及分析水利水电工程土石方作业安全事故发生的过程、性质和机理，涉及水利水电工程土石方作业造成的相关重大安全事故主要包括[135]以下 6 方面。

（1）施工中土石方塌方和土石结构坍塌安全事故。

（2）特种设备或施工机械安全事故。

（3）施工围堰坍塌安全事故。

（4）施工爆破安全事故。

（5）施工场地内道路交通安全事故。

（6）其他原因造成的水利水电工程建设重大安全事故。

随着水利水电工程施工理论与技术的提高，水资源开发范围的扩大，当代水利水电工程建设多集中于大江大河流域，其基础地质条件非常复杂。由于大型河流的来水流量大，落差大，与其相匹配的水工建筑物规模逐渐增大，截流作为水利水电工程建设中的一个关键环节，其截流戗堤土石填筑施工难度也随之增大。尤其是大型江河截流过程中的土石方填筑作业包含了多种施工危险源，是一种风险极高的作业，属于水利水电工程中的高危作业。因此有必要对此项高危作业进行安全风险分析与评价，强化隐患治理，预防和控制事故发生。

7.1.2　土石围堰施工作业风险因素识别

人的不安全行为与物的不安全状态，是造成绝大部分事故的两个方面潜在的不安全因素，通常也称为事故隐患。对水利水电工程施工高危作业进行风险评价，首先应对引发事故的人为因素进行识别。本小节将利用 HFACS 框架并根据水利水电工程实际对其进行修订，以便能更好地分析识别水利水电工程风险因素中的人为因素[136]。

HFACS 框架最早用于航天器失事，具有一定的局限性[137-139]。若要全面分析引发水利水电工程施工事故的人为因素，必须对原始的框架进行修订和细化以满足法律法规与施工安全生产标准化评审体系，进而适应水利水电工程施工实际的安全管理、施工作业技术措施等状况。框架的修订遵循以下四个原则。

（1）删除在事故案例分析中出现频率极少的因素，包括对工程施工影响较小和难以在事故案例中找到的潜在因素。

（2）对相似的因素进行合并，避免重复统计，从而无形之中提高类似因素在整个工程施工当中的重要性。

（3）针对水利水电工程施工的特点，对因素的定义、因素的解释和其涵盖的具体内容进行适当的调整。

（4）HFACS 框架是从国外引进的，将部分因素的名称加以修改，以更贴切我国工程施工安全管理业务的习惯用语。

确定适用于水利水电工程施工的修订的 HFACS 框架，如图 7-1 所示。

HFACS框架L4的因素

企业组织影响

资源管理　　安全文化与氛围　　组织流程

HFACS框架L3的因素

安全监管

监督不充分　　作业计划不恰当　　隐患未整改　　监督违规

HFACS框架L2的因素

不安全行为的前提条件

作业环境　　技术措施　　班组管理　　人员素质

HFACS框架L1的因素

施工人员的不安全行为

知觉与决策差错　　技能差错　　操作违规

图 7-1　修订的 HFACS 框架

本书针对土石围堰高危作业进行分析与评价，因此基于此项作业的特殊项，进行了针对性的修改。

1. 企业组织影响（L4）

企业（包括水电开发企业、施工承包单位、监理单位）组织层的差错属于最高级别的差错，它的影响通常是间接的、隐性的，因而常会被安全管理人员所忽视。在工程实际中，土石围堰高危作业是严格按照施工组织设计的规定有计划地进行。本小节根据对土石围堰高危作业特点的分析，将组织影响分为资源管理和组织流程两个方面。

（1）资源管理：主要指组织资源分配及维护决策存在的问题，土石围堰高危作业需要多部门协同作业，对施工机械调配、原材料及时配给、施工现场安全管理等方面要求较高。如果资源管理组织体系不完善，将对施工作业造成极大影响。

（2）组织流程：主要涉及施工作业过程中的行政决定和流程安排，如施工组织设计不完善、施工安全管理程序存在缺陷、项目部制定的安全施工规章制度及标准不完善等。

2. 安全监管（L3）

安全监管包括：监督指导不充分，监督违规，隐患未整改，截流施工组织计划不适当。

（1）监督指导不充分：指施工技术人员没有提供专业的指导、培训，监理人员没有进行有效的监督等。

（2）监督违规：指施工管理人员或技术人员有意违反现有的规章程序或安全操作规程，如允许没有资格、未取得相关特种作业证的人员作业等。

（3）隐患未整改：指施工管理人员知道施工人员、培训、施工设施、施工环境等相关安全领域的不足或隐患之后，仍然允许其持续下去的情况。

（4）截流施工组织计划不适当：主要指在土石围堰高危作业过程中作业计划安排的不合理，如作业时间冲突、作业工序冲突、机械调配冲突、现场施工管理混乱等，可能造成截流施工作业的严重受阻。

以上四项因素在事故案例报告中均有体现，虽然相互之间有关联，但各有差异，彼此独立，因此，均加以保留。

3. 不安全行为的前提条件（L2）

这一层级指出了直接导致不安全行为发生的主客观条件，根据高土石围堰施工特点分为：作业环境差、机械设备隐患排查不充分、班组管理、工作人员因素。

（1）作业环境差：指操作环境差（如气象、高度、地形等不利条件），也指施工人员周围的环境差（如作业部位具有高温、振动、照明不良、有害气体等隐患）。

（2）机械设备隐患排查不充分：主要指施工人员未能及时发现、排除机械设备在施工过程中存在的安全隐患，以至于施工风险大大提高。土石砼堤截流过程中所需的机械设备种类繁多，数量庞大。施工系统安全性不仅取决于机械设备自身性能良好，还包括设备调配合理，施工作业类型与机械配套等因素。因此机械设备隐患排查不充分是事故发生的一项重要影响因素。

（3）班组管理：属于人员因素，常为许多不安全行为的产生创造前提条件。在施工作业过程中，安全管理人员、技术人员、施工人员等相互间信息沟通不畅、缺乏团队合作等问题属于班组管理不良。班组人员配备不当，没有提供足够的休息时间，任务或工作负荷过量；整个班组的施工节奏及作业安排由于赶工期等原因安排不当，也会使得作业风险加大。

（4）工作人员素质：指工作人员不良生理状态与心理状态等生理心理素质。例如，生病、身体疲劳或服用药物等引起生理状态差。精神疲劳、操作明显不当、安全警惕性差等属于不良心理状态，为安全埋下隐患。

4. 施工人员的不安全行为（L1）

人的不安全行为是系统存在问题的直接表现。将这种不安全行为分成三类：知觉与决策差错、技能差错及操作违规。

确定适用于针对土石围堰高危作业修订的 HFACS 框架，如图7-2所示。

水利水电工程施工作业安全性取决于人、物、环境、管理等多方面因素，但是物、环境及管理的不稳定因素多数由人的不安全状态造成。针对土石围堰高危作业中作业计划及机械设备安全的重要性，在原框架的基础上重新选择因素，构建适用于土石方填筑作业的 HFACS 框架。应用 HFACS 框架的目的之一是尽快找到并确定在工程施工中、所有已经发生的事故当中，哪一类因素占相对重要的部分，可以集中人力和物力资源对该因素所反映的问题进行整改。

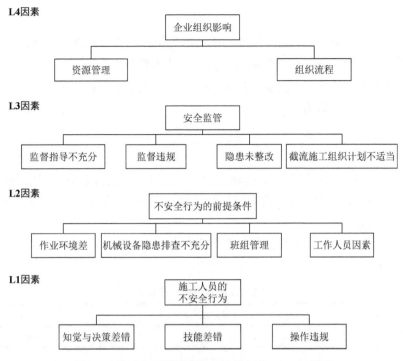

图 7-2　针对土石围堰高危作业修订的 HFACS 框架

基于 HFACS 框架仅仅简单地将发生事故中的行为因素进行分类，没有指出上层因素是如何影响下层因素的，以及采取什么样的措施才能在将来尽量地避免事故发生。因此，有必要在此基础上，对 HFACS 框架当中相邻层次之间因素的联系进行分析。统计学分析的目的是提供邻近层次的不同种类之间因素的概率数据，以用来确定框架当中高层次对底层次因素的影响程度。一旦确定了自上而下的主要途径，就可以量化因素之间的相互作用，也有利于制定针对性的安全防范措施与整改措施[140-141]。

7.1.3　土石围堰施工作业风险因素关联及偏相关分析

1. 一致性和关联性分析

一致性和关联性分析是基于统计学理论对风险因素间的数学关系进行分析的常用方法。本小节将重点阐述高危作业施工风险因素的一致性分析及基于 χ^2 检验的关联性分析。

风险因素的一致性检验，即有假设检验问题：

$$H_0: 两种分类不一致 \leftrightarrow H_1: 两种分类一致 \tag{7-1}$$

假设评价即是分类，可能的类别为 r 个，则可以用 $r \times r$ 列联表来给出分类的频数。设 P_{ij} 为对同一件事件（事故）第一组判为第 i 类，第二组判为第 j 类的概率。如果两组判定结果相同，即不同的判定人员得到的两组结果一致，则 $P_{ij}=0 \ (i \neq j)$，同时概率

$$P_0 = \sum^r P_{ii}，r 为类别的项数 \tag{7-2}$$

与一致性结果相对应的是独立性，如果各类别的评定相互独立，则判断结果都相同的概率需要满足

$$P_{\mathrm{e}} = \sum P_{i.} P_{.i} \qquad (7\text{-}3)$$

式中：$P_{i.}$ 为第一组人员判为第 i 类的边缘概率；$P_{.i}$ 为第二组人员判为第 i 类的边缘概率；P_{e} 为一致性期望概率。因而，$P_0 - P_{\mathrm{e}}$ 是实际与独立判断结果概率之差[142-143]。

Kappa 一致性检验是由 Cohen 提出用 Kappa 统计量表示同一样本[144-145]，经过几组或者多次判断后的一致性的度量值为

$$K = \frac{P_0 - P_{\mathrm{e}}}{1 - P_{\mathrm{e}}} \qquad (7\text{-}4)$$

当 $P_0 = 1$ 时，$K = 1$，这表示 $r \times r$ 列联表中非对角线上的数据都是 0，达到理想的一致性。当 $P_0 = P_{\mathrm{e}}$ 时，$K = 0$，则认为一致性较差。对于 K 值，K 越接近于 1，表示一致性越高；若 K 接近于 0，则一致性较低。

经验指出，K 的取值与判定之间的一致性有表 7-1 的关系。

表 7-1 K 的取值与一致性关系

$K<0.4$	$0.4 \leqslant K < 0.8$	$K \geqslant 0.8$
一致性较低	中等一致性	一致性理想

实践经验与理论水平的差异，可能会产生较大的误差，因此，对分类结果进行一致性评价也是必需的。利用修订的土石围堰高危作业 HFACS 框架，针对事故案例进行分析，对事故发生的行为因素按类别进行初步统计，得到表 7-2。

表 7-2 事故案例中行为因素的分类结果

序号	1	2	3	4	5	6	7	8	9	10	11	12	13
分类结果	资源管理	组织流程	监督指导不充分	截流施工组织计划不适当	隐患未整改	监督违规	作业环境差	机械设备隐患排查不充分	班组管理	工作人员因素	知觉与决策差错	技能差错	操作违规

对表 7-2 的分类结果和另一位专家的分类结果进行一致性检验。在统计学中，如果一致性不好，有两方面的原因：独立的评判者的评判水准不一致；样本容量太小，导致随机评判误差的产生。此处进行一致性检验的目的首先是判定分类是否恰当，其次在于评价事故案例报告所给出的样本容量是否合适，以便进行下一步的统计学分析。

在对事故原因的行为因素进行分类时，判断某一事故是否具有某一因素有两个选择："是"和"否"，因此对每项因素求 K 值时应该选择 2×2 列联表。根据专家及作者意见在列联表对应框中记录该因素频数及占事故数量的比例。其中列和及行和的比率即为边缘概率。K 值作为一致性的指标存在几个弱点。

（1）低频率的观察可能歪曲 K 值，使实际一致性较强的值降低。

（2）某一因素绝大部分的判定落在某一分类上，即使这一因素的一致性百分比即 P_0 很高，但是 P_{e} 也会变得高，使得 K 值反而减小。

Gwet 指出，K 值很难表达类别的敏感性和特异性，而且当 K 值变得不可靠时，一致性百分比 P_0 变得很高或者很低。因此，观察者之间的一致性同样需要对一致性的百分比进行比较。

由前述分析可得，一致性判断分析需要建立在对 K 值和一致性百分比 P_0 综合比较的基础上。结合 HFACS 框架来看，"企业组织影响"层次的因素一致性分析很好，说明其争议较小，比较容易判定。在其他层次的因素分类中，由于分类人员的经验水平的差别，事故案例描述本身的含糊性，分类判定出现了一定的分歧，但是因为样本容量比较合理，所以有略微的个别的影响。整体上看，保持了比较理想的一致性，因此，可以基于分类进行下一步的分析。

2. 风险因素的 χ^2 检验

χ^2 检验是对次数分布的检验，适用于定类、定序变量，在社会学、管理学等研究因素或者变量之间联系的学科中得到广泛应用。本小节所描述的是事故当中人为因素的分类统计，属于定类变量，故可使用 χ^2 检验进行分析。

χ^2 分布是以理论次数为基准测量实际次数和理论次数之间的偏离程度，是分布的基本公式。χ^2 分布用公式表示为

$$\chi^2 = \sum \left[\frac{(f_0 - f_e)^2}{f_e} \right] \tag{7-5}$$

式中：f_0 为实际观测次数；f_e 为理论次数或者期望次数。χ^2 分布的图形随自由度不同而不同，右侧无限延长但不与底边相交。

本小节中 χ^2 检验的数据应用 2×2 列联表的形式。列联表两变量的 χ^2 检验的步骤如下。

第一步，提出原假设和备择假设。一般情况下，原假设 H_0 为两变量是独立的；备择假设 H_1 为两变量不独立。原假设是进行统计推论的出发点，其含义是样本统计值和代表的总体参数之间没有真实误差，只有偶然误差，受概率规律支配。计算出偶然误差的概率，再根据概率大小决定接受或者推翻原假设。

第二步，依据式（7-5）计算统计量。2×2 列联表见表 7-3。

表 7-3　计算统计量的 2×2 列联表

		高层因素		行和
		有	无	
低层因素	有	$n_{11}(f_{11})$	$n_{12}(f_{12})$	n_{r1}
	无	$n_{21}(f_{21})$	$n_{22}(f_{22})$	n_{r2}
列和		n_{c1}	n_{c2}	n

对于式（7-5），f_0 即是表格当中的各单元格的 n（实际观测数据），后面紧跟的括号中的 f 为公式当中的 f_e（理论数据），在应用公式之前，必须计算得出 f 的值。计算理论数据用到如下公式：

$$\frac{f_{ij}}{n_{cj}} = \frac{n_{ri}}{n} \Rightarrow f_{ij} = \frac{n_{ri} \times n_{cj}}{n} \tag{7-6}$$

即求出公式当中的 f_e，而 f_0 已知，故可以得出统计量的值。

第三步，根据自由度和显著性水平，查表得到临界值，比较统计量的大小。其中自由度的计算公式为 $d_f = (R-1) \times (C-1)$。本小节采用 2×2 列联表，故自由度 $d_f = (2-1) \times (2-1) = 1$。

本小节并不采用比较概率的方法，而是由 d_f 查出值与计算出的统计量进行比较。若统计量比较大，则表明偏差大，对应的小概率事件发生。

从形式上看，χ^2 检验的研究假设是假定两种情形的差异，属于双边检验，但是，进行比较的过程当中，为非负数，只取一端的值，实质上是单边检验。若 $\chi^2 > \chi_\alpha^2$（χ_α^2 为临界六方值），则推翻原假设，即两变量之间不是独立的；若 $\chi^2 < \chi_\alpha^2$，则接受原假设，两变量之间独立。

为研究其相关性，利用修订的 HFACS 框架进行因素的初步分类分析，取样为我国某大型水利水电工程中的事故案例，并对事故发生的行为因素按类别进行初步统计，本小节总共分析 41 起与土石方作业相关的生产安全事故。原假设 H_0 为两变量是独立的；备择假设 H_1 为两变量不独立。由高层向低层进行相邻层次因素之间的关联分析，取临界水平 α 为 0.05，查表可得自由度为 1 时，$\chi_{0.05}^2 = 3.84$。

利用上述步骤对 L4 和 L3 层次间的因素进行关联性分析，结果见表 7-4。

表 7-4　L4 和 L3 层次间的因素关联性分析表

L4 层因素	L3 层因素	相关性
资源管理	监督指导不充分	独立
	监督违规	独立
	隐患未整改	独立
	截流施工组织计划不恰当	独立
组织流程	监督指导不充分	独立
	监督违规	独立
	隐患未整改	不独立
	截流施工组织计划不适当	独立

对 L3 和 L2 层次间的因素进行关联性分析，结果见表 7-5。

表 7-5　L3 和 L2 层次间的因素关联性分析表

L3 层因素	L2 层因素	相关性	L3 层因素	L2 层因素	相关性
监督指导不充分	工作人员因素	不独立	隐患未整改	工作人员因素	独立
	班组管理	独立		班组管理	独立
	作业环境差	独立		作业环境差	独立
	机械设备隐患排查不充分	独立		机械设备隐患排查不充分	独立
监督违规	工作人员因素	独立	截流施工组织计划不适当	工作人员因素	独立
	班组管理	独立		班组管理	独立
	作业环境差	不独立		作业环境差	独立
	机械设备隐患排查不充分	不独立		机械设备隐患排查不充分	独立

对 L2 和 L1 层次间的因素进行关联性分析，结果见表 7-6。

表 7-6　L2 和 L1 层次间的因素关联性分析表

L2 层因素	L1 层因素	相关性
作业环境差	知觉与决策差错	独立
	技能差错	独立
	操作违规	独立
机械设备隐患排查不充分	知觉与决策差错	独立
	技能差错	独立
	操作违规	独立
班组管理	知觉与决策差错	独立
	技能差错	独立
	操作违规	不独立
工作人员因素	知觉与决策差错	不独立
	技能差错	独立
	操作违规	不独立

　　图 7-3 显示了结合比例分析和关联分析的 HFACS 框架。其中虚线方框表示该因素的出现频率比较少，即次要因素（此处认为频率百分比在 40%以下为次要因素）。从图 7-3 中看出，土石围堰高危作业中，由于大型工程中在管理层重视组织管理和物资调配，即企业组织影响因素在建设管理单位与施工单位层面做得都比较完善，在事故发生因素中不占主导地位，对下层因素的影响基本上是有限的。监督指导不充分→工作人员因素→知觉与决策差错、操作违规是一条比较明显的主线，可以看出，安全培训对于提高人员素质起到至关重要的作用，能够提高施工人员的安全意识，有利于遇事判断正确，并养成良好的作业习惯，严格遵守操作规程。此外，组织流程和隐患未整改均属于次要因素，但两者却存在关联，这表明完善的规章制度、合理的组织流程对于隐患整改有一定的作用。监督违规虽然不是事故发生的主要因素，却往往会导致机械设备隐患排查不充分这类事故的发生。因此，土石围堰高危作业事故发生的诱因对事故的发生是通过导致一些主因的产生而加以作用的。

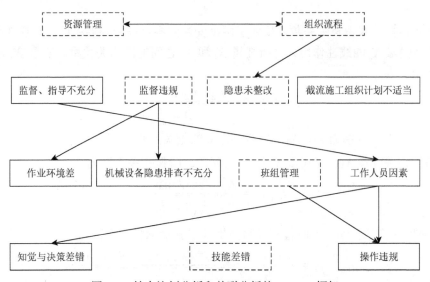

图 7-3　结合比例分析和关联分析的 HFACS 框架

经过关联分析，从高层到底层的相邻层逐层找出因素之间的关联关系，使得 HFACS 框架不再单纯只是一种基于分层和分类基础的因素排列方法。针对事故发生因素的防范措施制定，将更加全面和有效[20]。

3. Kendall 法偏相关性研究

以上是常用的相关分析，但是在研究实际问题时，单纯地计算二元变量之间的相关系数，往往无法真实地反映事物之间的相关关系。当在控制其他相关因素影响的条件下计算相关系数时，就用到了偏相关分析。

在统计学中，Kendall 相关系数是对两个有序变量或两个秩变量间的关系程度的测度，而且考虑了结点（秩次相同）的影响。相关系数取值范围为-1～1。统计学一般这样考虑相关系数：相关系数绝对值区间在[0, 0.4]为弱相关，[0.4, 0.7]为显著相关，[0.7, 1]为高度相关[145]。

Kendall 相关系数计算公式为

$$\tau = \frac{\sum\limits_{i=1,j=1,i<j}^{n} \text{sgn}(x_i - x_j)\text{sgn}(y_i - y_j)}{\sqrt{\left[\dfrac{n(n-2)}{2} - \sum\limits_{i=1}^{n}\dfrac{t_i(t_i-1)}{2}\right]\left[\dfrac{n(n-2)}{2} - \sum\limits_{i=1}^{n}\dfrac{u_i(u_i-1)}{2}\right]}}$$

$$\text{sgn}(\varphi) = \begin{cases} 1 & (\varphi > 0) \\ 0 & (\varphi = 0) \\ -1 & (\varphi < 0) \end{cases} \tag{7-7}$$

式中：τ 为变量 x 与 y 的 Kendall's tau-b 相关系数；x_j 为变量 x 的第 j 个观测值；y_i 为变量 y 的第 i 个观测值；t_i 为变量 x 的第 i 组结点数量；μ_i 为变量 y 的第 i 组结点数量；φ 为函数自变量。

在计算简单相关系数时，只需要掌握两个变量的观测数据，并不考虑其他变量对这两个变量可能产生的影响；而在计算偏相关系数时，需要掌握多个变量的观测数据，一方面考虑多个变量之间可能产生的影响，另一方面采用一定的方法控制其他变量，专门考察两个特定变量的净相关系数。

利用样本数据计算偏相关系数，反映了两个变量间净相关的强弱程度。存在 3 个变量 X_1、X_2、X_3，控制变量 X_3 的线性作用，分析变量 X_1 和 X_2 之间的净相关关系。X_1 和 X_2 之间的一阶偏相关系数定义为

$$r_{12(3)} = \frac{r_{12} - r_{12}r_{23}}{\sqrt{1 - r_{13}^2}\sqrt{1 - r_{23}^2}} \tag{7-8}$$

式中：r_{12}、r_{13}、r_{23} 分别为 X_1、X_2、X_3 两两之间的相关系数。

如果增加相关变量 X_4，则变量 X_1 与 X_2 之间的二阶偏相关系数为

$$r_{12(34)} = \frac{r_{13} - r_{14(3)}r_{24(3)}}{\sqrt{1 - r_{24}^2}\sqrt{1 - r_{4(3)}^2}} \tag{7-9}$$

以此类推，得出用（$p-1$）阶偏相关系数推导出 p 阶偏相关系数为

$$r_{p+i,p+j(1,2,\cdots,p)} = \frac{r_{p+i,p+j(1,2,\cdots,p-1)} - r_{p+i,p(1,2,\cdots,p)}r_{p,p+j(1,2,\cdots,p-1)}}{\sqrt{1 - r_{p+i,p(1,2,\cdots,p-1)}^2}\sqrt{1 - r_{p,p+i(1,2,\cdots,p-1)}^2}} \tag{7-10}$$

将 Kendall 法偏相关性研究应用到土石围堰高危作业中，首先对国内水利水电工程的 23 起此类生产安全事故案例进行分析，对事故发生的人为因素进行初步统计，并建立数据挖掘库。通过对水利水电工程安全事故案例中的人为因素进行偏相关性分析，识别出修订的 HFACS 框架中不同层次因素之间的线性相关关系，得到如下结论。

（1）组织流程与截流施工组织计划不适当、监督违规存在显著的相关关系。因此，将组织流程规范化，不仅能制定出合理的作业计划，而且明确各部门的正确职责，从而在一定程度上能避免监督违规行为的出现。

（2）监督违规与人员素质，监督指导不充分与技术措施之间都存在显著的相关关系，所以在制定安全防范措施或项目建设过程中，必须有效地发挥监督机制的作用，从而提高人员素质，减少技术措施的失误。

（3）知觉与决策差错和作业环境、人员素质之间存在显著相关关系。知觉与决策差错往往是由主观与客观两方面因素共同作用引发的，所以在进行隐患整改时应当双管齐下。

（4）班组管理与操作违规之间，人员素质与技能差错之间也存在显著的相关关系。班组是生产一线的最基层的单位，因此加强班组建设，是安全生产工作的重要环节。

引发事故的人为因素分类广、层次深，在控制同一层次其他因素影响的前提下，采取偏相关性分析对两个特定变量之间的相关程度进行分析是比较合理的，比两个元素之间直接进行简单的相关性分析的结果更加科学、可靠；同时，也从另一个侧面丰富和完善了 HFACS 框架的内容。

以上简介了关于人为因素之间的相关性及关联性的一些分析方法，还可以用多种数理方法进行分析，采用的数理分析方法主要取决于样本数量及分析对象的精度要求。

7.1.4 土石围堰施工作业风险因素结构方程分析法

1. 结构方程的概述及基本原理

结构方程模型（structural equation model，SEM），是在统计理论如探索性因子分析、验证性因子分析、路径分析、多元回归及方差分析等统计方法的基础上发展而成的，是对它们的综合运用和改进提高。SEM 主要分析的是变量之间的关系，它在潜变量关系方面弥补了传统统计分析方法的不足。根据相关的统计学知识，变量之间的关系根据性质可以分为相关关系和因果关系，依据变量的表现形式又可以将其分为线性关系和非线性关系[146]。

很多社会学、心理学研究中涉及的变量，都不能直接地测量，这种变量称为潜变量。潜变量并不是主观判断和臆造，可以用一些便于直接观测的具体变量从不同的角度去反映，从而间接测量出不易测量的潜变量，上述的这些具体变量就叫作观测变量。例如，以产品包装、服务水平等作为顾客满意度（潜变量）的观测变量。传统的统计分析方法不能较好地处理这些潜变量，而 SEM 能同时处理潜变量及其指标[147]。

结构方程的分析分为探索型和验证型两类，本小节运用的是验证型结构方程。结构方程的联立方程组包括以下两类方程。

测量方程

$$y = \Lambda_y \eta + \varepsilon \tag{7-11}$$

$$x = \Lambda_x \xi + \delta \tag{7-12}$$

结构方程

$$\eta = B\eta + \Gamma\xi + \zeta \tag{7-13}$$

式中：y、x 为观测变量；η、ξ 为潜变量；ε、δ、ζ 为误差变量；Λ_y、Λ_x、B、Γ 为系数矩阵。

SEM 假设的基本条件包括：测量方程误差项 ε 和 δ 的均值为零；结构方程残余项 ζ 的均值为零；误差项 ε 和 δ 与因子 η 和 ξ 不相关，ε 与 δ 不相关；误差项 ζ 与因子 ε、δ、ξ 不相关。

对 SEM 进行假设后，还要进行模型识别。这里所说的模型识别，简单地说，假如所有未知参数能用已知量（指标的方差、协方差）唯一地表示出来，即所有未知参数具有唯一解，模型是可识别的。有别于传统的统计方法，SEM 的估计过程不是追求尽量缩小样本每一项记录的拟合值与观测值之间的差异，而是力图缩小样本协方差矩阵与模型再生矩阵之间的差异。因此，求参数使得再生矩阵与样本协方差矩阵的"差距"最小就是参数估计的依据，这个"差距"即为拟合函数，是模型参数的函数。设再生矩阵为 $\sum(\boldsymbol{\theta})$，样本协方差矩阵为 S，则可以将拟合函数记为 $F = \left[S, \sum(\boldsymbol{\theta})\right]$，最佳参数估计值就是使拟合函数 $F = \left[S, \sum(\boldsymbol{\theta})\right]$ 取值最小的值。若所设定模型正确，$\sum(\boldsymbol{\theta})$ 将非常近似于 S。

对于极大似然（maximum likelihood，ML）法，可获得的如下函数

$$F_{\text{ML}} = \lg\left|\sum(\boldsymbol{\theta})\right| + \text{tr}\left[S\sum{}^{-1}(\boldsymbol{\theta})\right] - \lg|S| - p \tag{7-14}$$

$$S = \begin{bmatrix} \text{var}(x_1) & & & \\ \text{cov}(x_1,x_2) & \text{var}(x_2) & & \\ \vdots & \vdots & & \\ \text{cov}(x_1,x_P) & \text{cov}(x_2,x_P) & \cdots & \text{var}(x_P) \end{bmatrix} \tag{7-15}$$

$$\sum(\boldsymbol{\theta}) = \begin{bmatrix} \sum_{\text{yy}}\theta & \sum_{\text{yx}}\theta \\ \sum_{\text{xy}}\theta & \sum_{\text{xx}}\theta \end{bmatrix} \tag{7-16}$$

式中：$\sum(\boldsymbol{\theta})$ 为结构模型的再生矩阵；S 为观测数据的协方差矩阵；p 为观测变量的个数。拟合函数中 $\text{tr}(A)$ 为矩阵 A 的迹；$\lg|A|$ 为矩阵 A 的行列式的对数。通常假设 S 和 $\sum(\boldsymbol{\theta})$ 都是正定矩阵，因而它们的行列式大于零，并且 $\sum(\boldsymbol{\theta})$ 有逆矩阵。如果实际的数据不满足这一假设，将使求解过程无法进行。

拟合函数 F_{ML} 是由极大似然法函数的对数修改而成的，因而需要假设指标向量服从多维正态分布。使得 F_{ML} 到最小值的估计 $\hat{\boldsymbol{\theta}}$ 称为极大似然法估计，简记为 ML 估计，它的有关性质如下。

（1）ML 估计是渐进无偏估计，也就是当样本容量增大时 $\sum(\hat{\boldsymbol{\theta}})$ 收敛于 $\boldsymbol{\theta}$。就是说，对于大样本，就平均而言 $\hat{\boldsymbol{\theta}}$ 与 $\boldsymbol{\theta}$ 没有什么差异。

（2）ML 估计是一致估计。也就是说，对大样本，$\hat{\boldsymbol{\theta}}$ 与 $\boldsymbol{\theta}$ 有较大偏差的可能性很小。

（3）ML 估计是渐进有效估计。可以理解为不存在另外一个一致估计，它的渐进方差比 ML 估计的还小。

（4）ML 估计是渐进正态分布。可以理解为在大样本时，ML 估计的分布近似于正态分布。该性质在显著检验中十分重要，它说明估计的参数与它的标准误差的比在大样本时近似服从 t 分布，甚至是标准正态分布。

（5）大多数情况下，ML 估计有尺度不变性。可以理解为，ML 估计不受测量单位影响。如果有尺度不变性，意味着基于协方差矩阵得到的估计与基于相关系数矩阵得到的估计是一样的。

（6）ML 估计可以对假设模型进行整个模型检验。通过估计可以得到卡方统计量，并记为 χ^2，它不仅是一个重要的拟合指数，而且是大多数拟合指数的基础。

ML 估计的以上优点，使 ML 估计成为结构方程中最常用的方法。AMOS（结构方程模型的分析软件）中默认的估计就是 ML。虽然 ML 估计需要假设指标是正态分布的，但许多研究指出，ML 估计在一般场合是稳健估计，即当正态分布条件不满足时，基于 ML 估计的结论仍是可靠的[148]。

与传统的统计分析模型相比，SEM 具有以下几个显著的特点[149]。

（1）潜变量可以通过一个或多个观测变量进行表示，可以从可测度的多个方面来考察。它可以是事先根据研究目的确定下来的研究对象的特征，研究人员需要根据相关理论提出可以从哪些方面进行测度或反映这些特征。该过程对研究人员对研究事物的理解程度要求较高。

（2）通过可观测的观测变量能够计算出不可观测的潜变量之间的相互关系。回归分析主要研究的是观测变量之间的关系，对于潜变量而言，通常是通过设计多个观测变量去间接测量潜变量，然后利用 SEM 的具体计算方法得出潜变量的所谓观测值，然后再将计算出来的潜变量作为观测变量去进行回归分析。

（3）SEM 对自变量和因变量引入测量误差。对如行为、态度、感知等潜变量往往含有误差，也不可仅仅用单一指标来测量。在 SEM 中则允许这些自变量和因变量均含测量误差来进行测度，并可以通过观测变量与潜变量之间的测量方程排除这些误差[150]。

（4）SEM 可以同时对潜变量与观测变量的关系及潜变量之间的关系进行分析。潜变量与其对应的观测变量之间的关系可以称为因子关系，主要表现了各个观测变量对它们反映的潜变量的影响程度；潜变量之间的关系也可称为因子关系，主要考察经过观测变量计算出来的潜变量之间的相互关系，这种关系包括相关关系和因果关系[151]。

（5）SEM 可以用图形和数学模型两种方式进行描述。其中表示 SEM 的图形称作路径图。路径系数图指的是标有变量之间相互影响程度大小的路径图。SEM 还可以用方程组来表示。

利用 SEM 建模分析数据是一个不断修改的动态过程。在建模的过程中，每次要通过建模计算得到的结果去分析这个模型的合理性，然后要依据经验及前一模型的拟合结果不断调整模型的结构，最终得到一个与事实相符、最合理的模型。

2. SEM 在土石围堰高危作业中的应用

根据修订的 HFACS 框架，并以此为基础设计调查问卷。经过大量阅读文献和资料、对比分析、调研等方法，再根据土石围堰高危作业风险因素的特点，最终确定本次调查问卷，分为四个大类共 13 个变量。四个大类分别为企业组织影响、不安全监管、不安全行为的前提条件、不安全行为。其中企业组织影响包括资源管理、安全文化与氛围、组织流程；不安全监管包括监督指导不充分、监督违规、隐患未整改、截流施工组织计划不恰当；不安全行为的前提条件包括作业环境差、机械设备隐患排查不充分、班组管理、工作人员因素；不安全行为包括知觉与决策差错、技能差错、操作违规。

根据模型结构，设计对应的调查问卷。在回收的问卷中，选取其中的 196 份作为样本进行参数分析，利用 SPSS 进行问卷的信度与效度检验[152-153]，见表 7-7。

表 7-7　信度和效度检验结果

潜变量	可测变量个数	KMO	Bartlett 检验			α 系数
			χ^2	d_f	显著性	
企业组织影响	3	0.687	112.672	3	显著	0.810
安全管理	4	0.725	132.221	6	显著	0.785
现场作业相关因素	3	0.671	87.268	3	显著	0.773
施工人员相关因素	3	0.670	125.533	3	显著	0.825
总变量	13	0.871	766.715	78	显著	0.918

由以上结果可知，各个分量表的 α 系数均较好，且总变量的 α 系数达到了 0.9 以上，十分接近 1，表明此量表数据的可靠性较高。同时各分量表的 KMO 和 Bartlett 检验均较好。表中总变量值的 KMO 大于 0.79，比较接近 1，Sig<0.05，说明此问卷的结构效度很好。总之，调查问卷的信度和效度较为理想。

问卷样本通过检验后，利用 AMOS 23.0 进行建模分析。首先按照上层对下层的简单的因果关系建立第一个模型，如图 7-4 所示。

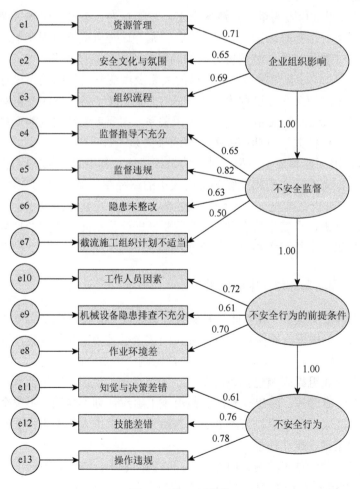

图 7-4　第一个模型

运行分析第一个模型，得到其常用拟合指数的计算结果，见表 7-8。

表 7-8　第一个模型常用拟合指数的计算结果

拟合指数	χ^2	d_{f}	CFI	NFI	IFI	RFI	RMSEA	AIC	BCC	GFI	RMR
结果	190.605	65	0.827	0.763	0.830	0.716	0.136	242.605	250.605	0.786	0.033

按照每一层分别影响下面的所有层次的思路建立第二个模型。经过 AMOS 23.0 分析计算后，去掉不合理的路径，得到第二个模型，如图 7-5 所示。

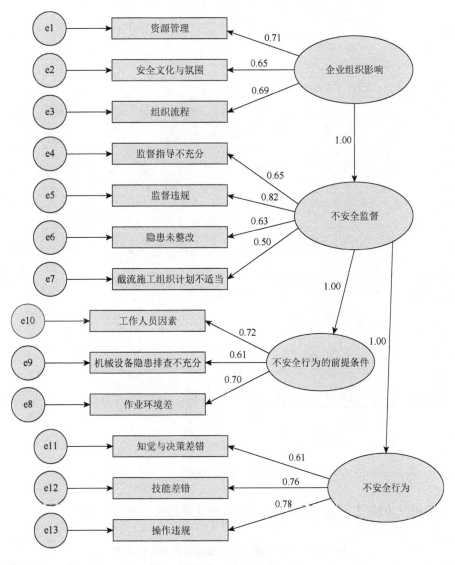

图 7-5　第二个模型

运行分析第二个模型，得到其常用拟合指数的计算结果，见表 7-9。

表 7-9　第二个模型常用拟合指数的计算结果

拟合指数	χ^2	d_f	CFI	NFI	IFI	RFI	RMSEA	AIC	BCC	GFI	RMR
结果	212.613	68	0.787	0.715	0.793	0.653	0.148	208.871	216.868	0.769	0.067

按照每一层的隐变量彼此可以互相影响的关系，形成一种互相关联的网络结构，建立第三个模型，如图 7-6 所示。

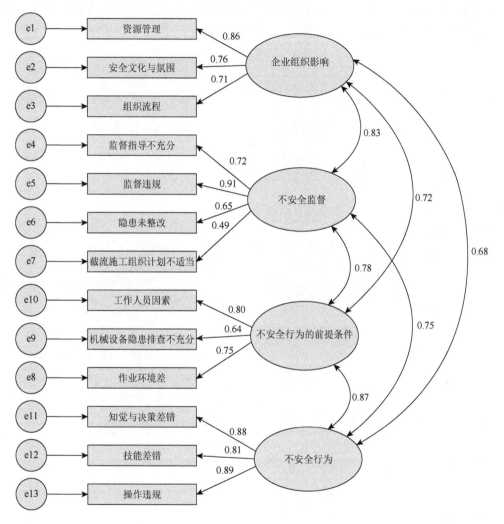

图 7-6　第三个模型

运行分析第三个模型，得到其常用拟合指数的计算结果，见表 7-10。

表 7-10　第三个模型常用拟合指数的计算结果

拟合指数	χ^2	d_f	CFI	NFI	IFI	RFI	RMSEA	AIC	BCC	GFI	RMR
结果	118.222	59	0.919	0.853	0.921	0.806	0.078	182.222	192.068	0.857	0.027

由表 7-10 所示的拟合指数，χ^2 越小越好；CFI、NFI、IFI、RFI 和 GFI 都是属于 0～1，越接近 1 表示模型拟合度越好；RMSEA≤0.05，模型拟合的好，如果 RMSEA<0.08，有适当的模型拟合；AIC 和 BCC 都是越小越好；RMR 是残差均方根，值越小，拟合越好。

AMOS 23.0 的输出结果都显示为 "Minimum was achieved"，因此这三个模型设计都是可以被接受的，但对三个模型拟合结果综合比较得出，第一模型、第三个模型拟合的参数是更令人满意的，第三个模型的拟合结果稍好。各层潜变量之间不仅仅具有简单的因果关系，还有相互影响的可能性的存在，因此第三个模型较好，选择第三个模型进行结果分析。第三个模型中的路径系数见表 7-11。

表 7-11 路径系数表

对应关系			路径系数
资源管理	←	企业组织影响	0.86
安全文化与氛围	←	企业组织影响	0.76
组织流程	←	企业组织影响	0.71
截流施工组织计划不适当	←	不安全监管	0.49
隐患未整改	←	不安全监管	0.65
监督违规	←	不安全监管	0.91
监督指导不充分	←	不安全监管	0.72
工作人员因素	←	不安全行为的前提条件	0.80
机械设备隐患排查不充分	←	不安全行为的前提条件	0.64
作业环境差	←	不安全行为的前提条件	0.75
知觉与决策差错	←	不安全行为	0.68
技能差错	←	不安全行为	0.81
操作违规	←	不安全行为	0.89
企业组织影响	↔	不安全监管	0.83
企业组织影响	↔	不安全行为	0.68
企业组织影响	↔	不安全行为的前提条件	0.72
不安全监管	↔	不安全行为	0.75
不安全监管	↔	不安全行为的前提条件	0.78
不安全行为的前提条件	↔	不安全行为	0.87

在分析结果中，潜变量与观测变量之间的路径系数越大，说明其影响越大。所以，针对潜变量与观测变量之间的联系，资源管理与企业组织影响，监督违规与不安全监管、工作人员因素与不安全行为的前提条件、操作违规与不安全行为的路径系数较大，分别为 0.86、0.91、0.80、0.89。由此可以得出相应措施：完善安全组织体系，加大安全管理人员的配备，注重资金设施管理。适当投入与安全相关的经费；加大对管理者的培训，提高安全意识，避免出现违反现有的规章秩序或安全操作流程，不允许没有资格、未取得相关特种作业证的人员上岗作业；注意现场工作人员的身心健康，当操作要求超出个人精力范围时，应注意自己的身体，同时也要有安全警惕性，杜绝自满；施工人员要意识到自己习惯性违章和偶然性的违规，严厉禁止违反或偏离规章的施工人员通常的行为模式。

从潜变量之间的联系上看，不安全行为的前提条件与不安全行为，企业组织影响与不安全监管之间的路径系数较大，分别为 0.87、0.83。说明不安全行为的前提条件对于不安全行为有较大的影响，所以对不安全行为的前提条件的预防和控制能有效减少不安全行为的发生，具体来说在土石围堰施工中，注重现场工作人员的作息及心理，就可以有效减少施工时违章违规操作的发生。同理，企业层针对安全监管这方面的影响较大，虽然企业层的缺陷不容易察觉，但是一经发现并改正后能非常有效地加强系统的安全，可以针对安全管理采取措施，如经费的投入、制度的完善等。

7.2　土石围堰施工作业风险评价

风险评价是整个风险管理中风险分析和风险监督（措施）的纽带。安全风险评价又称系统安全评价，是用系统科学的方法对一个系统、一个企业或一个生产过程中的安全因素的评价。风险评价的目的在于找出安全控制的薄弱环节，采取措施降低危险性，进一步加强安全管理[154-155]。本节首先介绍安全风险评价的作用及常用的评价方法，其次结合工程实际，采用故障树及贝叶斯理论对土石围堰高危作业进行风险评价，最后考虑施工也是一个随时间变化的动态过程，进一步将动态贝叶斯理论引入土石围堰高危作业中进行作业风险评价。

7.2.1　常用的安全风险评价方法

风险评价作为整个风险管理过程中的重要一环，其目的是针对早期设计阶段未能解决或根除的系统中存在的隐患，通过风险评价使人们清晰地认识到系统的危险程度，进而先行采取措施降低系统风险。对水利水电工程施工作业进行安全风险评价的作用体现在：确定风险影响程度的先后次序；明确各风险事件之间的内在联系；分析各风险事件之间的相互转化条件，将风险转移出去；对已识别的风险进行进一步的精确估计，减小风险分析中的不确定性。

风险评价经过几十年的发展，形成了很多风险评价方法。按照风险评价结果的量化程度，评价方法可分为定性风险评价法、定量风险评价法及定性定量综合评价法；按照对事故发生内在规律研究的深入程度，可分为基于数理统计理论、模糊数学理论、灰色系统理论的评价方法。随着评价目的和对象的不同，评价的内容和指标也不同，每种评价方法都有其适用范围和应用条件。在进行风险评价时，应该根据评价对象和要实现的评价目标，选择适用的评价方法。在水利水电工程施工过程中常用的安全风险评价方法主要有层次分析法（analytic hierarchy process，AHP）、网络层次分析法、贝叶斯网络、动态贝叶斯网络法等。在这里对贝叶斯网络及动态贝叶斯网络法做简要介绍。

1. 贝叶斯网络

贝叶斯网络是贝叶斯理论与图论相结合的产物，即它是基于概率推理的图形化网络，而贝叶斯公式则是贝叶斯网络的基础。贝叶斯网络通过网络结构的方式为系统知识的表达提供了一种直观的图解可视化的方法，并且使用概率论作为处理系统的不确定性基础理论。在处理不确定性理论中，概率论被认为是具有最强数学基础的理论。

贝叶斯网络又叫有向无环图模型，从其别名上可以看出贝叶斯网络是一个有向无环图；其次，贝叶斯网络是概率推理模型，基于贝叶斯概率理论；因此，得出贝叶斯网络是由一个有向无环图及相关的概率分布组成。在贝叶斯网络的有向无环图中的各个节点表示随机变量，节点之间的箭线表示两个节点之间的因果关系，而且箭头是由"因"节点指向"果"节点，由原因指向结果。两个具有因果关系的节点之间会产生一个条件概率值，所有的条件概率值构成完整的条件概率分布。

在构建一个贝叶斯网络模型时，通常是三个步骤：首先是选取变量，即构成有向无环图的各个节点；其次是结构学习，搭建贝叶斯网络的结构；最后是参数学习，获得条件概率分布。构建一个贝叶斯网络模型并不是全部，贝叶斯网络的作用与价值在于观察未知事件的发生概率，对不确定性事件进行推理分析、预测，因此除了其强大的建模功能外，更重要的是其推理机制[156-157]。

贝叶斯网络已在很多实际应用中得到了成功的实践，如数据挖掘、洪水及大坝风险分析、车辆自动导航等[158-159]。

2. 动态贝叶斯网络

动态贝叶斯网络模型是构建出初始贝叶斯网络模型之后再考虑时间因素的影响。动态贝叶斯网络的学习过程就是动态贝叶斯网络的构建过程。从动态贝叶斯网络的定义可以看出，动态贝叶斯网络只是在得到贝叶斯网络的基础上，通过相应的算法和手段获取转移贝叶斯网络，进而将初始贝叶斯网络扩展到连续的有限时间片段上，因此，动态贝叶斯网络的学习其实是静态贝叶斯网络学习的延伸，静态贝叶斯网络的学习方法也适用于动态贝叶斯网络的学习。动态贝叶斯网络的学习包括以下几个重要步骤。

（1）动态贝叶斯网络的结构学习。结构学习一般分为三个步骤，依次是：①节点变量的获取及定义；②设置背景知识；③确定变量的关联关系。在设置完背景知识后，即确定了部分节点变量的关联关系后，就需要确定整个网络的拓扑结构。

（2）动态贝叶斯网络参数学习。确定了初始贝叶斯网络的结构之后，通过算法学习每一个节点的条件概率表。动态贝叶斯网络参数学习大致经历两个阶段：第一阶段，依靠专家经验进行指定；第二阶段，从数据中学习每个节点的概率分布。理论上贝叶斯网络的推理方法也适用于动态贝叶斯网络的推理，但动态贝叶斯网络需要同时处理整个网络的所有时间片段。

（3）动态贝叶斯网络推理。在得到动态贝叶斯网络模型之后，通过联合概率分布公式，正向推理计算顶事件发生的概率，或者逆向推理得到最可能导致顶事件发生的节点组合。动态贝叶斯网络推理主要有三种推理方式：正向推理、逆向推理、辅助决策推理[160]。

动态贝叶斯网络的方法是从静态贝叶斯网络发展来的，因此动态贝叶斯网络与静态贝叶斯网络相比，还具有如下的优点：在分析问题的过程中考虑了时间因素的影响，相当于可以进行知识的积累，因此在进行推理过程中具有了前后连续性，使得这种推理方法更符合实际情况[161]。

在接下来的章节中将会针对土石围堰中的高危作业运用贝叶斯网络及动态贝叶斯网络进行安全风险评价。

7.2.2 故障树理论在土石围堰高危作业中的应用

根据事故致因理论，可将事故发生全过程中的各种因素上升到理性来认识，找出事故产生的规律和特点，采取有针对性的方法和措施防止事故的发生。事故致因理论是帮助人们认识事故整个过程的重要理论依据。随着人类对事故认识及控制理论的深入研究，建立了不同的事故致因理论，如事故频发倾向理论、海因里希工业安全理论、能量意外释放理论、现代因果连锁理论及轨迹交叉理论等。

根据水利水电工程施工伤亡事故的致因特点，借鉴事故致因理论，将构建一个以预防为目的的描述性的事故致因模型，旨在描述水利水电工程施工伤亡事故发生的机理，从而为预防与控制水利水电工程施工伤亡事故提供依据。事故致因模型的构建至少应满足系统性、针对性和简单实用原则。水利水电工程施工伤亡事故致因模型描述了事故发生的机理，认为在水利水电工程施工伤亡事故的发展过程中，系统经历了安全状态、危险状态和事故状态三个阶段。在构建关于水利水电工程高危作业人为因素的故障树模型时，将截流戗堤坍塌事故作为顶上事件，将导致事故发生的施工人员不安全行为作为中间事件，最后将安全管理、现场作业相关因素等间接原因作为故障树模型的基本事件。导致截流戗堤坍塌的人为因素很多，要将每一个人为因素均考虑在内，运用故障树分析将非常复杂，因此结合水利水电工程施工的特点，只对一些容易发生、容易疏忽、影响严重的因素（表 7-12）作为故障树的基本事件进行建模。建立截流戗堤坍塌故障树模型，如图 7-7 所示。其中 T 表示截流戗堤坍塌事故；A_1 表示知觉与决策差错；A_2 表示技能差错；A_3 表示操作违规；A_4 表示机械设备及使用计划不周；A_5 表示人员基本情况差；A_6 表示班组管理差；A_7 表示机械设备隐患。

表 7-12　截流戗堤坍塌故障树各代码含义

代号	事件	代号	事件
T	截流戗堤坍塌事故	X_4	体力（精力）受限
A_1	知觉与决策差错	X_5	无专业的培训和指导
A_2	技能差错	X_6	班组人员配备不当
A_3	操作违规	X_7	班组施工组织截流计划不当
A_4	机械设备及使用计划不周	X_8	人员之间信息沟通不畅
A_5	人员基本情况差	X_9	未认真开展预防危险活动
A_6	班组管理差	X_{10}	风险监控不到位
A_7	机械设备隐患	X_{11}	施工机械排查不充分
X_1	作业环境差	X_{12}	机械自身性能差
X_2	不良的生理状态	X_{13}	施工机械调配不当
X_3	不良的心理状态		

根据截流戗堤坍塌故障树模型，进行最小割集和结构重要度的计算，可以查明系统由基本事件发展到顶上事件的途径，分析在何种情况下顶上事件较容易发生，从而为改善施工安全提供相应的对策。由布尔代数法，简化该故障树并可求得最小割集

$$\begin{aligned} T &= A_1 + A_2 + A_3 + A_4 = X_1 A_5 + (X_5 + A_6) + X_9 X_{10} + (A_7 + X_{13}) \\ &= X_1 X_2 + X_1 X_3 + X_1 X_4 + X_5 + X_6 + X_7 + X_8 + X_9 X_{10} + X_{11} X_{13} + X_{12} X_{13} \end{aligned} \tag{7-17}$$

由此可知，导致水利水电工程施工截流戗堤坍塌的最小割集共有 10 个，分别为

$$\{X_1, X_2\}、\{X_1, X_3\}、\{X_1, X_4\}、\{X_5\}、\{X_6\}、\{X_7\}、\{X_8\}、\{X_9, X_{10}\}、\{X_{11}, X_{13}\}、\{X_{12}, X_{13}\}$$

即顶上事件发生的途径有 11 个，且要求每个最小割集中的所有事件同时发生。

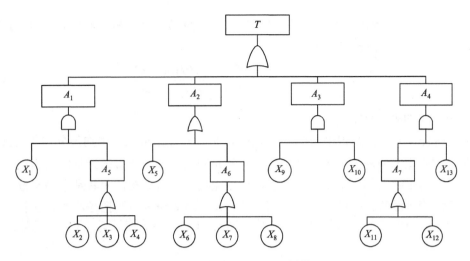

图 7-7 截流戗堤坍塌故障树模型

根据式（7-17），利用最小割集求得结构重要度

$$I(X_5) = I(X_6) = I(X_7) = I(X_8) = 1 > I(X_1) = 0.875 > I(X_{13}) = 0.75 > I(X_2) = I(X_3)$$
$$= I(X_4) = I(X_9) = I(X_{10}) = I(X_{11}) = I(X_{12}) = 0.5$$

根据最小割集和结构可靠度的分析可知，基本事件中：无专业的培训和指导、班组人员配备不当、班组施工组织截流计划不当、人员之间信息沟通不畅、作业环境差、施工机械调配不当对水利水电工程施工中截流戗堤坍塌事故发生的影响大于其他事件。因此，组织者或监督者应该按计划进行安全教育培训，避免员工直接暴露在恶劣环境中进行高危作业，加强班组工作建设，开展创建学习型班组活动，不断提高广大班组和员工的安全生产意识，以降低高危作业事故发生的概率[162]。

7.2.3 土石围堰施工安全风险贝叶斯评价

1. 贝叶斯原理

在一定条件下，由果溯因问题可通过贝叶斯公式来求解。由于观点不同，统计学中形成各种不同的学派，其中最主要的是早在 19 世纪就存在的频率学派（即经典学派）和贝叶斯学派[163-164]。随着计算机技术的迅猛发展，贝叶斯统计已是当今国际统计科学研究的热点。

通常，事件 A 在事件 B（发生）的条件下的概率，与事件 B 在事件 A 的条件下的概率是不一样的；然而，这两者是有确定的关系，贝叶斯法则就是这种关系的陈述。设试验 E 的样本空间为 S，A 为 E 的事件，B_1，B_2，$\cdots$，B_n 为 S 的一个划分，且 $P(A) > 0$，$P(B_i) > 0, i = 1, 2, \cdots, n$，则

$$P(B_i \mid A) = \frac{P(A \mid B_i)P(B_i)}{\sum_{j=1}^{n} P(A \mid B_j)P(B_j)} \tag{7-18}$$

贝叶斯分析方法的特点是使用概率表示所有形式的不确定性，用概率规则来实现学习和推理。贝叶斯学习的结果表示为随机变量的概率分布，它可以理解为对不同可能性的信任程度。贝叶斯学派的起点是贝叶斯的两项工作：贝叶斯定理和贝叶斯假设。贝叶斯定理将事件的先验概率与后验概率联系起来。假定随机向量 $\boldsymbol{x}$、$\boldsymbol{\theta}$ 的联合分布密度是 $p(\boldsymbol{\theta}, \boldsymbol{x})$，它们的边际密度分

别为 $p(\boldsymbol{x})$、$p(\boldsymbol{\theta})$。一般情况下设 $\boldsymbol{x}$ 是观测向量，$\boldsymbol{\theta}$ 是未知参数向量。通过观测向量获得未知参数向量的估计，贝叶斯定理记作

$$p(\boldsymbol{\theta}\,|\,\boldsymbol{x}) = \frac{\pi(\boldsymbol{\theta})p(\boldsymbol{x}\,|\,\boldsymbol{\theta})}{p(\boldsymbol{x})} = \frac{\pi(\boldsymbol{\theta})p(\boldsymbol{x}\,|\,\boldsymbol{\theta})}{\int \pi(\boldsymbol{\theta})p(\boldsymbol{x}\,|\,\boldsymbol{\theta})\mathrm{d}\boldsymbol{\theta}} \tag{7-19}$$

式中：$\pi(\boldsymbol{\theta})$ 为 x 的先验分布。

如果没有任何以往的知识来帮助确定 $\pi(\boldsymbol{\theta})$，贝叶斯提出可以采用均匀分布作为其分布，即参数在它的变化范围内，取到各个值的机会是相同的，称这个假定为贝叶斯假设。贝叶斯假设在直觉上易于被人们所接受，然而它在处理无信息先验分布，尤其是未知参数无界的情况却遇到了困难。经验贝叶斯估计（empirical Bayesian estimator）把经典的方法和贝叶斯方法结合在一起，用经典的方法获得样本的边际密度 $p(\boldsymbol{x})$，然后通过式（7-20）来确定先验分布 $\pi(\boldsymbol{\theta})$

$$p(\boldsymbol{x}) = \int_{-\infty}^{+\infty} \pi(\boldsymbol{\theta})p(\boldsymbol{x}\,|\,\boldsymbol{\theta})\mathrm{d}\boldsymbol{\theta} \tag{7-20}$$

贝叶斯网络的一个关键特征是它提供了一种把联合概率分布分解为局部分布的方法。它的图形结构编码了变量间概率依赖关系，具有清晰的语义特征，这种独立性的语义指明如何组合这些局部分布来计算变量间联合分布的方法。网络的定量部分给出变量间不确定性的数值度量。为叙述方便，用大写字母 $\boldsymbol{X} = \{X_1, X_2, \cdots, X_m\}$ 表示领域变量，用小写字母 $\boldsymbol{x} = \{x_1, x_2, \cdots, x_m\}$ 表示变量的取值，那么贝叶斯网络的联合概率分布可以用式（7-20）表示

$$P(\boldsymbol{x}) = \prod_i p[X_i\,|\,\mathrm{parent}(\mathrm{X}_i)] \tag{7-21}$$

贝叶斯网络不同于一般的基于知识的系统，它以强有力的数学工具处理不确定性知识，以简单直观的方式解释它们。它也不同于一般的概率分析工具，它将图形表示和数值表示有机结合起来。构建一个指定领域的贝叶斯网络包括三个任务：①标识影响该领域的变量及其它们的可能值；②标识变量间的依赖关系，并以图形化的方式表示出来；③学习变量间的分布参数，获得局部概率分布表。这三个任务之间一般是顺序进行的，然而在构造过程中一般需要在下面两个方面做折中：一方面为了达到足够的精度，需要构建一个足够大、丰富的网络模型；另一方面，要考虑构建、维护模型的费用和概率推理的复杂性。一般来讲，复杂的模型结构，它的概率推理的复杂性也较高，而这往往是影响贝叶斯网络效率的一个重要方面。实际上建立一个贝叶斯网络往往是上述三个过程迭代、反复的交互过程。

贝叶斯理论应用于水利水电工程施工就是要在已有的数据分析基础上，结合当下发生的事故，不断完善和更新水利水电工程施工的风险评价系统。

2. 贝叶斯理论在土石围堰高危作业中的应用

以截流戗堤坍塌故障树为例，首先由故障树转换成贝叶斯网络。

由故障树向贝叶斯网络转化的具体步骤如下[162,165]。

（1）对故障树中的每个事件，在贝叶斯网络中建立一个结点，并根据该事件名称对所建节点进行命名，注意：在故障树中重复的基本事件，在贝叶斯中只表达为一个根节点。

（2）故障树分析中各基本事件发生概率，对应贝叶斯网络中根节点的先验概率。

（3）根据故障树中的逻辑关系，用有向弧将各节点连接起来形成贝叶斯网络的拓扑结构。

（4）根据故障树中的事件序列和各事件发生的概率确定父节点的先验概率表和各子节点的条件概率表。

同时利用贝叶斯网络可以很方便地对各节点所代表的基本事件进行重要度分析。事件根节点发生与不发生时，叶节点发生的概率之差与该基本事件发生时顶事件概率之比即为该基本事件的相对重要度。故可将重要度因子定义[166]为

$$I_i = \frac{p_0 - p_i}{p_0} \times 100\% \qquad (7\text{-}22)$$

式中：I_i 为第 i 个节点所代表的事件的重要度因子；p_0 为父节点所代表的事件的发生概率；p_i 为当第 i 个节点所代表的事件不发生时父节点所代表的事件的发生概率。

为了弥补故障树分析法的局限性，将贝叶斯网络引入水利水电工程施工高危作业风险的故障树分析中。故障树分析中的基本事件、中间事件和顶上事件被表示为相应贝叶斯网络中的根节点、中间节点和叶节点；基本事件发生概率对应于相应的根节点初始概率，任意中间节点均对应于一个条件概率表，该概率表是依据故障树中逻辑门的逻辑关系得出的。

本小节针对国内 7 起重大事故建立数据挖掘库，建立故障树并进行事故数据统计。统计的过程是依次判定每起事故案例中是否存在故障树当中的因素，存在记为 1，不存在记为 0，统计结果见表 7-13。根据故障树向贝叶斯网络的转化步骤，将截流戗堤坍塌事故的故障树转化成贝叶斯网络，如图 7-8 所示。

表 7-13　各人为因素发生频数

人为因素	发生频数	人为因素	发生频数
作业环境差	3	人员之间信息沟通不畅	3
不良的生理状态	1	未认真开展预防危险活动	2
不良的心理状态	3	风险监控不到位	3
体力（精力）受限	3	施工机械排查不充分	4
无专业的培训和指导	2	机械自身性能差	4
班组人员配备不当	5	施工机械调配不当	4
班组施工组织截流计划不当	3		

将经过分析后的数据进行整理获得相应的概率值输入所建立的贝叶斯网络中，利用贝叶斯网络分析工具 GeNIe2.0 在案例数据的基础上进行参数学习，获得节点的条件概率表。根据贝叶斯网络参数学习获得的节点条件概率表，结合根节点的先验概率，可以得到截流戗堤坍塌事故发生的概率约为 32%。这里说的正常情况其实是在事故发生的前提下。

为了找出众多因素中对截流戗堤坍塌事故影响最大的因素，进行相对重要度的计算。将上述贝叶斯网络中作业环境差发生的概率设置成 0，即没有发生作业环境差的情况。运行 GeNIe2.0 软件，计算得到截流戗堤坍塌事故发生的概率约为 30%，如图 7-9 所示，得到相对重要度为 0.089 7。同理，可以得到其他人为因素的相对重要度，结果见表 7-14。

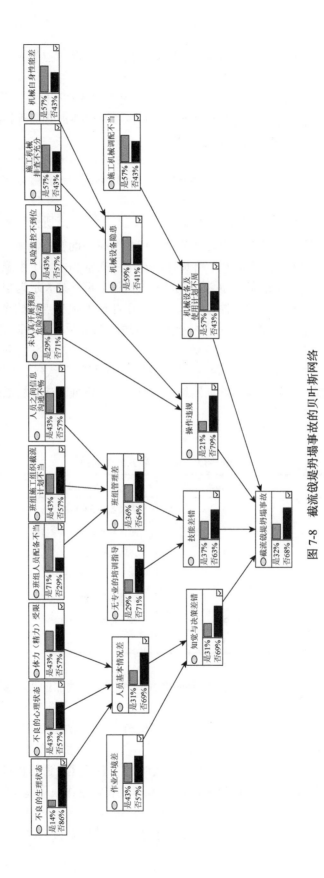

图 7-8 截流筑堤坍塌事故的贝叶斯网络

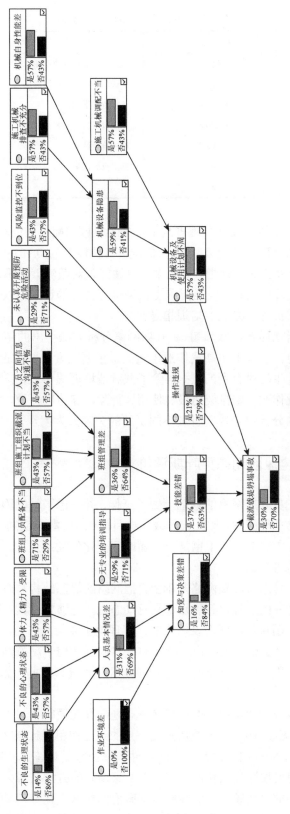

图 7-9 作业环境差频数为 0 时截流戗堤坍塌事故的贝叶斯网络

表 7-14　各人为因素的相对重要度

人为因素	相对重要度	人为因素	相对重要度
作业环境差	0.089 7	人员之间信息沟通不畅	0.010 2
不良的生理状态	0.003 4	未认真开展预防危险活动	0.026 2
不良的心理状态	0.041 6	风险监控不到位	0.039 4
体力（精力）受限	0.030 8	施工机械排查不充分	0.013 9
无专业的培训和指导	0.108 2	机械自身性能差	0.101 4
班组人员配备不当	0.040 4	施工机械调配不当	0.195 1
班组施工节奏及作业安排不当	0.017 9		

由计算结果可知，在截流戗堤坍塌事故中，施工机械调配不当的相对重要度为 0.195 1，无专业的培训指导的相对重要度为 0.108 2，机械自身性能差为 0.101 4，大于其他因素，说明施工机械调配不当、无专业的培训指导、机械自身性能差对截流戗堤坍塌事故的发生有着至关重要的作用。在现场进行施工时，应当对施工机械进行合理的调配，以及避免使用机械性能差的设备，同时对施工人员进行专业的培训指导。

相对于故障树分析法而言，故障树-贝叶斯网络分析方法得出的结论更接近真实情况。它可以确定引发水利水电工程施工中高危作业事故的最主要因素，并对企业管理工作提出意见，为预防和控制事故的发生提供有利的依据。除了截流戗堤坍塌事故，该方法同样适用于水利水电工程施工的其他高危作业，如排架搭设、使用、拆除，高边坡开挖，大件吊装等，故可以推广应用到对其他事故的分析中，找出引发不同事故的关键人为因素。

7.2.4　土石施工安全风险动态贝叶斯评价

动态贝叶斯网络在贝叶斯网络的基础上做了延伸，并考虑了时间因素、近年来被广泛应用于具有动态不确定性的推理问题，如无人作战飞机目标识别、海上交通事故、光伏发电预测[167]等。土石围堰建设过程中的土石施工也是一个随时间变化的动态过程，因此，将该方法用于土石施工安全风险分析是可行的。

动态贝叶斯网络在静态贝叶斯网络基础上，把网络的静态结构与时间序列信息相结合，将贝叶斯网络扩展到对时间的过程进行表示，具有动态性，能够处理具有时序特征的数据。静态贝叶斯网络是有向无环图和条件概率表组成的，其理论主要的几方面内容中，确定网络结构、确定已知结构的参数，以及在给定结构上的概率计算同样适用于动态网络的概率推理，而动态贝叶斯网络在研究和应用贝叶斯网络时考虑时间因素对系统和数据的影响，是静态贝叶斯网络未考虑的。

贝叶斯网络的节点分为两类：一类与其父节点之间存在逻辑"与"和"或"的关系，节点发生的可能性为0%或者100%；另一类是其父节点的综合作用导致该节点的发生，该节点发生的可能性的区间为[0%，100%]，此类节点的条件概率由数据训练或专家经验给出。研究土石施工时，大量的事故相关数据难以获得，故采用专家调研的方法获得条件概率。为使专家对概率和风险发生的可能性的表述统一，借鉴联合国政府间气候变化专门委员会（Intergovern ment Panel on Climate Change，IPCC）提出的概率表述方式，采用 7 分级的风险发生概率表述语句及相应的概率数值，见表 7-15。

表 7-15　IPCC 的概率定性描述

概率范围/%	表述语句	概率范围/%	表述语句
1<	不可能	1～10	很小可能
10～33	较小可能	33～66	中等可能
66～90	较大可能	90～99	很大可能
>99	肯定发生		

动态贝叶斯网络是以静态概率网络为基础，把原来的静态网络结构与时间信息结合，而形成具有时序数据的新的随机模型[168]。随着时间因素的引入，在不同时刻上的状态所形成的数据，反映了所代表变量的发展变化规律。由于动态系统的复杂性，建立适合随机变量集在时间轴上随机发展过程的动态系统，是一个十分困难的任务。因此，目前的大多数研究成果是在一些假设的基础上对动态系统进行了简化处理。这些假设条件包括网络结构不变假设、动态过程是马氏的、转移概率不随时间因素改变。

基于上述假设后，建立在随机过程时间轨迹上的联合概率分布的动态贝叶斯网络可由两个部分组成[169]：一个定义在初始状态联合概率分布 $X[1]$ 上的先验网络 B_0；一个过渡网络 $B_{\rightarrow}$，由变量集 $X[1]$ 和 $X[2]$ 构成，并给出过渡条件概率分布 $P(X[t+1]/X[t])$（对所有的 t 都成立）。在时刻 1，$X[1]$ 的父节点是先验网络 B_0 上的节点；在时刻 $t+1$，$X[t+1]$ 的父节点是在时刻 t 和时刻 $t+1$ 都相关的 $B_{\rightarrow}$ 中的节点。因此，给定一个动态贝叶斯网络模型，则在 $X[0]$，$X[1]$，…，$X[T]$ 上的联合概率分布为

$$P(X[1], X[2], \cdots, X[T]) = P_{B_0}(X[1]) \prod_{t=1}^{T} P_{B_{\rightarrow}}(X[t+1]/X[t]) \tag{7-23}$$

若用 $P(X_t/X_{t-1})$ 来表示已知任一变量前一时刻状态时，当前时刻状态发生的概率。X_t^i 表示第 i 个变量 t 时刻取值，$P_a(X_t^i)$ 表示父节点。N 表示有 N 个变量。则动态贝叶斯网络中任一节点的联合分布概率为

$$P(X_{1:T}^{1:N}) = \prod_{i=1}^{N} P_{B_0}[X_1^i | P_a(X_1^i)] \times \prod_{t=2}^{T} \prod_{t=1}^{N} P_{B_{\rightarrow}}[X_t^i | P_a(X_t^i)] \tag{7-24}$$

根据转移概率不变假设，动态贝叶斯网络在所有时间片上的转移概率都是相同的，但这种概率无法通过训练样本集学习，故各节点的原始转移概率由水利水电工程安全生产专家给出。

本小节以土石围堰施工中较为常见的土石施工为例，应用上述方法建立 DBN 模型，对多起土石施工事故进行分析与评价。通过土石施工事故进行总结归纳，将其主要分为 3 类：火工材料的管理运输不当引发的事故、土方施工作业事故、未科学编制施工方案引发的事故。针对 45 起土石施工事故，从修订的 HFACS 框架的四个层面展开，辨识出引发事故的显性和隐性人为因素，从而找到土石施工事故的根源[170-173]。分析事故，将得到的引发土石施工事故的人为因素代入土石施工事故动态贝叶斯网络中，可初步构建 3 类土石施工事故的动态贝叶斯网络，再结合行业内专家意见，对该动态贝叶斯网络结构进行修改和补充。本小节采用 GeNIe2.0 贝叶斯网络工具软件，得到土石施工风险的动态贝叶斯网络，如图 7-10～图 7-12 所示。

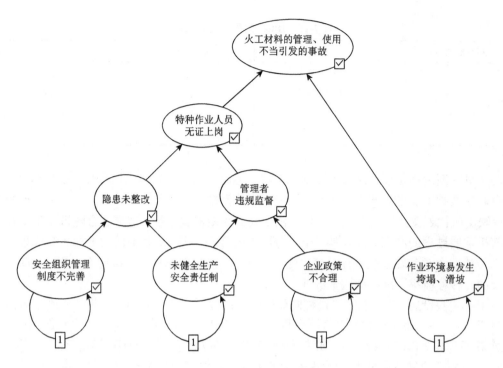

图 7-10 火工材料的管理、运输不当引发的事故动态贝叶斯网络

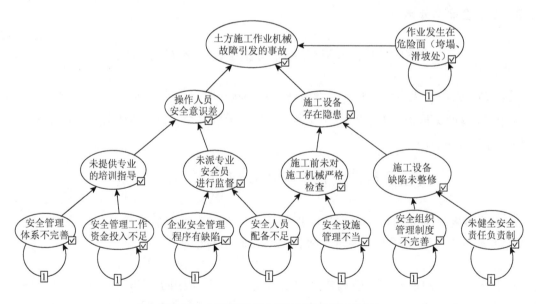

图 7-11 土方施工作业事故动态贝叶斯网络

　　为获得上述 DBN 各节点的先验概率,本小节对水利水电工程行业的安全生产专家进行了调研。调研内容主要为分析各起事故案例,统计动态贝叶斯网络中各因素发生的次数占事故总次数的权重。进行调研之前,先对问卷的设计、研究的对象和需要的信息进行统一说明,保证答卷者能够完全理解问卷的含义。答卷专家共 5 人,将收回的有效问卷获得的数据进行整理,得到相应的先验概率值,代入已构建的 3 个动态贝叶斯网络中,经过 GeNIe2.0 软件的计算,

得到各时间土石施工事故人为因素的概率，根据动态贝叶斯网络的各时间节点的推理结果，得出三类引发事故的不安全行为发生概率随时间变化的趋势，如图 7-13 所示。

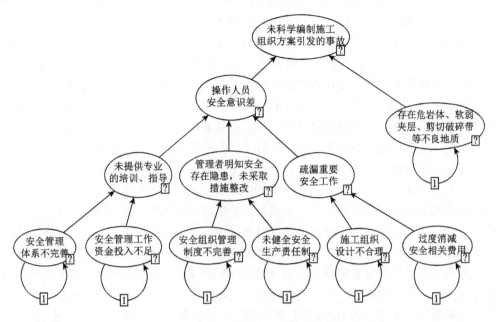

图 7-12　未科学编制施工方案引发的事故动态贝叶斯网络

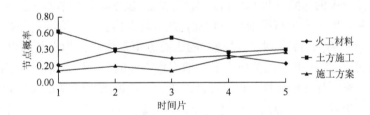

图 7-13　三类不安全行为引发事故的概率趋势图

通过软件计算可知三类不安全行为在各时间片上的概率，计算出它们的均值和标准差，见表 7-16。

表 7-16　三类不安全行为发生概率的均值与标准差

参数	火工材料的管理运输不当引发的事故	土方施工作业机械故障引发的事故	未科学编制施工方案引发的事故
均值	0.29	0.47	0.24
标准差	0.07	0.11	0.10

通过对原始资料的统计，三类不安全行为引发事故的比例与表 7-16 所得出的均值较为吻合。评价结果表明构建的 DBN 水利水电工程施工风险评价模型能够较客观地反映引发事故的人为因素随时间的变化。

在三类主要引发土石施工的不安全行为中，土方施工作业机械故障引发的事故概率最大，其次是火工材料的管理、运输、使用不当和未科学编制施工组织方案。且出现高处坠落事故的标准差也最大，说明转移概率对其影响更显著，随时间变化更明显。

在三类不安全行为中，引起土石施工事故可能性最大的因素都是安全组织管理制度不完善，这反映了我国水利水电工程企业管理时，没有建立健全的生产规章制度、岗位安全操作规程、安全管理制度，因此应及时对操作规程进行评估和修订，达到有效规避事故发生的目的。

DBN 水利水电工程施工风险评价模型能较全面地找出引发安全事故的显性或隐性人为因素，对其进行定量分析，并探究各因素随时间的变化规律。相较于以往的定性分析或静态定量分析，不会因在某一时间点上的某一节点的先验信息失真导致分析结果出现错误，随时间的推移和各节点信息的补充，结果能更加真实、客观。且本模型不仅适用于土石施工，同样可以拓展到水利水电工程施工的其他高危作业中。对于不同的高危作业，可以找出引发安全事故的主要原因，有利于企业做出针对性的整改，从而达到有效控制事故发生的目的。

施工安全风险是在施工环境中和施工期间客观存在的导致经济损失和人员伤亡的可能。在施工现场由于主观和客观因素的影响，必然存在安全方面的风险。虽然风险发生与否具有很大的随机性且无法进行精确预测，但是它是可以通过合理的分析评价方法定性地预测结果，对于能够认知的因素加以识别，提高水利水电工程施工过程中的风险管理水平。

鉴于水利水电工程自身的特殊性及其失事后果的严重性，选取安全因素分析及风险评价方法时应注重其针对性与合理性，符合施工过程的实际情况。针对土石围堰高危作业过程中机械施工安全的重要性，在修订的 HFACS 框架中添加机械设备隐患排查不充分及施工组织计划不恰当两项安全因素。利用一致性、相关性、贝叶斯网络等多种方法，针对水利水电工程高危作业展开多层次、多角度的风险分析与评价，为预测风险发生、控制管理风险提供研究基础。

本章针对水利水电工程土石围堰高危作业，从危险源辨识、风险因素分析、风险评价三个方面进行风险分析。将大型江河截流过程中的土石方填筑作业作为水利水电工程施工高危作业。根据修订的 HFACS 框架全面分析土石围堰高危作业的人为因素并对各层次间的因素进行一致性、关联性、相关及偏相关性分析。在此基础上，根据历史资料及相关调查研究，基于结构方程及认知图理论对土石围堰高危作业进行风险因素分析。最后，采用故障树理论、贝叶斯网络及动态贝叶斯网络对土石围堰高危作业系统进行安全风险评价，为排查风险隐患、预防事故发生提供理论依据。

第8章 土石围堰安全风险控制及应急技术

目前，中国西南部水电正处于全面进入密集实施与运行的大开发阶段。近期开发的金沙江、澜沧江及怒江上的各大型水利水电工程均是水利枢纽的典型代表，与之匹配的围堰安全性要求也越来越高，这些处在复杂地带的围堰在施工期间担负着整个工程的安全。近年来，水利水电工程建设工地发生的因围堰安全而引发的事故很多。例如，2014年5月26日，恩施大龙潭水电站事故造成总计18人死亡与失踪。因此有必要对土石围堰安全风险进行研究和控制。由于应急预案缺失、应急资源不足、现场应急资源难以有效共享，再加之信息不确定性等复杂因素，应急救灾难以有效发挥其作用，因此，必须建立合理的施工围堰安全预防、预警、应急技术及应急决策支持系统，使应急救援发挥最大效能。

土石围堰安全风险控制是在对其进行风险分析评价研究的基础上，做出风险决策。根据风险控制原理，当某一事故发生的可能性越大，后果越严重，则该事故的风险就越大。因此，事故风险控制的根本途径有两种：其一是通过事故预警和风险干预措施来降低事故发生的可能性，从而达到降低事故风险的目的；其二是通过事故发生后采取的相应措施来减少因事故带来的损失，从而达到降低事故风险的目的。本章将从以上两种角度出发，针对土石围堰安全事故进行风险控制及应急管理研究。

8.1 施工安全事故预防

事故预防作为一种风险控制的根本途径，对于减小事故发生概率、降低施工作业风险起着关键性作用。尤其对于截流过程中的高危作业，做好事故安全预防措施不仅能够降低施工成本、保证工程进度，而且对于保障人民生命财产安全更是具有重要意义。

水利水电工程建设重大安全事故主要包括施工中土石方塌方和结构塌方安全事故、特种设备或施工机械安全事故、施工围堰塌方安全事故、施工爆破安全事故、施工场地内道路交通安全事故、其他原因造成的水利水电工程建设重大安全事故等，因此针对大型工程的截流中的戗堤土石方作业安全事故更要采取预防措施。

事故预防的基础理论主要有三个：事故致因理论、系统失效理论和能力异常释放理论[174-175]。事故预防概括为两方面，一是事故的预防工作，即通过事故危机预警、安全管理和安全技术等手段，尽可能地防止事故的发生，以降低事故发生的概率为目标的防范措施；二是假定事故必然发生的前提下，通过预先采取一定的预防措施，以达到减低或减轻事故的影响或后果的严重程度为目标的防范措施。事故预防的重要内容是危机预警和风险干预措施。针对水利水电工程中土石戗堤截流等重大安全事故，及时建立事故预防机制，做好危机预警和风险干预措施，对保障水利水电工程生产、生活的安全有着重要意义。

安全管理措施与安全技术措施是风险干预措施中的两种减小事故发生概率的有效措施。通过规范工作人员在施工过程中的行为并采用相应的工程技术手段，可以有效避免土石戗堤截流过程中发生重大安全事故。

安全管理措施是通过一系列管理手段将企业的安全生产工作整合、完善、优化，将人、机、物、环境等涉及安全生产工作的各个环节有机地结合起来，保证企业生产经营活动在安全健康的前提下正常开展，使安全技术措施发挥最大的作用，实现降低安全生产风险的目的。安全管理措施包括：安全生产责任制，安全规程，技术操作规程，安全决策，安全计划，安全教育、检查，事故处理决定，隐患整改意见，对设备、设施、装置和工具等检查、维修管理，职工健康监护等[175]。安全管理措施概括主要有以下三方面[176-177]：建立安全管理制度；建立并完善安全管理组织机构和人员配置；建立健全生产经营单位安全生产投入的长效保障机制。

安全技术措施是风险干预措施的另一种减小事故发生概率的措施，通过采取相应的工程技术手段，以达到避免事故发生的目的。安全技术措施是安全生产综合水平的体现。可靠、实用、先进的安全技术措施，不仅可以避免安全生产危机的发生，而且可以减少生产过程的职业危害，降低作业人员的劳动强度，提高劳动效率。

安全技术是指在生产过程中为防止各种伤害，以及火灾、爆炸等事故，并为职工提供安全、良好的劳动条件而采取的各种工程技术。安全技术措施是指运用工程技术手段消除物的不安全因素，实现生产工艺和机械设备等生产条件本质安全的措施。按照导致事故的原因可分为：防止事故发生的安全技术措施和减少事故损失的安全技术措施[178]。

此外，安全监控系统作为防止事故发生和减少事故损失的安全技术措施，是发现系统故障和异常的重要手段。安装安全监控系统，可以及早发现事故，获得事故发生、发展的数据，避免事故的发生或减少事故的损失。

在为土石围堰高危作业选择安全技术措施时，可以按照图 8-1 的顺序进行，即优先选择消除危害的安全技术措施；如果不能消除危害，应尽量采取降低风险的安全技术措施；在不得已的情况下，才选择个体防护措施。土石围堰高危作业安全措施方案如图 8-2 所示。

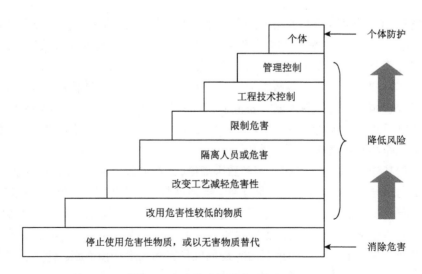

图 8-1　安全技术措施的选择顺序

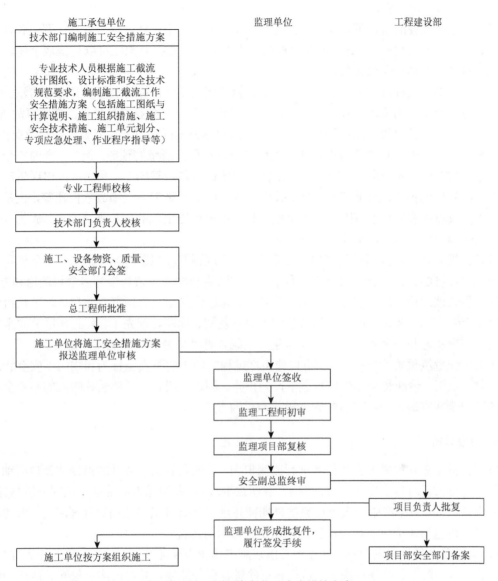

施工承包单位　　　　　　　　　监理单位　　　　　　　　工程建设部

技术部门编制施工安全措施方案

专业技术人员根据施工截流
设计图纸、设计标准和安全技术
规范要求，编制施工截流工作
安全措施方案（包括施工图纸与
计算说明、施工组织措施、施工
安全技术措施、施工单元划分、
专项应急处理、作业程序指导等）

专业工程师校核

技术部门负责人校核

施工、设备物资、质量、
安全部门会签

总工程师批准

施工单位将施工安全措施方案
报送监理单位审核

监理单位签收

监理工程师初审

监理项目部复核

安全副总监终审

项目负责人批复

监理单位形成批复件，
履行签发手续

施工单位按方案组织施工

项目部安全部门备案

图 8-2　土石围堰高危作业安全措施方案

8.2 施工安全事故危机预警

除安全事故预防之外，建立危机预警系统同样有利于降低土石围堰重大安全事故发生概率。通过危机预警监测生产过程中的危险，当某种危险接近预警指标，发生安全生产危机时，发出预警警报提醒工作人员执行相应的干预措施，避免安全事故的发生；或者通过危机预警指标的监测，判断可能即将发生的事故，采取干预措施，避免事故发生或者减小事故的影响范围，同时做好应急救援准备，为科学、及时地应急救援提供依据。

8.2.1 危机预警模型及管理内容

危机预警是指根据系统外部环境和内部条件的变化，对系统未来的不利事件或风险进行预测和报警。危机预警的对象可以是一个国家、一个行业、一个企业，也可以是一套装置、一个设备（设施）、一个部件。土石围堰安全控制过程中的危机预警对象既可以是围堰个体，也可以是施工机械等具体设备的预警。

危机预警的分类标准有多种，如按行业、预警范围、预警目标分类等多种分类方法。危机预警按行业分类可分为采矿业灾难预警、建筑业灾难预警、航空业灾难预警、交通事故预警、水利水电工程事故预警等。按照预警的目标、范围和预警过程可以分为宏观预警和微观预警。宏观预警是对大范围分布的某类事物或现象可能出现的危机情境的预警。例如，全国安全生产危机预警，是在全国安全生产形势分析、指标宏观统计监测的基础上，预测可能出现生产事故持续多发时发出的预警，属于宏观预警。其中水利水电工程施工安全事故危机预警，也是属于宏观预警。微观预警是对小范围分布的个别事物或现象可能出现的危机情境的预警[179]。例如，在可能的多雨时期，对某围堰溢流事故预警。

危机预警系统是实现危机预警功能的系统，即实现预测和报警等功能的系统。危机预警系统需要运用经济学、管理学、安全系统科学、减灾防灾科学和复杂科学等多学科理论和方法，将危机预警管理理论应用于安全生产风险管理中，通过建立相应的预警方法和风险干预组织体系，对安全生产风险及其可能发生的事故因素进行监测、诊断、预先干预，正确区分安全生产系统的不安全状态和安全状态，使得安全生产系统具有"报警"和"免疫"能力。

土石围堰危机预警管理的实现，可以使生产过程中的人的不安全行为和物的不安全状态处于被监测、识别、诊断和干预的监控之下，为预防、制止、纠正、回避系统的人的不安全行为和物的不安全状态提供一种可靠的管理模式和行为方式。

1. 预警分析

预警分析是对各种突发事故征兆进行监测识别、诊断与评价，并及时报警的管理活动。工程中的预警分析是对各类安全事故，包括人身伤亡事故、设备损坏事故等进行识别分析与评价，由此做出警示，并对生产中的灾害现象的早期征兆进行及时矫正与控制的管理活动。水利水电工程预警分析包括 4 个活动阶段：监测、识别、诊断与评价[180]。

（1）监测是预警活动的前提，并以土石围堰施工作业主要环节为对象。监测的任务有两个：一是过程监视，对土石围堰从施工、运行到拆除进行全程监视，并对监测对象同其他活动环节的关系状态进行监视；二是对大量的监测信息进行处理，建立信息档案，进行历史和技术的比较。监测的手段是应用科学监测指标体系并实现程序化、标准化和数据化。

（2）识别灾害状态。通过对监测信息的分析，可确立已发生的灾害现象和将要发生的灾害状态活动趋势。其中堤头坍塌事故对围堰影响重大，应及时识别出重大危险源，防患于未然。识别的主要任务是应用适宜的识别指标，判断哪个环节已经发生或即将发生灾害现象。

（3）诊断是对已经识别的各种事故灾害现象，进行成因过程分析和发展趋势的预测，以明确哪些灾害现象是主要的，哪些灾害现象是从属的、附生的。灾害状态诊断的主要任务是在诸多致害因素中找出主要矛盾，并对其成因背景、发展过程及可能的发展趋势进行准确定量的描述。

（4）事故状况评价活动的结论是水利水电企业采用"预防对策"系统开展活动的前提。对已被确认的主要事故现象进行损失性评价，以明确水利水电工程在这些灾害现象冲击下会遭受什么样的打击。灾害状况评价的主要任务有两个：一是进行企业本身损失的评价，包括直接损失和间接损失；二是进行社会损失评价，包括环境损失和社会活动后果的评价。

2. 预警管理

预警管理是根据预警分析的结果，对事故灾害征兆的不良趋势进行矫正、预防与控制的管理活动。土石围堰安全危机预警管理系统的活动目标是实现对各类灾害现象的早期预防与控制，并能在严重的灾害形势下实施危机管理方式。预警对策活动包括组织准备、日常监控和危机管理三个活动阶段[181]。

（1）组织准备。

（2）日常监控。

（3）危机管理。

对于土石围堰施工作业而言，从事故灾害征兆出现到局势恢复正常都有安全危机预警管理需要参与的工作。这对于确保安全施工，降低事故灾害影响有着至关重要的作用和意义，尤其是为了确保土石围堰运行安全更需要加强危机预警管理工作，避免重大安全事故的发生。

8.2.2 重大危险源安全预警系统

预警是对事故的先兆事件的预测和警报，而水利水电工程安全事故的先兆事件就是重大危险源，因此，事故预警系统就是对重大危险源的预警。土石围堰从施工、运行到拆除过程中包括土方开挖、大型施工机械、人的不稳定状态等多种危险源，如何对这些重大危险源进行管理控制，避免重大事故发生，具有重要的现实意义。下面将根据系统安全工程的方法理论，建立土石围堰重大危险源安全事故预警系统。

预警系统的最大特点在于预先分析，将可能导致事故发生的危险因素发现出来并发出警报，通知相关人员对危险因素进行排除；或者自行分析解决办法，指导人员进行危险因素排除或自行排除。因此，它与传统的单反馈、事后分析处理的安全管理系统不同，在检测和监控系统的基础上还增加了预测系统和决策系统。描述危险源从相对安全的状态向事故临界状态转化的条件及其相互之间关系的表达式，由数据处理单元给出预测结果，并结合重大事故应急救援预案，启动应急救援[182-183]。

与传统的安全管理系统比较，预警系统的检测对象发生了变化。传统的安全管理系统只是监测与生产工艺有密切关系的参数，而预警系统侧重与生产工艺不一定有直接联系、却能反映潜在危害的状态信息。当然，有些工艺参数本身就表征某种潜在危险，对于过程控制和安全监控来说都是必不可少的。土石围堰重大危险源安全事故预警原理如图 8-3 所示。

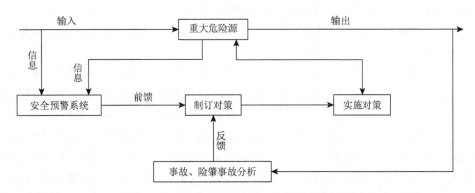

图 8-3　土石围堰重大危险源安全事故预警原理

由图 8-3 可看出，预警系统不仅将事故后的信息反馈给决策系统，也把事故前的重大危险源信息采集过来，交给决策系统。这些事故前的信息就包括重大危险源的信息和临界之前（成为重大危险源之前）的事物状态变化信息。

重大危险源安全预警系统的结构如图 8-4 所示，它由以下几个模块构成。

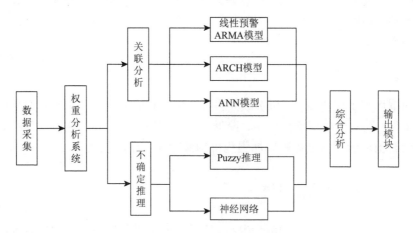

图 8-4 重大危险源安全预警系统

ARMA（auto-regressive moving average）模型为自回归平均模型；ARCH（auto-regressive conditional heteroskedastic）模型为自回归条件异方差模型；ANN（artificial neural network）模型为人工神经网络模型

（1）数据采集（输入）模块。首先对危险源进行安全分析，确定需要采集的危险源参数，如对象的温度、压力、液位、浓度、湿度、安全防护装置状况等，采取相应的传感器材、检测手段。该模块可以处理各种不同类别的输入参数（包括量化参数和非量化参数）。将参数信号转换成标准电流信号，通过数据采集装置将标准电流信号转换成计算机能够识别的数字信号，用于预警系统的后续处理。数据采集装置可以是数据采集卡、单片计算机或可编程逻辑控制器（programmable logic controller，PLC）。

（2）权重分析系统（weight analysis system，WAS）模块。它是根据集轴统计和模糊区间分析法，将那些与所需要有关的诸因素综合考虑，并对产生的结果加以修正、调节。

（3）关联分析模块。关联分析模块用来处理量化参数，根据量化参数的具体情况可以采用线性预警（ARMA）模型、自回归条件异方差（ARCH）模型和人工神经网络（ANN）模型。

（4）不确定推理模块。不确定推理模块用来处理非量化参数（如日常安全检查结果、安全防护设备状况等），它包括模糊（Puzzy）推理和神经网络。

（5）综合分析模块。综合分析模块对关联分析模块和不确定推理模块的分析结果进行综合分析，向输出模块给出最后的预警结果。

（6）输出模块。输出模块结构如图 8-5 所示。被实时监控的重大危险源的各种参数如果超出正常值的界限，就向事故生成方向转化。在这种状态下，安全预警系统将根据警情启动相应级别的应急预案，报警系统给出声、光或语言报警信息，应急决策系统显示排除故障系统的操作步骤，指导操作人员正确、迅速恢复正常工况，同时应急控制系统启动（例如，启动降温设备降温，自动启动灭火喷淋装置，关闭进料阀制止液位上升等），将事故抑制在萌芽状态。

重大危险源安全预警监控网络的结构利用水利水电企业现有调度网络建立部门、分公司和总公司 3 级重大危险源安全预警监控网络。重大危险源安全预警监控网络的结构如图 8-6 所示。

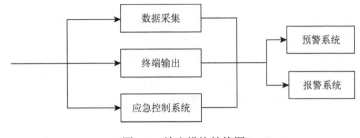

图 8-5 输出模块结构图

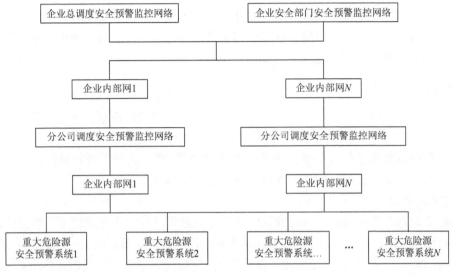

图 8-6 重大危险源安全预警监控网络的结构

建立土石围堰重大危险源安全预警系统的作用包括：超前预警，避免事故发生；实现危险源的分级监控；实现安全智力资源和公司安全救护资源的共享；便于安全监督管理部门可以实时掌握重大危险源的状况，为制定相关政策和领导决策提供依据；为保障土石围堰安全提供技术保障，同时有利于判定事故影响范围，为及时进行应急救援提供参考。

8.3 应急救援系统中物资调度模型研究

事故应急救援与事故预防是相辅相成的，事故预防以"不发生事故"为目标，应急救援则以"发生事故后，如何降低损失"为己任，两者共同构成了风险控制的完整过程。事故应急救援是风险控制的一个重要的关键环节。通过实施科学、系统的事故应急救援可以最大限度地减少人员伤亡和财产损失。因此，针对水利水电工程这样工程规模大且安全级别要求高的工程，建立完善的事故应急救援体系尤其重要。其中应急物资调度是有效应对各类水利水电工程事故的保障，是应急救援系统重要的组成部分。开展应急物资调度模型研究，对于加强应急救援能力，完善应急救援系统具有重要的意义。

8.3.1 应急物资调度算法

对于某些大型水利水电工程突发事件或事故，其破坏性强，受灾面积广，经济损失大，具有突发性、不确定性、衍生性、耦合性和持续时间长等特点[184]，当应急管理系统存在应急机制不完善、应急网络不健全、应急手段比较落后等问题时，一旦发生突发事件或事故，决策者往往不能迅速、科学、高效地进行应急救援决策，进而可能导致十分严重的后果。应急物资调度是应急决策支持系统中最重要的一环，对应急救援具有重大的意义和作用。当发生水利水电工程安全事故或突发事件时，科学的应急调度能快速、高效、经济地保障物资分配，对于控制事故后果至关重要。

Kembull 等[185]在 1984 年首先提出对于救援物资的运输和供应需要进行针对性的管理，此后，国内外学者对应急物资调度的问题进行了深入的探讨和研究，获得很多优秀的成果。目前，国内外学者对应急物资调度方面的研究主要集中在应急物资调度决策的基本框架、理论模型和算法设计求解等方面。具体的模型设计主要涉及考虑多目标组合优化，考虑需求点数量、应急资源种类、静态调度和动态调度 4 个方面。

1. 最优化理论与算法

最优化理论是在研究最优化问题过程中提出的一系列理论、模型、算法。最优化模型包括线性规划模型、整数规划模型、目标规划模型、非线性规则模型及随机规划模型等，这些模型为解决最优化问题提供了解决的理论途径和理论方法[186-188]。同时在研究最优化问题中也提出并发展了许多用于解决最优化问题或求解最优化模型的算法。

1）确定性规划

确定性规划包含线性规划、目标规划、非线性规划等。其中线性规划用于解决线性约束条件下线性目标函数的极值问题，其单纯形法是求解线性规划最好的算法之一，作为现代管理科学的重要手段，线性规划理论已广泛应用于多个领域。目标规划是以线性规划为基础发展起来的一个分支，其模型结构和线性规划一致。目标规划在实际运用中既能解决单目标规划问题，又能解决多目标并存的规划问题。非线性规划表现为约束条件或目标函数中包含有非线性函数。

线性规划数学模型的一般形式可用矩阵向量的形式表述，其基本模型为

$$\max(\min) \quad \boldsymbol{Z} = \boldsymbol{CX} \tag{8-1}$$

$$\text{s.t.} \begin{cases} \boldsymbol{AX} \leqslant (=,\geqslant)\boldsymbol{b} \\ \boldsymbol{X} \geqslant 0 \end{cases} \tag{8-2}$$

式中：Z 为要达到的目标属性；A 为 $m \times n$ 阶的技术系数矩阵；b 为 $m \times 1$ 阶的资源系数矩阵（列向量）；C 为 $1 \times n$ 阶的价值系数矩阵（行向量）；X 为 $n \times 1$ 阶决策变量矩阵（列向量）。

在目标规划问题中，目标函数的构造取决于各目标约束的正偏差变量、负偏差变量和相应的优先等级。目标规划的一般形式为

$$\min \ z = \sum_{l=1}^{L} P_l \left(\sum_{k=1}^{K} w_{lk}^- d_k^- + w_{lk}^+ d_k^+ \right) \tag{8-3}$$

$$\text{s.t.} \begin{cases} \sum_{j=1}^{n} c_{kj} x_j + d_k^- - d_k^+ = g_k & (k=1,2,\cdots,K) \\ \sum_{j=1}^{n} a_{ij} x_j \leqslant (=,\geqslant)b_i & (i=1,2,\cdots,m) \\ d_k^-, d_k^+ \geqslant 0 & (k=1,2,\cdots,K) \end{cases} \tag{8-4}$$

构建目标规划模型时需计算其目标值、优先等级和权重系数等，应尽量采用定量或定性定量相结合的方法进行量化，避免参数的主观性。

非线性规划的一般形式为

$$\min \ f(\boldsymbol{X}), \boldsymbol{X} \in \boldsymbol{E}^n \tag{8-5}$$

$$\text{s.t.} \begin{cases} h_i(\boldsymbol{X}) = 0 & (i = 1, 2, \cdots, m) \\ g_j(\boldsymbol{X}) \geqslant 0 & (j = 1, 2, \cdots, l) \end{cases} \tag{8-6}$$

式中：$\boldsymbol{X} = (x_1, x_2, \cdots, x_n)^{\mathrm{T}}$ 为 n 维欧氏空间 $\boldsymbol{E}^n$ 中的向量点。

2）随机规划

随机规划是对线性规划的推广，用于研究和解决具有不确定性的决策问题，其数学规划模型含有随机变量。目前，随机规划通常分为两类：一类是期望值型随机规划，另一类是机会约束型随机规划。

期望值型随机规划的一般形式为

$$\max \ E[f(X, \xi)] \tag{8-7}$$

$$\text{s.t.} \begin{cases} E[g_j(X, \xi)] \leqslant 0 \\ E[h_k(X, \xi)] = 0 \end{cases} \tag{8-8}$$

对于期望值规划，如果对于任意的可行解 X，有 $E[f(X^*, \xi)] \geqslant E[f(X, \xi)]$ 成立，则可行解 X^* 是期望值规划最优解。

机会约束型随机规划的一般形式为

$$\max \ f(X, \xi) \tag{8-9}$$

$$\text{s.t.} \begin{cases} P\{f(X, \xi) \geqslant \bar{f}\} \geqslant \beta \\ P\{g_j(X, \xi) \geqslant 0\} \geqslant \alpha & (j = 1, 2, \cdots, p) \end{cases} \tag{8-10}$$

式中：α 和 β 分别为置信水平。

对于机会约束型随机规划，认为对每一个给定的决策 X，解 X 是可行的当且仅当满足条件 $P\{g_j(X, \xi) \leqslant 0\} \geqslant \alpha$。

3）动态规划

动态规划是针对多阶段决策问题的求解方法，其本质上仍是非线性规划。动态规划算法的思想是将多阶段过程变为一系列单阶段问题，基于各阶段之间的关系逐一求解。

动态规划的基本方程[189]包括状态转移方程、指数函数、最优化函数和最优策略等，具体介绍如下。

状态转移是指根据上一阶段的状态和决策推导本阶段的状态，其状态转移方程表述如下：

$$x_{k+1} = T_k(x_k, u_k) \ (k = 1, 2, \cdots, n) \tag{8-11}$$

式中：x_k、u_k 分别为 k 阶段的状态和决策；x_{k+1} 为 $k+1$ 阶段的状态。

指标函数是一个数量函数，用于衡量过程的优劣，记为 $V_{kn}(x_k, u_k, x_{k+1}, \cdots, x_{n+1})$，其中 $k = 1, 2, \cdots, n$。根据指标函数的可分离性，则

$$V_{kn}(x_k, u_k, x_{k+1}, \cdots, x_{n+1}) = \varphi_k[x_k, u_k, V_{(k+1)n}(x_{k+1}, u_{k+1}, x_{k+2}, \cdots, x_{n+1})] \tag{8-12}$$

第 j 阶段的阶段指标根据状态 x_j 和决策 u_j 确定，即表示为 $v_j(x_j, u_j)$，而指标函数由 $v_j(j = 1, 2, \cdots, n)$ 组成。

指标函数的最优值，称为最优值函数。依据状态转移方程，可用状态 x_k 和策略 p_{kn} 来表示

指标函数 V_{kn}，即 $V_{kn}(x_k,p_{kn})$。当 x_k 给定时，指标函数 V_{kn} 对 p_{kn} 的最优值称为最优值函数，记为 $f_k(x_k)$，则最优值函数为

$$f_k(x_k) = \operatorname*{opt}_{p_{kn} \leqslant P_{kn}(x_k)} V_{kn}(x_k,p_{kn}) \tag{8-13}$$

式中：opt 可根据实际情况取 max 或 min。

设 V_{kn} 达到最优值时的策略为从 k 开始的后部子过程的最优策略，表示为 $p_{kn}^* = \{u_k^*,\cdots,u_n^*\}$。其中 p_{1n}^* 为整个过程的最优策略。

递归方程是动态规划的最优性原理的基础，方程为

$$\begin{cases} f_{n+1}(x_{n+1}) = 0或1 \\ f_k(x_k) = \operatorname*{opt}_{u_k \in U_k(x_k)} \{v_k(x_k,u_k) \otimes f_{k+1}(x_{k+1})\} \ (k = n,\cdots,1) \end{cases} \tag{8-14}$$

当 $\otimes$ 分别为加法和乘法时，$f_{n+1}(x_{n+1})$ 对应取值为 0 和 1。

基于上述基本方程，可根据式（8-13）和式（8-14）由 $k = n+1$ 逆推至 $k = 1$ 求解规划模型，计算过程称作逆序解法。

2. 模拟退火算法

模拟退火算法（simulated annealing algorithm）是一种概率算法，最早的理论思想是由 Metropolis 于 1953 年提出，随后发展并引入规划问题与优化决策领域。类似于物理系统的固体退火过程，模拟退火算法通过 Metropolis 算法合理控制温度降低过程，从而完成优化问题的求解[190-191]。

优化问题求解与物理退火过程的相似性见表 8-1。将模拟退火算法的物理退火状态分为三个阶段，即加温阶段、平衡阶段和冷却阶段，三个阶段分别对应算法的设定初温、采样阶段和控制参数下降，其中采样阶段应接受 Metropolis 准则[192]。

表 8-1　物理退火过程与优化问题求解的比较

物理退火过程	优化问题求解
物质状态	解
能量最低的物质状态	最优解
退火过程	求解过程
温度	控制参数
能量	函数目标
等温过程	Metropolis 抽样过程

模拟退火算法基本思想：首先选定初始解，其次基于温度控制参数 T 递减时生成的一系列 Markov 链，使用一个新解产生方式和接受准则，重复进行"生成新解—计算目标函数值的差值—判断新解目标函数是否更优—接受或舍弃新解"过程，不断进行迭代操作，随着控制参数 T 不断降低，逐步寻找优化问题的相对全局最优解[193]。

模拟退火算法过程示意图（图 8-7）和基本步骤如下。

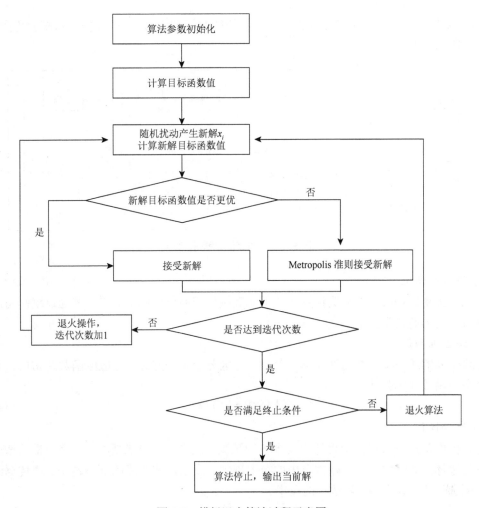

图 8-7　模拟退火算法过程示意图

（1）任选一初始解 x_0 并计算目标函数值 $f(x_0)$，设定初始控制温度 T_0，每个温度 T 的迭代次数为 L。

（2）对 $K=1,2,\cdots,L$ 做步骤（3）至步骤（5）的迭代。

（3）产生随机扰动，用状态产生函数生成新解 x_1，并计算其目标函数值 $f(x_i)$。

（4）判断是否接受新解。计算新旧解的目标函数值的差值，如果 $f(x_1)-(x_0)<0$，则接受新解 x_1；否则，应根据 Metropolis 准则确定是否接受 x_1，接受取 x_1，不接受取 x_0。

（5）判断是否达到终止条件。是，输出当前解为最优解；否，则转至步骤（6）。

（6）降低控制温度 T，然后转至步骤（3）。

3. 遗传算法

遗传算法是一种模拟自然选择和遗传学生物进化过程的随机搜索方法，能在无初始化信息条件下求解全局最优解[194-195]。遗传算法通过将解集看作一个种群，不断进行选择、交叉、变异等遗传过程，可以使解的质量越来越好，达到最优解。该算法具有全局寻优能力、鲁棒性强、计算简便、不需要很多先验知识、应用广泛等特点，对于多项式复杂程度的非确定性问题，遗传算法是一种较为高效的全局优化求解方法[196-197]。

遗传算法本质上是一种搜索算法，在问题的解空间搜索最优解。遗传算法过程示意图，如图 8-8 所示[198]。

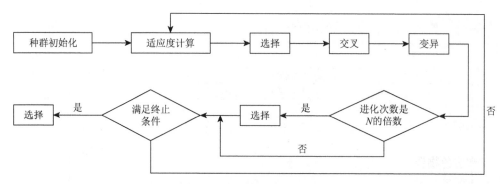

图 8-8　遗传算法过程示意图

1）种群初始化

随机产生初始种群，由于遗传算法并不能直接处理问题空间的参数，需通过编码将所有可能解变换表述为遗传学上的染色体或个体。

2）适应度函数

计算个体的适应度函数值对个体进行评价，区分个体的好坏。适应度函数通常由目标函数变换获得，函数计算公式为

$$F[f(x)] = 1/f(x) \tag{8-15}$$

3）选择操作

选择操作是指在旧群体中挑选优良个体和淘汰劣质个体，形成新种群。个体根据适应度的大小进行选择，适应度越高，则被选中的概率越大，反之，被选择的概率越小。遗传算法一般使用比例选择法，即个体 i 被选中的概率为

$$p_i = \frac{F_i}{\sum_{j=1}^{N} F_j} \tag{8-16}$$

式中：F_i 为个体 i 的适应度；N 为种群个体总数。

4）交叉操作

交叉操作是指在种群中随机选择个体进行两两配对，类似生物交配的进化过程，将两个个体的染色体进行交换组合，从而产生新的优秀个体。设第 k 个染色体 a_k 与第 i 个染色体 a_i 在 j 位置进行交叉，交叉公式如式（8-17）所示：

$$\begin{cases} a_{kj} = a_{kj}(1-b) + a_{ij}b \\ a_{ij} = a_{ij}(1-b) + a_{kj}b \end{cases} \tag{8-17}$$

式中：b 为[0, 1]区间的随机数。

5）变异操作

变异操作的目标是增加多样性，基于生物进化的原理，通过变异能使种群产生许多优秀的个体，第 i 个个体的第 j 个基因 a_{ij} 的变异操作方法为

$$a_{ij} = \begin{cases} a_{ij} + (a_{ij} - a_{max}) \times f(g) \ (r \geqslant 0.5) \\ a_{ij} + (a_{min} - a_{ij}) \times f(g) \ (r < 0.5) \end{cases} \tag{8-18}$$

式中：a_{max} 和 a_{min} 分别为基因 a_{ij} 的上界和下界；r 为[0, 1]区间中的随机数；g 为当前迭代次数；$f(g) = r_2(1 - g/G_{max})^2$，$r_2$ 和 G_{max} 分别为一个随机数和最大进化次数。

6）非线性寻优

遗传算法每进化一定代数后，以所得到的结果为初始值，并把寻找到的局部最优值作为新个体染色体继续进化。

8.3.2　安全事故应急物资调度模型

应急物资调度往往是一个多目标、动态、不确定、时效性强的复杂决策问题。针对水利水电工程应急物资调度，结合水利水电工程施工特点，在模糊环境下考虑应急救援时间和应急物资需求量的模糊不确定性，对多供应点、多需求点、多物资进行多目标应急物资调度建模和算法设计，旨在为实际工程应急处理中应急物资调度决策的制定和应用提供一定的理论指导意义。

1. 应急物资调度模型构建

应急物资调度应在有限的时间里做到及时的应急物资供给，具有时效性强的特点，所以传统的应急资源调度常以应急时间最短为目标建模，之后出现应急时间最短、供应点数目最少等组合优化调度，针对水利水电工程，同时考虑时效性、经济性和公平性，以应急时间最短、经济成本最低和平衡度最高等为目标，在模糊环境下对多供应点、多需求点、多物资进行优化调度和决策分析。

设有 K 类应急资源，n 个应急资源供应点 $A_1, A_2, \cdots, A_i, \cdots, A_n$，供应点 A_i 对第 k 类资源的储备量为 S_{ik}；有 m 个应急资源需求点 $B_1, B_2, \cdots, B_j, \cdots, B_m$，需求点 B_j 对第 k 类资源的需求量为模糊数 $\tilde{d}_{jk}$，$k = 1, 2, \cdots, K$。供应点 A_i 到需求点 B_i 的应急资源运输时间为模糊数 $\tilde{t}_{ij}$，用三角模糊数表示 $\tilde{t}_{ij} = (t_{ij}^l, t_{ij}^r, t_{ij}^u)$。其中，$t_{ij}^l$ 和 t_{ij}^r 分别为模糊数 $\tilde{t}_{ij}$ 的下限和上限；t_{ij}^u 为模糊数 $\tilde{t}_{ij}$ 最可能值。应急资源需求点 B_j 的目标应急调运时间限制期为 T_{0j}。

对于某一应急调度方案所选出的供应点集合，用 x_{ijk} 表示从 i 供应点运到 j 需求点第 k 类资源的资源量，用决策变量 $y_{ij} \in (0,1)$ 来反映供应点 A_i 到需求点 B_j 的情况，当需存在从供应点 A_i 往需求点 B_j 配送资源时，$y_{ij} = 1$；否则，$y_{ij} = 0$。对于需求点 B_j，应急模糊时间为[199-200]

$$\tilde{T}_{ij} = \tilde{t}_{ij} y_{ij} = (t_{ij}^l y_{ij}, t_{ij}^r y_{ij}, t_{ij}^u y_{ij}) = (T_{ij}^l, T_{ij}^r, T_{ij}^u) \tag{8-19}$$

考虑时效性的应急时间最短目标模型为

$$\min T = \sum_{i=1}^{n} \sum_{j=1}^{m} \tilde{T}_{ij} = \sum_{i=1}^{n} \sum_{j=1}^{m} \tilde{t}_{ij} y_{ij} \tag{8-20}$$

对于调度成本这里只考虑运输成本，假设运输成本与资源种类无关且只与路径相关，在速度一定的前提下路径是关于时间的函数[201]，因此，定义从供应点到需求点的调度成本可表示为应急调度时间与资源运输数量的组合函数。对于某一调度方案，需求点 B_j 的经济成本为 C_j，由于应急时间具有模糊性

$$C_{ij} = x_{ij} \tilde{t}_{ij} y_{ij} = (x_{ij} t_{ij}^l y_{ij}, x_{ij} t_{ij}^r y_{ij}, x_{ij} t_{ij}^u y_{ij}) = (C_{ij}^l, C_{ij}^r, C_{ij}^u) \tag{8-21}$$

考虑经济性的成本最低目标模型为

$$\min C = \sum_{i=1}^{n} \sum_{j=1}^{m} C_{ij} = \sum_{i=1}^{n} \sum_{j=1}^{m} x_{ij} \tilde{t}_{ij} y_{ij} \tag{8-22}$$

为保证系统的稳定性，使各资源需求点都得到及时有效的救援，需考虑应急调度的公平性。本节拟采用时间公平度 E 衡量应急调度方案的公平性，则考虑公平性的平衡度最高目标模型为

$$\min E = \sum_{i=1}^{n} \sum_{j=1}^{m} (\tilde{t}_{ij} - \max_{i=1,2,\cdots,n} \tilde{t}_{ij}) y_{ij} \tag{8-23}$$

基于上述单目标模型，通过进行条件约束，条件约束公式分别表示为

$$\text{s.t.} \sum_{i=1}^{n} x_{ijk} = \tilde{d}_{jk} \tag{8-24}$$

$$\text{s.t.} \sum_{j=1}^{m} x_{ijk} \leqslant s_{ik} \tag{8-25}$$

$$\text{s.t.} \tilde{t}_{ij} y_{ij} \leqslant T_{0j} \tag{8-26}$$

$$\text{s.t.} x_{ijk} \leqslant M y_{ij} \tag{8-27}$$

$$\text{s.t.} x_{ij} \geqslant 0 \tag{8-28}$$

$$\text{s.t.} y_{ij} \in (0,1) \tag{8-29}$$

约束条件式（8-24）表示从各应急资源供应点运往第 j 个应急资源需求点的应急资源总量等于其需求量；约束条件式（8-25）表示应急资源供应点运往各需求点的应急资源数量不超过供应点自身拥有量；约束条件式（8-26）表示应急资源调度的时间应满足各应急需求点的目标应急调运时间限制期要求；约束条件式（8-27）表示只对决定为需求点提供应急资源的应急资源供应点指派应急资源调运量，其中 M 是一个充分大的正数；约束条件式（8-28）为非负约束；约束条件式（8-29）表示决策变量只取值 0 或者 1。

为应急时间 $\tilde{t}_{ij}$ 和应急资源需求量 $\tilde{d}_{jk}$ 去模糊化，引入 Charnes 提出的机会约束，其特点是允许所作决策在一定程度上不满足约束条件，即在约束条件下该决策成立的概率应大于等于某一置信水平[202-203]。上述具有模糊特性的目标函数及约束条件公式分别进行转化变形，多目标优化调度模型可表示为

$$\min \overline{T} \tag{8-30}$$

$$\min \overline{C} \tag{8-31}$$

$$\min \overline{E} \tag{8-32}$$

$$\text{s.t.} (1-\beta_1) \sum_{i=1}^{n} \sum_{j=1}^{m} t_{ij}^{l} y_{ij} + \beta_1 \sum_{i=1}^{n} \sum_{j=1}^{m} t_{ij}^{r} y_{ij} \leqslant \overline{T} \tag{8-33}$$

$$(1-\beta_2) \sum_{i=1}^{n} \sum_{j=1}^{m} x_{ij} t_{ij}^{l} y_{ij} + \beta_2 \sum_{i=1}^{n} \sum_{j=1}^{m} x_{ij} t_{ij}^{r} y_{ij} \leqslant \overline{C} \tag{8-34}$$

$$(1-\beta_3) \sum_{i=1}^{n} \sum_{j=1}^{m} (t_{ij}^{l} - \max_{i=1,2,\cdots,n} t_{ij}^{l}) y_{ij} + \beta_3 \sum_{i=1}^{n} \sum_{j=1}^{m} (t_{ij}^{r} - \max_{i=1,2,\cdots,n} t_{ij}^{r}) y_{ij} \leqslant \overline{E} \tag{8-35}$$

$$\sum_{i=1}^{n} x_{ijk} \geqslant (1-\alpha_1) d_{jk}^{l} + \alpha_1 d_{jk}^{r} \tag{8-36}$$

$$\sum_{i=1}^{n} x_{ijk} \leqslant (1 - \alpha_1) d_{jk}^{u} + \alpha_1 d_{jk}^{r} \qquad (8\text{-}37)$$

$$\sum_{j=1}^{m} x_{ijk} \leqslant S_{ik} \qquad (8\text{-}38)$$

$$(1 - \alpha_2) t_{ij}^{l} y_{ij} + \alpha_2 t_{ij}^{r} y_{ij} \leqslant T_{0j} \qquad (8\text{-}39)$$

$$x_{ijk} \leqslant M y_{ij} \qquad (8\text{-}40)$$

$$x_{ij} \geqslant 0 \qquad (8\text{-}41)$$

$$y_{ij} \in (0,1) \qquad (8\text{-}42)$$

2. 应急物资调度模型算法求解

多目标调度问题属于多项式复杂程度的非确定性问题（non-deterministic polynomial problems，NP）问题，求解过程具有高复杂度，由于目标和目标之间存在相互冲突制约关系，直接求解上述模型可能无法获得全局最优解或为无解、错误解等，所以需对上述调度模型进行算法设计。

常用的多目标规划问题解法一般可分为两种：①化多为少。即按照一定的方法理论将模型中的多目标转化为单目标或较容易求解的双目标，包括逼近理想点解法、线性加权法等。②分层序列法。即首先对所有目标进行重要性排序，依次在前一高重要度目标的最优解集内求解下一个目标的最优解集，直至求出共同的最优解。本小节采用考虑目标权重的逼近理想解排序法对上述调度模型进行算法设计，实现高效准确得多目标求解计算[204]。

1）逼近理想解排序法

逼近理想解排序法（technique for order by similarity to an ideal solution，TOPSIS）是一种多目标决策方法，1981 年由 Hwang 和 Yoon 首次提出，目前已广泛用于决策评价与管理领域[205]。

TOPSIS 的基本思想是根据有限个评价目标与正理想解和负理想解的距离进行排序。正理想解和负理想解分别设置为规划问题的最优方案和最劣方案，最优方案中各属性均达到所有评价目标中属性的最好值，最劣方案则相反。

TOPSIS 计算过程如下[206-207]。

（1）设有 m 个评价目标，每个目标有 n 个属性，根据目标所属研究领域，邀请相关领域的专家或学者以打分的形式对属性进行评价，并以数学矩阵形式表示打分结果，建立如下特征矩阵

$$\boldsymbol{X} = \begin{bmatrix} x_{11} & \cdots & x_{1j} & \cdots & x_{1n} \\ \vdots & & \vdots & & \vdots \\ x_{i1} & \cdots & x_{ij} & \cdots & x_{in} \\ \vdots & & \vdots & & \vdots \\ x_{m1} & \cdots & x_{mj} & \cdots & x_{mn} \end{bmatrix} \qquad (8\text{-}43)$$

式中：x_{ij} 为专家对第 i 个目标中第 j 个属性的评分值。

（2）对特征矩阵中的评分值进行规范化处理，得到规格化向量 r_{ij}，建立规范化矩阵：

$$R = \begin{bmatrix} r_{11} & \cdots & r_{1j} & \cdots & r_{1n} \\ \vdots & & \vdots & & \vdots \\ r_{i1} & \cdots & r_{ij} & \cdots & r_{in} \\ \vdots & & \vdots & & \vdots \\ r_{m1} & \cdots & r_{mj} & \cdots & r_{mn} \end{bmatrix} \tag{8-44}$$

式中： $r_{ij} = \dfrac{x_{ij}}{\sqrt{\sum\limits_{i=1}^{m} x_{ij}^2}}$ ； $i = 1, 2, \cdots, m$ ； $j = 1, 2, \cdots, n$ 。

（3）计算权重，建立权重规范化矩阵为

$$V = \begin{bmatrix} v_{11} & \cdots & v_{1j} & \cdots & v_{1n} \\ \vdots & & \vdots & & \vdots \\ v_{i1} & \cdots & v_{ij} & \cdots & v_{in} \\ \vdots & & \vdots & & \vdots \\ v_{m1} & \cdots & v_{mj} & \cdots & v_{mn} \end{bmatrix} \tag{8-45}$$

式中： $v_{ij} = w_j r_{ij}$ ； $i = 1, 2, \cdots, m$ ； $j = 1, 2, \cdots, n$ 。 w_j 是第 j 个属性的权重值，属性权重计算方法包括 Delphi 法、对数最小二乘法、层次分析法、熵等。

（4）根据权重规范化值 v_{ij} ，确定正理想解 f_j^+ 和负理想解 f_j^- 。

正理想解

$$f_j^+ = \begin{cases} \max(v_{ij}), j \in J^* \\ \min(v_{ij}), j \in J' \end{cases} \quad (j = 1, 2, \cdots, n) \tag{8-46}$$

负理想解

$$f_j^- = \begin{cases} \min(v_{ij}), j \in J^* \\ \max(v_{ij}), j \in J' \end{cases} \quad (j = 1, 2, \cdots, n) \tag{8-47}$$

式中： J^* 为效益型指标； J' 为成本性指标。

（5）计算距离尺度，即计算每个目标到正理想解、负理想解的距离。距离尺度可以采用 n 维欧氏距离来计算，计算公式为

$$S_i^+ = \sqrt{\sum_{j=1}^{n} (v_{ij} - f_j^+)^2} \tag{8-48}$$

$$S_i^- = \sqrt{\sum_{j=1}^{n} (v_{ij} - f_j^-)^2} \tag{8-49}$$

（6）计算相对贴近度 C_i ，对评价目标从大到小进行排列。 C_i 越大，评价目标越优，反之，则评价目标越差， C_i 最大的目标为最优评价目标为

$$C_i = \frac{S_i^-}{(S_i^+ + S_i^-)} \tag{8-50}$$

2）应急调度模型算法设计

本小节采用考虑目标权重的逼近理想解排序法进行算法设计，将上述应急调度模型中的三个分目标函数 $\min \overline{T}$、$\min \overline{C}$ 和 $\min \overline{E}$ 转化成总目标 $\max G$ 的函数，其约束条件不变。

基于 TOPSIS 理论，将所有应急调度方案作为评价目标，将时效性、经济性和公平性理解为方案决策的特征属性，则对于任意调度方案根据三个属性（即应急调度中建立的三个目标）进行决策，规划求解流程如下（图8-9）。

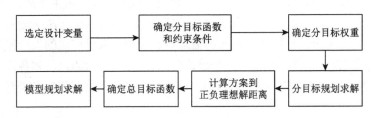

图8-9　规划求解流程

（1）选定设计变量。

（2）确定分目标函数和约束条件。

对于一般的多目标组合优化问题，可使用下面模型表示[208-209]

$$\max \ \{f_1(\boldsymbol{x}) = z_1, f_2(\boldsymbol{x}) = z_2, \cdots, f_J(\boldsymbol{x}) = z_J\} \tag{8-51}$$

$$\text{s.t.} \ \ \boldsymbol{x} \in \boldsymbol{D} \tag{8-52}$$

式中：$\boldsymbol{x} = [x_1, x_2, \cdots, x_l]$，为决策变量向量；$\boldsymbol{D}$ 为可行解集合。

（3）确定属性权重，即三个分目标权重 λ_i。时效性权重值 λ_1、经济性权重值 λ_2、公平性目标权重值 λ_3，$\lambda_1 + \lambda_2 + \lambda_3 = 1$。

（4）分别求解各分目标规划下的正理想解 f_i^+ 和负理想解 f_i^-。时效性分目标的正理想解和负理想解分别为 $\overline{T}_{\min}$ 和 $\overline{T}_{\max}$，经济性分目标的正理想解和负理想解分别为 $\overline{C}_{\min}$ 和 $\overline{C}_{\max}$；公平性分目标的正理想解和负理想解分别为 $\overline{E}_{\min}$ 和 $\overline{E}_{\max}$。

（5）对于任意调度方案，计算方案到正理想解、负理想解的距离。距离尺度通过无量纲化处理并采用加权欧氏距离计算。与时效性、经济性和公平性目标的正理想解、负理想解的距离分别为

$$S^+ = \sqrt{\left(\frac{T - \overline{T}_{\min}}{\overline{T}_{\max} - \overline{T}_{\min}}\right)^2 \lambda_1 + \left(\frac{C - \overline{C}_{\min}}{\overline{C}_{\max} - C_{\min}}\right)^2 \lambda_2 + \left(\frac{E - \overline{E}_{\min}}{\overline{E}_{\max} - \overline{E}_{\min}}\right)^2 \lambda_3} \tag{8-53}$$

$$S^- = \sqrt{\left(\frac{T - \overline{T}_{\max}}{\overline{T}_{\max} - \overline{T}_{\min}}\right)^2 \lambda_1 + \left(\frac{C - \overline{C}_{\max}}{\overline{C}_{\max} - C_{\min}}\right)^2 \lambda_2 + \left(\frac{E - \overline{E}_{\max}}{\overline{E}_{\max} - \overline{E}_{\min}}\right)^2 \lambda_3} \tag{8-54}$$

（6）确定总目标函数。计算理想解的贴近度，获取应急系统总目标函数的表达式 $\min G$。即当 G 函数最小化时，同时满足三个分目标函数 $\min \overline{T}$、$\min \overline{C}$ 和 $\min \overline{E}$。

$$\min G = \frac{S^-}{S^- + S^+} \tag{8-55}$$

（7）模型计算。基于生成的总目标函数和所有约束条件，进行应急资源调度规划求解。

水利水电工程应急供应点和需求点的数量有限，在不使用智能启发式算法的情况下，综合应用最优化理论的数学规划方法对模型进行算法设计，同样能在短时间内准确求解模型，计算过程清晰简便，不会妨碍指挥决策的时效性[210-211]。

3. 土石围堰施工坍塌事故应急资源调度分析

某水利水电工程的土石围堰施工过程中发生坍塌事故并伴随有衍生事故，现有 5 个应急资源供应点（A_1、A_2、A_3、A_4、A_5）向 3 个应急需求点（B_1、B_2、B_3）进行应急资源调度，其调度过程如图 8-10 所示。各应急需求点的需求量、应急资源供应点的供应量及从各应急资源供应点到各需求点调运应急资源的运输时间等数据见表 8-2～表 8-4。已知各需求点的目标应急调运时间限制期为：$T_{01}=5$，$T_{02}=6$，$T_{03}=4$。试确定最佳调运方案使应急资源调运时间最短。

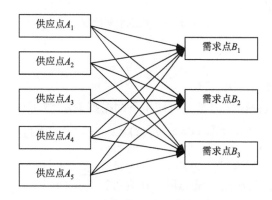

图 8-10　应急调度过程图

表 8-2　供应点到需求点的运输时间 $\tilde{t}_{ij}$

运输时间	B_1	B_2	B_3
A_1	[20　30　45]	[30　40　50]	[10　15　20]
A_2	[10　18　25]	[20　25　30]	[28　30　33]
A_3	[18　25　30]	[30　35　45]	[23　25　30]
A_4	[25　30　35]	[15　23　30]	[28　38　48]
A_5	[20　25　35]	[18　30　40]	[15　20　35]

表 8-3　供应点资源存储量 S_i

供应点	资源存储量	供应点	资源存储量
A_1	30	A_4	20
A_2	25	A_5	30
A_3	38		

表 8-4　需求点资源需求量 $\tilde{d}_j$

需求点	资源需求量
B_1	[18 22 24]
B_2	[30 35 40]
B_3	[24 27 30]

设 x_{ij} 为从应急资源供应点 A_i 运往应急资源需求点 B_j 的应急资源数量；$i=1,2,\cdots,5$；$j=1,2,\cdots,3$。y_{ij} 为 0～1 决策变量，当应急资源供应点 A_i 为应急资源需求点 B_j 提供应急资源时，y_{ij} 取 1，否则取 0。根据案例描述，资源种类 $K=1$。应急系统确定为模糊条件下多应急供应点、多需求点、单资源种类的多目标应急资源调度，则建立式（8-30）～式（8-42）的多目标调度模型，取 $\alpha_1=\alpha_2=0.9$，$\beta_1=\beta_2=\beta_3=0.95$，$M=1000$，将有关数据代入上述调度模型，利用 Lingo 软件分别计算三个分目标的正理想解和负理想解（表 8-5）。

表 8-5　分目标的正负理想解

目标值	时效性	经济性	公平性
正理想解	84.35	1 636.48	6.80
负理想解	178.25	1 960.82	28.15

已知应急系统中各分目标的重要性，确定时效性权重值 $\lambda_1=0.4$、经济性权重值 $\lambda_2=0.4$ 和公平性权重值 $\lambda_3=0.2$。由各分目标的正负理想解和权重值，则采用加权欧氏距离计算与时效性、经济性和公平性目标正负理想解的距离，进而表示理想解的贴近度：

$$\begin{cases} S^+ = \sqrt{\left(\dfrac{T-84.35}{93.9}\right)^2 \times 0.4 + \left(\dfrac{C-1636.48}{324.34}\right)^2 \times 0.4 + \left(\dfrac{E-6.8}{21.35}\right)^2 \times 0.2} \\[3mm] S^- = \sqrt{\left(\dfrac{T-178.25}{93.9}\right)^2 \times 0.4 + \left(\dfrac{C-1960.82}{324.34}\right)^2 \times 0.4 + \left(\dfrac{E-28.15}{21.35}\right)^2 \times 0.2} \\[3mm] \min G = \dfrac{S^-}{S^- + S^+} \end{cases} \quad (8\text{-}56)$$

根据调度模型，进行优化求解，Lingo 计算结果如图 8-11 所示。

根据上述计算过程可知，$x_{13}=26.7$，$x_{21}=21.6$，$x_{42}=20$，$x_{52}=14.5$，$y_{13}=1$，$y_{21}=1$，$y_{42}=1$，$y_{52}=1$，其余的 x_{ij} 和 y_{ij} 为 0，$\min G=0.0305$。多目标应急调度的最佳调度方案见表 8-6。

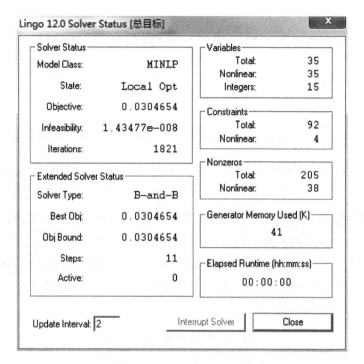

图 8-11 应急物资调度计算结果图

表 8-6 多目标应急调度最佳方案

运输时间	B_1	B_2	B_3
A_1	0	0	26.7
A_2	21.6	0	0
A_3	0	0	0
A_4	0	20	0
A_5	0	14.5	0

8.4 应急决策支持系统研究

水利水电工程应急救援工作涉及技术事故、次生灾害、衍生灾害、环境保护、公共卫生和人为突发事件等多个公共安全领域，是一个复杂系统。这使得水利水电工程事故具有突发性、不确定性、衍生性、持续时间长等特点，其破坏性强，受灾面积广，经济损失大，社会影响大。因此，针对安全事故形成快速、准确的应急决策分析对于控制事故后果至关重要。随着计算机软件的不断发展和环境复杂程度的增加，建设应急决策支持系统更能科学有效地进行应急决策分析。建立和健全水利水电工程应急决策支持系统对于有效应对各种灾害、事故、突发事件，最大限度地减少人员伤亡和财产损失十分必要，也是预防和控制事故及其所造成影响的组织保证。而应急能力评价和应急方案群决策模型的建立也是应急决策支持系统建设的必要环节。

8.4.1　应急能力评价

受人、机、物、环境和管理等因素影响，水利水电工程施工安全事故总量偏大，重大安全事故时有发生。为有效进行应急处置并控制事故后果，水利水电工程施工应急体系的建设尤为重要。本节提出采用 G1-灰色综合评价法对水利水电工程应急能力进行综合评价研究。在水利水电工程施工特点和应急管理研究基础上，建立应急能力评价指标体系；通过采用 G1-灰色综合评价法分析各应急能力评价指标相互关系，确定指标权重；引入 G1-灰色综合评价法将样本信息处理成灰色评价矩阵，并结合指标权重进行单值化处理得到应急能力综合评价值和评价等级。

1. 水利水电工程 G1-灰色综合评价法模型

1）确定评价指标体系及指标权重

水利水电工程应急管理是针对水利水电工程项目突发事件进行应急管理，通过结合水利水电工程特点，在应急管理理论指导下，对水利水电工程突发事件进行信息监测和预警、应急响应、决策和指挥、善后评估和反馈[212]。水利水电工程应急管理具有以下特点：①突发性。突发事件的发生充满危险性、震撼性和爆炸性，应急管理者往往要面对突发事件中信息不确定的情况，需在危机状态下快速做出应急决策。②内容多样性。水利水电工程应急情况的多样性与水利水电工程施工特点密切相关。③规范性。水利水电工程施工点多面广且施工单位多，面对突发事件应急处理过程中需明确划分各组织、部门和岗位的分工与职责。④集中性。水利水电工程应急管理需短期内迅速集中各种人力、物力来应对突发事件。

根据水利水电工程应急管理特点并参考化工园区综合应急能力评价体系[213]，依照系统性、科学性、可操作性原则将水利水电工程施工的综合应急能力评价指标体系分为三级。第一级评价指标分为事前监测与准备能力、事中应急处理能力和事后恢复总结能力；在一级指标中选取了既能全面反映又没有重复交叉的 8 项二级指标；二级指标又包括 30 项三级指标。水利水电工程综合应急能力评价体系见表 8-7。

表 8-7　水利水电工程综合应急能力评价体系

目标	一级指标	二级指标	三级指标
水利水电工程综合应急能力（P）	事前监测准备能力（A_1）	日常安全管理与培训（B_1）	应急管理组织与机构（C_1）、应急管理法规与条例（C_2）、专业培训与演练（C_3）、日常宣传与教育（C_4）、技术人员自身应急能力（C_5）
		应急资源保障能力（B_2）	通信系统保障能力（C_6）、物资装备保障能力（C_7）、人力资源保障能力（C_8）、应急资金保障能力（C_9）、应急预案准备能力（C_{10}）
		监测与预警能力（B_3）	危险源辨识能力（C_{11}）、设备仪器的监控预警能力（C_{12}）、监控预警人员的技术水平（C_{13}）
	事中应急处理能力（A_2）	应急反应能力（B_4）	事故通知和报警能力（C_{14}）、事故信息分析能力（C_{15}）、事故上报和公示能力（C_{16}）
		现场指挥协调能力（B_5）	应急决策指挥能力（C_{17}）、应急组织协调能力（C_{18}）、应急资源调配能力（C_{19}）
		现场应急救援能力（B_6）	医疗救护能力（C_{20}）、疏散警戒能力（C_{21}）、搜救抢险能力（C_{22}）、治安与交通状况（C_{23}）

目标	一级指标	二级指标	三级指标
水利水电工程综合应急能力（P）	事后恢复总结能力（A_3）	恢复处理能力（B_7）	现场清理能力（C_{24}）、恢复重建能力（C_{25}）、善后处理能力（C_{26}）
		总结分析能力（B_8）	事故调查能力（C_{27}）、经济损失评估能力（C_{28}）、事故分析与经验总结能力（C_{29}）、应急预案的更新（C_{30}）

指标的权重值直接关系到应急能力的综合评价值，本小节采用 G1-灰色综合评价法确定指标的权重值，设评价指标的权重向量为 $\boldsymbol{w}=(w_1,w_2,\cdots,w_n)$。G1 法是通过对指标重要性进行排序来确定指标的权重，具有以下优点：①计算量大幅度地减小，提高了计算速度；②无须构造判断矩阵及进行一致性检验；③同一层次中元素个数的伸展性更强；④具有保序性，方法直观简便，适用性强。

2）确定评价集、评价样本矩阵及评价灰类

评价指标为定性指标，通过制定评价指标评分等级标准来实现定性指标的量化。将应急能力指标划分为"优""良""中""合格""差" 5 个等级建立评价集 $\boldsymbol{v}=[9,7,5,3,1]$，组织邀请 p 位专业领域专家（通常以 5 位为最佳）对评价指标进行评价，分值越大，指标等级越优。记评价样本矩阵为 $\boldsymbol{D}$，则

$$\boldsymbol{D}=\begin{bmatrix} d_{11} & d_{12} & \cdots & d_{1i} & \cdots & d_{1n} \\ d_{21} & d_{22} & \cdots & d_{2i} & \cdots & d_{2n} \\ \vdots & \vdots & & \vdots & & \vdots \\ d_{k1} & d_{k2} & \cdots & d_{ki} & \cdots & d_{kn} \\ \vdots & \vdots & & \vdots & & \vdots \\ d_{p1} & d_{p2} & \cdots & d_{pi} & \cdots & d_{pn} \end{bmatrix} \tag{8-57}$$

式中：d_{ki} 为第 k 位专家对第 i 个评价指标的评分，$k=1,2,\cdots,p$。

确定灰类需要确定评价灰类的等级数、灰类的灰数及灰数的白化权函数。设评价灰类序号为 e，$e=1,2,\cdots,p$。为准确评价水利水电工程面对安全事故的应急水平，将评价灰类取为"优""良""中""合格""差" 5 个等级，$g=5$。

3）灰色综合评价

对于评价指标 i，第 e 个评价灰类的灰色评价系数为 $x_{ie}=\sum_{k=1}^{p} f_e(d_{ki})$；各评价灰类的总灰色评价数为 $x_i=\sum_{e=1}^{g} x_{ie}$；则对于评价指标 i，第 e 个评价灰类的灰色评价权为 $r_{ie}=\dfrac{x_{ie}}{x_i}$，由 r_{ie} 组成的灰色评价矩阵为

$$\boldsymbol{R}=\begin{bmatrix} r_{11} & r_{12} & \cdots & r_{1g} \\ r_{21} & r_{22} & \cdots & r_{2g} \\ \vdots & \vdots & & \vdots \\ r_{n1} & r_{n2} & \cdots & r_{ng} \end{bmatrix} \tag{8-58}$$

对评价指标体系做综合评价，评价结果 $\boldsymbol{A}=\boldsymbol{W}\cdot\boldsymbol{R}=[a_{11},a_{22},\cdots,a_{ng}]$，应急能力综合评价值为 $Q=\boldsymbol{A}\cdot\boldsymbol{v}$，根据表 8-8 可确定应急能力综合评价等级。

表 8-8　应急能力综合评价等级划分表

应急能力综合评价值	等级	应急能力综合评价值	等级
$Q \geqslant 9$	优	$3 \leqslant Q < 7$	合格
$7 \leqslant Q < 9$	良	$Q < 3$	差
$5 \leqslant Q < 7$	中		

2. 土石围堰施工应急能力评价分析

对某土石围堰的施工管理进行研究，建立表 8-7 的应急评价体系，采用 GI-灰色综合评价法计算得到 30 个三级指标相对目标层 P 的合成权重为

$$w = (0.0071, 0.0064, 0.0188, 0.0110, 0.0092, 0.0259, 0.0414, 0.0496, 0.0215, 0.0127,$$
$$0.0277, 0.0416, 0.0252, 0.0283, 0.0236, 0.0396, 0.0481, 0.0301, 0.0866, 0.0741,$$
$$0.0494, 0.1186, 0.0380, 0.0307, 0.0220, 0.0492, 0.0103, 0.0073, 0.0165, 0.0296)$$

根据各评价灰类等级值向量 $v = (9, 7, 5, 3, 1)$，邀请 5 位专家（3 位施工管理人员和 2 位高校教师）对 30 个三级指标进行打分获取评价样本矩阵 D

$$D = \begin{bmatrix} 6 & 7 & 7 & 4 & 5 & 6 & 7 & 8 & 6 & 5 & 5 & 7 & 7 & 6 & 8 & 7 & 8 & 5 & 6 & 6 & 7 & 6 & 5 & 5 & 6 & 6 & 7 & 5 & 7 & 6 & 6 \\ 7 & 8 & 7 & 5 & 6 & 5 & 7 & 8 & 8 & 6 & 8 & 6 & 6 & 8 & 7 & 6 & 6 & 5 & 6 & 6 & 6 & 5 & 6 & 7 & 7 & 7 & 7 & 8 & 7 \\ 6 & 8 & 6 & 5 & 5 & 7 & 6 & 7 & 6 & 5 & 8 & 7 & 6 & 5 & 7 & 6 & 7 & 7 & 5 & 6 & 7 & 7 & 6 & 7 & 7 & 7 & 7 \\ 7 & 7 & 7 & 4 & 5 & 6 & 7 & 7 & 6 & 7 & 6 & 7 & 7 & 6 & 7 & 6 & 6 & 7 & 6 & 7 & 6 & 7 & 6 & 7 & 8 & 7 \\ 7 & 8 & 8 & 5 & 6 & 6 & 7 & 8 & 5 & 8 & 7 & 6 & 8 & 7 & 7 & 6 & 6 & 6 & 7 & 5 & 6 & 5 & 6 & 6 & 6 & 7 & 8 & 6 \end{bmatrix}$$

其中 30 个三级指标应急能力评价值 $Q = A \cdot v$，计算结果见表 8-9。

表 8-9　三级指标权重和应急能力评价值

指标	权重	应急能力	指标	权重	应急能力	指标	权重	应急能力
C_1	0.007 1	7.045 3	C_{11}	0.027 7	7.264 5	C_{21}	0.049 4	7.045 3
C_2	0.006 4	7.325 6	C_{12}	0.041 6	6.992 4	C_{22}	0.118 6	6.776 9
C_3	0.018 8	7.153 2	C_{13}	0.025 2	6.830 9	C_{23}	0.038 0	6.281 2
C_4	0.011 0	5.949 3	C_{14}	0.028 3	7.389 2	C_{24}	0.030 7	6.723 6
C_5	0.009 2	6.422 0	C_{15}	0.023 6	7.205 9	C_{25}	0.022 0	7.045 3
C_6	0.025 9	6.776 9	C_{16}	0.039 6	7.100 1	C_{26}	0.049 2	7.045 3
C_7	0.041 4	7.153 2	C_{17}	0.048 1	6.422 0	C_{27}	0.010 3	6.829 7
C_8	0.049 6	7.455 6	C_{18}	0.030 1	6.992 4	C_{28}	0.007 3	7.205 9
C_9	0.021 5	7.211 1	C_{19}	0.086 6	6.776 9	C_{29}	0.016 5	7.211 1
C_{10}	0.012 7	6.569 3	C_{20}	0.074 1	6.992 4	C_{30}	0.029 6	7.045 3

通过计算该土石围堰工程应急能力综合评价值 $5 < Q = 6.9336 < 7$，应急能力为"中"，工程面对突发事件的应急能力有待提升和完善。通过分析表 8-9，搜救抢险能力（C_{22}）和应急资源调配能力（C_{19}）占的权重分别为 0.118 6 和 0.086 6，说明搜救抢险能力和应急资源调配能力对工程的应急能力建设占有重要的地位；而应急决策指挥能力（C_{17}）和应急资源调配能力

（C_{19}）的权重分别为 0.048 1 和 0.086 6，应急能力评价值分别为 6.422 0 和 6.776 9，两个指标均具有较高的权重而应急能力评价值较低，说明对于综合应急能力的建设，提升项目的应急决策指挥能力和应急资源调配能力十分必要；此外，日常宣传与教育（C_4）和治安与交通状况（C_{23}）的应急能力评价值很低，分别为 5.949 3 和 6.281 2，为整体提升项目的综合应急能力，杜绝因薄弱环节导致应急能力不足引发安全事故，日常宣传与教育和治安与交通状况也应引起相应的重视。

根据水利工程应急能力评价指标体系，采用 G1-灰色综合评价法确定指标权重，对于土石围堰应急能力评价指标较多的情况能大大减小计算；结合灰色理论对土石围堰应急能力进行研究，能很好地将评价指标和应急能力定性和定量化。研究表明，搜救抢险能力、应急资源调配能力和应急决策指挥能力是工程应急能力建设的核心影响因素。该评价指标体系和评价方法同样适用于其他水利水电工程，对类似工程应急能力评价具有借鉴作用。

8.4.2　应急方案群决策模型

针对水利水电工程事故的发生，事故的应急救援成为重要的风险控制途径。应急救援方案决策是顺利开展应急救援工作的前提和核心，是否运用科学合理的决策方法直接关系到应急救援的成败。根据水利水电工程施工特点，建立应急救援方案的评价指标体系，基于区间层次分析法（interval analytic hierarchy process，IAHP）和直觉模糊集理论，通过计算每个应急救援决策矩阵与直觉模糊正负理想决策矩阵的加权欧氏距离得到集体决策矩阵，然后根据每个方案的得分函数可有效定量地进行方案的决策排序。

1. IAHP-直觉模糊集理论决策模型

IAHP 是对层次分析法的改进，通过用区间数代替判断点值构成判断矩阵并求区间数权重，能有效反映判断的不确定性，大大减少人为主观判断的影响[214]。直觉模糊集是对 Zadeh 模糊集的一种扩充，Zadeh 模糊集是直觉模糊集的特殊形式。相比 Zadeh 模糊集单一的隶属度只能表示支持和反对两种状态，直觉模糊集同时考虑隶属度和非隶属度两方面的信息，刻画了模糊概念支持、反对和中立三种状态，使得直觉模糊集在处理不确定性信息时有更强的表述和推理能力[215]。在模糊环境下，此时传统的模糊集中精确数据并不能较好地描述实际状况下的多属性决策问题，为解决指标信息及数据的不确定性，本小节采用 IAHP 确定评价指标权重，并运用直觉模糊集理论对多属性决策问题进行研究。

设有 m 个可供选择的应急救援方案组成方案集 $A = (A_1, A_2, \cdots, A_m)$，每个方案有 n 个属性组成属性集 $B = (B_1, B_2, \cdots, B_n)$。在信息不完全确定的模糊环境下，方案 A_i 的第 j 个指标评价值用直觉模糊集 $F_{ij} = (\mu_{ij}, \gamma_{ij})$ 表示，μ_{ij} 和 γ_{ij} 分别表示决策方案 A_i 对属性 B_j 的隶属度和非隶属度，$\mu_{ij}, \gamma_{ij} \in [0,1]$ 且 $0 \leqslant \mu_{ij} + \gamma_{ij} \leqslant 1$。

结合 TOPSIS 的基本思想，定义直觉模糊正理想决策矩阵 F^+ 和负理想决策矩阵 F^-

$$F^+ = [(\mu_{ij}^+, \gamma_{ij}^+)]_{m \times n} \tag{8-59}$$

$$F^- = [(\mu_{ij}^-, \gamma_{ij}^-)]_{m \times n} \tag{8-60}$$

式中：$\mu_{ij}^+ = \max_k \{\mu_{ij}^+\}$；$\gamma_{ij}^+ = \min_k \{\gamma_{ij}^+\}$；$\mu_{ij}^- = \min_k \{\mu_{ij}^k\}$；$\gamma_{ij}^- = \max_k \{\gamma_{ij}^k\}$；$\mu_{ij}^+$ 为所有决策者关于方案 i

对属性 j 隶属度的最大值；γ_{ij}^+ 为所有决策者关于方案 i 对属性 j 非隶属度的最小值。因此 $(\mu_{ij}^+, \gamma_{ij}^+)_{m \times n}$ 就是所有决策者关于方案 i 对属性 j 的正理想解，同理 $(\mu_{ij}^-, \gamma_{ij}^-)_{m \times n}$ 就是所有决策者关于方案 i 对属性 j 的负理想解。

通过 IAHP 计算属性权重为 $w = [w_1, w_2, \cdots, w_n]$，各模糊决策矩阵 F_i 与直觉模糊正负理想决策矩阵的加权欧氏距离为

$$e_{\text{IFS}}(F_i, F^+) = \sqrt{\frac{1}{2} \sum_{j=1}^{n} \sum_{i=1}^{m} w_j [(\mu_{ij} - \mu_{ij}^+)^2 + (\gamma_{ij} - \gamma_{ij}^+)^2 + (\pi_{ij} - \pi_{ij}^+)^2]} \tag{8-61}$$

$$e_{\text{IFS}}(F_i, F^-) = \sqrt{\frac{1}{2} \sum_{j=1}^{n} \sum_{i=1}^{m} w_j [(\mu_{ij} - \mu_{ij}^-)^2 + (\gamma_{ij} - \gamma_{ij}^-)^2 + (\pi_{ij} - \pi_{ij}^-)^2]} \tag{8-62}$$

式中：$\pi_{ij} = 1 - \mu_{ij} - \gamma_{ij}$；$\pi_{ij}^+ = 1 - \mu_{ij}^+ - \gamma_{ij}^+$；$\pi_{ij}^- = 1 - \mu_{ij}^- - \gamma_{ij}^-$。

计算所有决策矩阵 F_i 与直觉模糊正理想决策矩阵的相对贴近度，并确定每个决策者的权重。决策矩阵与理想矩阵的相对接近度越大，说明越接近理想解，决策者权重也越大。最后得到集体的直觉模糊决策矩阵

$$R = \sum \lambda_k F_k = [(\mu_{ij}, \gamma_{ij})] \tag{8-63}$$

根据直觉模糊数的加权平均算子求得各决策方案的综合属性值 P_i，然后再计算得到得分函数，以此来比较各个方案的优劣，得分函数越大说明方案越优。

$$S_i = (\mu_i - \gamma_i) + (\mu_i - \gamma_i)\pi_i, \quad \pi_i = 1 - \mu_i - \gamma_i \tag{8-64}$$

2. 土石围堰施工案例分析

某土石围堰施工过程中，发生坍塌安全事故，造成了一定数量的人员受伤。事故发生后，工程项目部立即启动了生产安全应急救援预案。经初步判断迅速制订了 4 套应急救援方案 A_1、A_2、A_3、A_4，现应用本小节提出的决策模型对应急救援方案进行决策分析。

在救援过程中要对现场进行保护，要防止对受伤人员的二次伤害。土石围堰施工的应急救援应该根据实际情况考虑机械设备的利用，选择合适的机械进行救援，并且要考虑救援的时效性和救援风险。对于每一位受伤人员的善后和所造成的社会影响也是需要认真考虑的。综合考虑水利水电工程施工作业和应急救援的特点，选取若干因素作为决策方案的影响指标，对相应的应急救援方案进行评价，建立如图 8-12 所示的土石围堰施工突发事件应急决策层次结构。

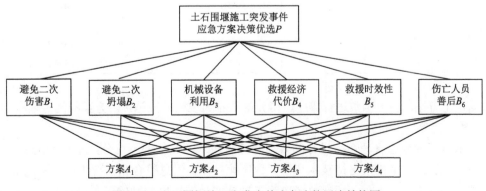

图 8-12 土石围堰施工突发事件应急决策层次结构图

专家通过知识、经验和统计数据对评价指标进行判断，集合各个专家的意见，根据 IAHP 得到评价指标与目标形成的区间判断矩阵，见表 8-10。

表 8-10　区间判断矩阵

P	B_1	B_2	B_3	B_4	B_5	B_6
B_1	[1　1]	[1/2　1]	[2　4]	[2　3]	[4　5]	[3　5]
B_2	[1　2]	[1　1]	[3　4]	[2　4]	[4　6]	[4　5]
B_3	[1/4　1/2]	[1/4　1/3]	[1　1]	[1/2　1]	[3　4]	[2　3]
B_4	[1/3　1/2]	[1/4　1/2]	[1　2]	[1　1]	[3　5]	[2　4]
B_5	[1/5　1/4]	[1/6　1/4]	[1/4　1/3]	[1/5　1/3]	[1　1]	[2　3]
B_6	[1/5　1/3]	[1/5　1/4]	[1/3　1/2]	[1/4　1/2]	[1/3　1/2]	[1　1]

评价指标的权重为

$$w_B = [0.2724, 0.3375, 0.1220, 0.1552, 0.0620, 0.0509]$$

专家根据 6 个评价指标，对 4 个应急救援方案进行分析，并给出隶属度和非隶属度，形成直觉模糊集决策矩阵 $F = [\mu_{ij} \quad \gamma_{ij}]_{m \times n}$，其中一个决策矩阵见表 8-11。

表 8-11　直觉模糊决策矩阵

$[\mu_{ij} \ \gamma_{ij}]$	A_1	A_2	A_3	A_4
B_1	[0.7　0.1]	[0.6　0.2]	[0.4　0.1]	[0.5　0.3]
B_2	[0.5　0.2]	[0.8　0.1]	[0.7　0.2]	[0.9　0.0]
B_3	[0.3　0.1]	[0.4　0.1]	[0.6　0.3]	[0.5　0.3]
B_4	[0.6　0.1]	[0.5　0.2]	[0.6　0.3]	[0.2　0.5]
B_5	[0.5　0.1]	[0.3　0.2]	[0.4　0.3]	[0.4　0.4]
B_6	[0.1　0.4]	[0.3　0.3]	[0.4　0.3]	[0.5　0.3]

计算得到各方案的综合属性值 P_i 和得分函数 S_i 见表 8-12。

表 8-12　综合评价值和得分函数

方案	P_i	S_i
A_1	[0.541 6　0.210 4]	0.413 3
A_2	[0.606 3　0.199 0]	0.486 6
A_3	[0.605 1　0.183 2]	0.511 2
A_4	[0.632 4　0.228 4]	0.460 2

根据每个方案的得分函数进行排序，得分函数越大说明方案越优，方案的优劣顺序为 A_3 > A_2 > A_4 > A_1，方案 A_3 最佳。

水利水电工程应急管理系统运行的效率与应急技术的高低密不可分，它包括信息整合和系统集成技术、应急救援决策支持技术和预案数字化技术。信息整合和系统集成技术的提升为整个系统的运转提供信息血液。应急救援决策支持技术是根据监测到的信息进行分析，为应急指挥人员综合研究和判断事件的影响程度和后果，制订应急决策方案提供依据；在资源评估的基础上，制订应急救援物资和应急救援队伍的调度方案；利用预测分析和研判结果，对应急预案、现场处置方案、安全技术要求及处理类似事件案例进行智能检索和分析，提供应对突发事件的指导流程和辅助决策方案。预案数字化技术是将应急管理工作的责任主体进行有机分解，并明确其现任主体，从而使应急指挥人员在技术的基础上实现应急处置流程的执行[212-216]。结合土石围堰事故发生发展过程及其后果预测、事故应急组织及资源，建立基于事故演化预测模型的应急规范化处置方法，建立协同化的应急组织与物流保障规划成果及处置机制。

在土石围堰事故中，围堰失事具有强度大、影响面广及后果严重等特征，并伴随次生灾害和衍生灾害，产生灾害链（原生灾害、次生灾害及衍生灾害叠加称为灾害链），重大灾害的特点尤为突出。以围堰失事事故作为典型，通过分析可用的应急物资装备、应急救援队伍和医疗处置条件等应急资源，融合事故风险评估结果，建立土石围堰事故的应急处置决策支持系统，包含系统信息采集模块、建模和求解模块及应急处置方案模块等。并针对此类事故建立应急评价指标体系及因素，分析影响应急能力的影响因素，给出因素的分类与分层结构，研究指标间的相对重要度与指标间的相互影响关系，确定信息不确定时的方法，给出多个工程应急能力比较的模型。建立具有围堰失事特点的应急能力指标体系，分析指标与因素的耦合关系，研究多方协同的应急组织结构和广谱多源不确定信息的识别与融合方法，利用多方协同应急决策机制研究应急资源布局与配置。

参 考 文 献

[1] 石蹈波. 大型水电站高土石围堰安全研究[D]. 南京: 河海大学, 2007.

[2] 戴会超. 三峡工程导截流及深水高土石围堰研究[M]. 北京: 科学出版社, 2006.

[3] 林继镛. 水工建筑物[M]. 北京: 中国水利水电出版社, 2009.

[4] 袁光裕, 胡志根. 水利工程施工[M]. 北京: 中国水利水电出版社, 2009.

[5] 张家发, 李少龙, 潘家军, 等. 深厚覆盖层上土石围堰渗流控制体系及结构安全研究[J]. 长江科学院院报, 2011, 28(10): 122-126.

[6] 孙开畅, 田斌, 孙志禹. 高土石围堰堰体材料力学特性及变形研究[J]. 长江科学院院报, 2011, 28(2): 60-64, 73.

[7] 岑威钧. 堆石料亚塑性本构模型及面板堆石坝数值分析[D]. 南京: 河海大学, 2005.

[8] 沈珠江. 土石料的流变模型及其应用[J]. 水利水运科学研究, 1994(4): 335-342.

[9] 长江科学院. 三峡深水高土石围堰风化砂、淤积砂动力特性及堰体动力稳定性研究[R]. 武汉: 2001.

[10] 卢晓春. 深厚覆盖层上深水高土石围堰结构性态研究[D]. 武汉: 武汉大学, 2011.

[11] 陈远川. 有限元强度折减法计算土坡稳定安全系数的研究[D]. 重庆: 重庆交通大学, 2009.

[12] 陈祖煜. 土质边坡稳定分析原理·方法·程序[M]. 北京: 中国水利水电出版社, 2003.

[13] 祝玉学. 边坡可靠性分析[M]. 北京: 冶金工业出版社, 1993.

[14] 张璐璐, 张洁, 徐耀, 等. 岩土工程可靠度理论[M]. 上海: 同济大学出版社, 2011.

[15] 陈祖煜, 张建红, 汪小刚. 岩石边坡倾倒稳定分析的简化方法[J]. 岩土工程学报, 1996, 18(6): 92-95.

[16] 吴振君, 王水林, 葛修润. LHS方法在边坡可靠度分析中的应用[J]. 岩土力学, 2010, 31(4): 1047-1054.

[17] 郑守仁, 王世华, 夏仲平, 等. 导流截流及围堰工程[M]. 北京: 中国水利电力出版社, 2004.

[18] 匡林生. 施工导流及围堰[M]. 北京: 水利电力出版社, 1993.

[19] 包承纲. 谈岩土工程概率分析法中的若干基本问题[J]. 岩土工程学报, 1989, 11(4): 94-98.

[20] 孙开畅, 周剑岚, 孙志禹, 等. 基于 x^2 检验的施工安全监管中行为因素关联分析[J]. 武汉大学学报(工学版), 2012, 45(4): 481-484.

[21] 孙开畅, 徐小峰, 吴鹏飞, 等. 基于 Kendall 法的高危施工作业中人为因素偏相关性研究[J]. 水利水电技术, 2015, 46(9): 58-61.

[22] 孙开畅, 李权, 徐小峰, 等. 施工高危作业人因风险分析动态贝叶斯网络的应用[J]. 水力发电学报, 2017, 36(5): 28-35.

[23] 孙开畅, 李权, 尹志伟. 水利工程高危作业人因评价体系中的认知图理论研究[J]. 中国安全生产科学技术, 2016, 12(12): 128-132.

[24] 严春风, 陈洪凯, 张建辉. 岩石力学参数的概率分布的 Bayes 推断[J]. 重庆建筑大学学报, 1997, 19(2): 65-71.

[25] 姜冬青. 基于鲁棒优化的应急物资中心选址与应急调度策略的研究[D]. 北京: 北京化工大学, 2015.

[26] 郑守仁, 杨文俊. 河道截流及流水中筑坝技术[M]. 武汉: 湖北科学技术出版社, 2009.

[27] 刘松涛, 饶锡保, 任志伟. 三峡深水围堰及防渗墙基坑抽水阶段的数值分析[J]. 长江科学报, 2000, 17(1): 25-28.

[28] 张成军. 黏土混凝土在土坝防渗墙中的应用[J]. 水利学报, 2005, 36(12): 1464-1469.

[29] 李烽, 田斌, 卢晓春. 深水高土石围堰塑性混凝土防渗墙应力变形分析[J]. 中国农村水利水电, 2012(6): 146-149.

[30] 张彦峰. 自凝灰浆防渗墙关键技术研究及应用[J]. 价值工程, 2016, 35(12): 163-165.

[31] 代国忠, 殷其雷, 徐秀香. 固化灰浆防渗墙墙体材料力学性能的研究[J]. 沈阳建筑大学学报(自然科学版), 2008(4): 74-78.

[32] 黄荣卫. 低弹性模量混凝土防渗墙在土石坝工程中的应用[J]. 大坝与安全, 2006(3): 50-52.

[33] 刘衍林, 石颖. 风化料的强度与变形特性及其影响因素分析[J]. 江苏建筑职业技术学院学报, 2009, 9(4): 5-8.

[34] 刘宏, 韩文喜, 张倬元. 砂砾石土料的压实特性[J]. 三峡大学学报(自然科学版), 2002, 24(4): 297-299.

[35] 王振兴. 堆石料的流变试验研究[D]. 大连: 大连理工大学, 2012.

[36] 朱海言. 黏土在土石围堰中的应用综述[J]. 黑龙江水利科技, 2014(6): 187-188.

[37] 时卫民, 郑颖人. 碎石土压实性能试验研究[J]. 岩土工程技术, 2005, 19(6): 299-302.

[38] 冯霞芳. 防渗墙新型墙体材料塑性混凝土[J]. 水利水电技术, 1993(8): 15-20.

[39] 姚汝方. 防渗墙低弹性模量混凝土性能试验研究[D]. 杨凌: 西北农林科技大学, 2006.

[40] 兰彩虹, 赵瑞峰, 潘殿琦. 黄河小浪底水利枢纽西霞院围堰粉煤灰混凝土防渗工程施工技术[J]. 长春工程学院学报(自然科学版), 2010(1): 52-56.

[41] 陈文正, 龚壁卫, 张计. 自凝灰浆材料的力学特性研究[J]. 矿产勘查, 2006, 9(4): 87-88.

[42] 东义军. 自凝灰浆防渗墙在三峡三期围堰工程中的应用[C]//中国水利学会地基与基础工程专业委员会, 2004 水利水电地基与基础工程技术. 赤峰: 内蒙古科学技术出版社, 2004.

[43] 蒋振中, 汤元昌. 汉江王甫洲水利枢纽围堰固化灰浆防渗墙施工[J]. 水力发电, 1996(9): 38-42.

[44] 苏渊. 塑性混凝土防渗墙对土石坝稳定性的影响分析[D]. 济南: 山东大学, 2013.

[45] 长江科学院. 三峡二期围堰填料特性研究风化砂基本性状试验研究总结报告[R]. 武汉: 1990.

[46] 长江科学院. 三峡工程二期围堰填料特性研究, 三峡二期深水围堰风化砂填料强度和变形特性的试验研究[R]. 武汉, 1990.

[47] 长江科学院. 三峡工程二期围堰填料特性研究三峡围堰防渗墙柔性材料研究(总结报告)[R]. 武汉: 1990.

[48] 长江科学院. 三峡二期围堰防(排)渗新材料研究与应用[R]. 武汉: 1995.

[49] 中国水电顾问集团中南勘测设计研究院. 金沙江向家坝水电站二期土石围堰施工设计报告[R]. 长沙: 2008.

[50] 哈秋舲. 长江三峡工程关键技术研究[M]. 广州: 广东科技出版社, 2002.

[51] 中国长江三峡工程开发总公司. 三峡工程二期围堰理论与实践[M]. 武汉: 湖北科学技术出版社, 2000.

[52] KOLYMBAS D. An outline of hypoplasticity[J]. Archive of applied mechanics, 1991, 61(3): 143-151.

[53] CHAMBON R, DESRUES J, HAMMAD W, et al. CLoE, a new rate-type constitutive model for geomaterials theoretical basis and implementation[J]. International journal for numerical & analytical methods in geomechanics, 1994, 18(4): 253-278.

[54] BAUER E. Calibration of a libration of a comprehensive hypoplastic model for granular materials[J]. Journal of the Japanese geotechnical society soils & foundation, 1996, 36(1): 13-26.

[55] 贾宇峰. 考虑颗粒破碎的粗粒土本构关系研究[D]. 大连: 大连理工大学, 2008.

[56] 刘恩龙, 陈生水, 李国英, 等. 循环荷载作用下考虑颗粒破碎的堆石体本构模型[J]. 岩土力学, 2012(7): 1972-1978.

[57] 郑瑛, 陈先明. 三峡工程围堰若干关键技术研究与实践[J]. 水力发电学报, 2009, 28(6): 54-58.

[58] 汪明元, 程展林, 包承纲, 等. 三峡工程二期深水围堰工程性状反分析研究[J]. 土木工程学报, 2007(6): 105-110.

[59] 孙开畅, 田斌, 孙志禹. 基于实测变形的三峡工程二期上游围堰防渗墙抗弯性能[J]. 武汉大学学报(工学版), 2011, 44(1): 12-14, 20.

[60] 殷宗泽. 土工原理[M]. 北京: 中国水利水电出版社, 2007.

[61] 孙开畅, 田斌, 蒋中明. 三峡工程二期围堰堰体材料流变本构模型研究[J]. 三峡大学学报(自然科学版), 2010, 32(5): 20-23.

[62] 朱晟, 王永明, 徐骞. 粗粒筑坝材料的增量流变模型研究[J]. 岩土力学, 2011, 32(11): 3201-3206.

[63] 维亚洛夫. 土力学的流变原理[M]. 杜余培, 译. 北京: 科学出版社, 1987.

[64] 杨挺青. 黏弹性力学[M]. 武汉: 华中理工大学出版社, 1990.

[65] 程展林, 丁红顺. 堆石料蠕变特性试验研究[J]. 岩土工程学报, 2004(4): 473-476.

[66] 程展林, 丁红顺. 堆石料工程特性试验研究[J]. 人民长江, 2007(7): 110-114, 120.

[67] 左永振, 程展林, 丁红顺, 等. 堆石料蠕变试验方法研究[J]. 长江科学院院报, 2009, 26(12): 63-65, 70.

[68] 周伟, 徐干, 常晓林, 等. 堆石体流变本构模型参数的智能反演[J]. 水利学报, 2007(4): 389-394.

[69] 周伟, 胡颖, 杨启贵, 等. 高混凝土面板堆石坝流变机理及长期变形预测[J]. 水利学报, 2007(S1): 100-105.

[70] 周伟, 常晓林, 曹艳辉. 堆石体流变对分期浇筑的面板变形影响研究[J]. 岩石力学与工程学报, 2006(5): 1043-1048.

[71] 周伟, 常晓林. 高混凝土面板堆石坝流变的三维有限元数值模拟[J]. 岩土力学, 2006(8): 1389-1392, 1397.

[72] 左永振. 粗粒料的蠕变和湿化试验研究[D]. 武汉: 长江水利委员会长江科学院, 2008.

[73] 孙开畅, 田斌, 孙志禹. 高土石围堰塑性混凝土的力学特性与龄期和施工安全的关系[J]. 水力发电学报, 2012, 31(5): 250-253, 265.

[74] 孙开畅, 田斌, 蒋中明. 高水头作用下围堰堰体及防渗墙变形特性研究[J]. 人民长江, 2011, 42(5): 74-77.

[75] 中国长江三峡集团有限公司. 三峡工程二期围堰科研成果汇编[R]. 北京: 2001.

[76] 长江科学院. 三峡二期围堰及其防渗墙二维和三维非线性应力-应变分析(基坑抽水阶段不同运行水位, 不同龄期的比较)[R]. 武汉: 1998.

[77] 中国水利水电基础局有限公司. 三峡水利枢纽二期上游围堰防渗墙工程施工报告[R]. 北京: 1995.

[78] 长江科学院. 三峡工程施工科研三峡二期围堰防渗墙设计指标施工验证及反馈分析简报(第一期)[R]. 武汉: 1998.

[79] 长江科学院. 三峡二期围堰防渗墙设计指标施工验证及反馈分析阶段成果简报——墙体材料抗压强度的早期预报[R]. 武汉: 1998.

[80] 顾慰慈. 渗流计算原理及应用[M]. 北京: 中国建材工业出版社, 2000.

[81] 毛昶熙. 渗流计算原理及应用[M]. 北京: 中国水利水电出版社, 2003.

[82] 董存军. 考虑渗流效应的大型土石围堰稳定性研究[D]. 重庆: 重庆大学, 2012.

[83] 罗守成. 对深厚覆盖层地质问题的认识[J]. 水力发电, 1995(4): 21-24.

[84] 李炜. 水力计算手册[M]. 北京: 中国水利水电出版社, 2006

[85] 刘秀军. 边坡稳定性分析 Spencer 法的改进[J]. 岩土工程技术, 2016(4): 186-188.

[86] 曾锦标. 边坡稳定性分析中 Spencer 法的适用性探讨[J]. 山西建筑, 2008(11): 114-115.

[87] 笪盉. 萨尔玛法的分析与评价[C]//中国金属学会, 中国岩石力学与工程学会. 第三届岩石力学学术会议论文集(上册), 1985: 15.

[88] 朱大勇, 李焯芬, 黄茂松, 等. 对3种著名边坡稳定性计算方法的改进[J]. 岩石力学与工程学报, 2005(2): 783-194.

[89] 苏永华. 考虑震动附加力的岩质边坡稳定萨尔玛分析方法及其应用[C]//中国岩土学与工程学会. 第二届全国岩土与工程学术大会论文集(上册). 北京: 科学出版社, 2006.

[90] 长江水利委员会长江勘测规划设计院. 金沙江乌东德水电站坝址选址报告[R]. 武汉: 2007.

[91] 孙开畅, 尹志伟, 李权. 基于中心复合设计的 RSM 边坡可靠性研究[J]. 水力发电, 2018, 44(4): 19-23.

[92] RAJASHEKHAR M R, ELLINGWOOD B R. A new look at the response surface approach for reliability analysis[J]. Structrual safety, 1993, 16(3): 205-220.

[93] 孙开畅, 尹志伟, 李权, 等. LHS 抽样 RSM 数据表的边坡可靠度研究[J]. 长江科学报, 2018, 35(2): 8.

[94] MATHERTON. Principles of geo-statistics[J]. Economic geology, 1963, 58: 1246-1266.

[95] HASSAN A M, WOLFF T F. Search algorithm for minimum reliability index of earth slopes[J]. Journal of geotechnical and geoenviromental engineering, 1999, 125(4): 301-308.

[96] 贡金鑫. 工程结构可靠度计算方法[M]. 大连: 大连理工大学出版社, 2003.

[97] 水利电力部水利水电建设总局. 水利水电工程施工组织设计手册: 1 施工规划[M]. 北京: 水利水电出版社,

1996.

[98] 胡志根, 刘全, 陈志鼎, 等. 施工导流风险分析[M]. 北京: 科学出版社, 2010.

[99] YEN B C. Risks in hydrologic design of engineering projects[J].Journal of the hydraulics division, 1970, 96(4): 959-966. .

[100] 邓永录, 徐宗学. 洪水风险率分析的更新过程模型及其应用[J]. 水电能源科学, 1989(3): 226-232.

[101] 徐宗学, 肖焕雄. 洪水风险率 CSPPN 模型初步应用研究[J]. 水利学报, 1991(1): 28-33, 73.

[102] 中华人民共和国水利部. 水电工程施工组织设计规范(SL 303-2017)[S]. 北京: 中国水利水电出版社, 2017.

[103] 肖焕雄, 孙志禹. 不过水围堰超标洪水风险率计算[J]. 水利学报, 1996(2): 37-42.

[104] 徐宗学, 曾光明. 洪水频率分析 HSPPC 模型应用研究[J]. 水科学进展, 1992, 3(3): 174-180.

[105] 石明华, 钟登华. 施工导流超标洪水风险率估计的水文模拟方法[J]. 水利学报, 1998, 29(3): 31-34.

[106] 刘东海, 钟登华, 叶玉珍. 基于日径流模拟的围堰实时挡水风险率估计[J]. 水利学报, 2001(3): 27-31.

[107] 陈凤兰, 王长新. 施工导流风险分析与计算[J]. 新疆农业大学学报, 1996, 7(4): 361-366.

[108] 姜树海. 随机微分方程在泄洪风险分析中的运用[J]. 水利学报, 1994(3): 1-9.

[109] 钟登华, 黄伟, 张发瑜. 基于系统仿真的施工导流不确定性分析[J]. 天津大学学报(自然科学与工程技术版), 2006, 39(12): 1441-1445.

[110] 肖焕雄, 韩采燕. 施工导流系统超标洪水风险率模型研究[J]. 水利学报, 1993(11): 76-83.

[111] 唐晓阳. 施工导流方案多目标随机模糊风险率决策研究[D]. 武汉: 武汉水利电力大学, 1993.

[112] 姜树海. 防洪设计标准和大坝的防洪安全[J]. 水利学报, 1999(5): 19-25.

[113] 胡志根, 刘全, 贺昌海, 等. 基于 Monte-Carlo 方法的土石围堰挡水导流风险分析[J]. 水科学进展, 2002(9): 634-638.

[114] 徐森泉, 胡志根, 刘全, 等. 基于多重不确定性因素的施工导流风险分析[J]. 水电能源科学, 2004(4): 78-81.

[115] SHAFER G. Allocations of probability: a theory of partial belief[D]. New Jersey: Princeton University, 1993.

[116] WASSERMAN L A. Belief function and statistical inference[J].Canadian journal of statistics, 1990, 18(3): 197-204.

[117] CASELTON W F, LUO W. Decision making with imprecise probabilities: Dempster-Shafer theory and application[J].Water resources research, 1992, 28(12): 3071-3083.

[118] SHAFER G. A mathematical theory of evidence[M]. New Jersey: Princeton University, 1976.

[119] SHAFER G. A theory of statistical evidence[M]//HARPER W L, HOOKER C A. Foundations of probability theory statistical inference, and statistical theories of science. Dordrecht: Springer, 1976: 365-436.

[120] DEMPSTER A P. New methods for reasoning towards posterior distributions based on sample data[J]. Annals of mathematical statistics, 1967, 37: 355-374.

[121] DEMPSTER A P. Upper and lower probabilities induced from a multivalued mapping[J]. Annals of mathematical statistics, 1967, 38: 325-339.

[122] 武汉水利水电大学. 三峡二期施工导流系统风险研究[R]. 武汉: 1996.

[123] 佘成学, 李建波. 溪洛渡水电站工程导流洞(与尾水洞结合段)结构有限元计算分析[R]. 武汉: 武汉大学水利水电学院, 2005.

[124] 焦爱萍, 刘艳. 溪洛渡水电站泄洪洞出口挑流鼻坎体型优化研究[J]. 水利水电技术, 2007, 38(3): 40-43.

[125] 黎昀, 唐朝阳. 溪洛渡水电站导流洞布置设计[J]. 水电站设计, 2006, 22(2): 25-26.

[126] 田静, 罗全胜. 溪洛渡水电站泄洪洞水工模型试验研究[J]. 人民长江, 2009, 40(7): 70-72.

[127] 施卫星, 丁美, 耿磊, 等. 模型试验尺寸误差对结构周期分析的影响与修正[J]. 同济大学学报(自然科学版), 2007, 35(7): 882-887.

[128] 莫崇勋, 增川, 麻荣永, 等. "积分-一次二阶矩法"在广西澄碧河水库漫坝风险分析中的应用研究[J]. 水力发电学报, 2008. 7(2): 44-49.

[129] 李传奇, 王帅, 王薇, 等. LHS-MC 方法在漫坝风险分析中的应用[J]. 水力发电学报, 2012, 31(1): 5-9.

[130] 王卓辅. 考虑洪水不确定的施工流风险计算[J]. 水利学报, 1998(4): 33-37.

[131] 何俊仕, 林洪孝. 水资源规划及利用[M].北京: 中国水利水电出版社, 2006.

[132] 隋鹏程, 陈宝智, 隋旭. 安全原理[M]. 北京: 化学工业出版社, 2005.

[133] 中华人民共和国国家质量监督检验检疫总局. 重大危险源辨识: GB 18218-2000[S]. 北京: 中国标准出版社.

[134] 欧洲共同体. 工业活动中重大事故危险法令(85/501/EEC)[Z]. 1982.

[135] 杨善林, 胡笑旋, 李永森. 基于案例和规则推理的贝叶斯网建模[J]. 哈尔滨工业大学学报, 2006, 38(10): 1644-1648.

[136] 胡进. 高危作业安全风险影响因素分析的实证研究[D]. 武汉: 华中科技大学, 2009.

[137] METIN C, SELCUK C. Analytical HFACS for investigating human errors in shipping accidents [J]. Accident analysis and prevention, 2009, 41(1): 66-75.

[138] MICHAEL G L, PAUL M S, CHARLES C L. et al. A systems approach to accident causation in mining: an application of the HFACS method [J]. Accident analysis and prevention, 2012, 48: 111-117.

[139] WIEGMANN D A, SHAPPELL S A. Human error analysis of commercial aviation accidents using the human factors analysis and classification system(HFACS)[J]. Aviation space and environmental, 2001, 72(11): 1006.

[140] 吴建军. 层次分析法在危险评价中的应用[J]. 阜阳师范学院学报(自然科学版), 1996(3): 47-50.

[141] 钱新明, 陈宝智. 重大危险源的辨识与控制[J]. 中国安全科学学报, 1994(3): 16-21.

[142] 王星. 非参数统计[M]. 北京: 清华大学出版社, 2009.

[143] 王军. Kappa 系数在一致性评价中的应用研究[D]. 成都: 四川大学, 2006.

[144] COHEN J. A coefficient of agreement for nominal scales [J]. Educational and psychological measurement, 1960.

[145] LANDIS J R, KOCH G G. The measurement of observer agreement for categorical date [J]. Biometrics, 1977, 33(1): 159-174.

[146] KYUMAN C, TAEHOON H, CHANGTAEK H. Effect of project characteristics on project performance in construction Projects based on structural equation model[J]. Expert systems with applications, 2009, 36(7): 10461-10470.

[147] 侯杰泰, 温忠麟, 成子娟. 结构方程模型及其应用[M]. 北京: 教育科学出版社, 2004.

[148] 吴鹏飞, 孙开畅, 田斌. 基于结构方程的水利水电工程施工安全分析研究[J]. 长江科学院院报, 2014, 31(4): 93-96.

[149] 蓝荣香. 安全氛围对安全行为的影响及安全氛围调查软件的开发[D]. 北京: 清华大学, 2004.

[150] BOONCHAI K, SUPASIT P, STUART M. Factors influencing health information technology adoption in thailand's community health centers: Applying the UTAUT model[J]. International journal of medical informatics, 2009, 78(6): 404-416.

[151] ULRIKE B, BETHANY A T. The Meaning of Beauty: Implicit and explicit self-esteem and attractiveness beliefs in body dysmorphic disorder [J]. Journal of anxiety disorders, 2009, 23(5): 694-702.

[152] 周爽, 朱志洪, 朱星萍. 社会统计分析-SPSS 应用教程[M]. 北京: 清华大学出版社, 2006.

[153] 郭志刚. 社会统计分析方法: SPSS 软件应用[M]. 北京: 中国人民大学出版社, 1999.

[154] 孙华山. 安全生产风险管理[M]. 北京: 化学工业出版社, 2006.

[155] 任旭. 工程风险管理[M]. 北京: 清华大学出版社, 2010.

[156] POOLE D. Average-case analysis of a search algorithm for estimating prior and posterior probabilities in bayesian networks with extreme probabilities[J]. Thirteenth international joint conference on artificial intelligence, 1993(8): 606-612.

[157] 孙岩. 贝叶斯网络结构学习算法研究与应用[D]. 大连: 大连理工大学, 2010.

[158] 周建方, 唐椿炎, 许智勇. 贝叶斯网络在大坝风险分析中的应用[J]. 水力发电学报, 2010, 29(1): 192-196.

[159] 何小聪, 康玲, 程晓君, 等. 基于贝叶斯网络的南水北调中线工程暴雨洪水风险分析[J]. 南水北调与水利科技, 2012, 10(4): 10-13.

[160] MURPHY K P. Dynamic bayesian networks: representation, inference and learning[D]. Berkeley: University of

California, 2002.

[161] MURPHY K P. The bayes net toolbox for matlab[J]. Computing science and statistics, 2001, 33: 331-351.

[162] 孙开畅, 徐小峰, 张耀, 等. 水利工程施工安全人为因素重要度分析[J]. 人民长江, 2016, 47(9): 80-83, 114.

[163] 孙志禹, 周剑岚. 一种基于行为因素的高危作业安全评价方法的研究[J]. 水力发电学报, 2011, 30(3): 195-200.

[164] 肖秦琨, 高嵩. 动态贝叶斯网络推理学习理论及应用[M]. 北京: 国防工业出版社, 2007.

[165] 郭云龙, 席永涛, 胡甚平, 等. 基于动态贝叶斯网络的船舶溢油风险预报[J]. 中国安全科学学报, 2013, 23(11): 53-59.

[166] 李小全, 石高峰, 程懿. 基于动态贝叶斯网的炮兵战斗效果评估建模仿真[J]. 指挥控制与仿真, 2012, 34(3): 121-124.

[167] BRACALE A, CARAMIA P, CARPINELLI G, et al. A Bayesian method for short-term probabilistic forecasting of photovoltaic generation in smart grid operation and control[J].Energies, 2013(6): 733-747.

[168] 周忠宝, 马超群, 周经纶, 等. 基于动态贝叶斯网络的动态故障树分析[J]. 系统工程理论与实践, 2008, 2: 35-42.

[169] 柴慧敏, 王宝树. 动态贝叶斯网络在战术态势估计中的应用[J]. 计算机应用研究, 2011, 28(6): 2151-2153.

[170] WIEGMANN D A, SHAPPELL S A. The human factors analysis and classification system-HFACS[R]. Washington: Office of aviation medicine, 2000.

[171] REASON J. Human error [M]. Britain: Cambridge University Press, 1990.

[172] 高宁. 基于 HFACS 与 Apriori 算法的船舶碰撞事故致因分析[D].大连: 大连海事大学, 2018.

[173] 王晶, 樊运晓, 高远.基于 HFACS 模型的化工事故致因分析[J].中国安全科学学报, 2018, 28(9): 81-86.

[174] 李丹峰, 佟瑞鹏, 张清. 水电站开发建设运行生产安全事故应急管理[M]. 北京: 中国劳动社会保障安全出版社, 2010.

[175] 唐涛. 水利水电工程管理与实务[M]. 北京: 中国建筑工业出版社, 2001.

[176] 刘衍胜. 生产经营单位主要负责人安全培训教材[M]. 北京: 气象出版社, 2006.

[177] 刘衍胜. 生产经营单位安全管理人员安全培训教材[M]. 北京: 气象出版社, 2006.

[178] 叶耀康, 李丰凡. 生产安全与预防管理[M]. 广州: 广东经济出版社, 2005.

[179] 吴翔飞. 基于熵-云耦合的混凝土坝预警模型及其应用[J]. 水电能源科学, 2015, 33(11): 61-64.

[180] 范振东, 崔伟杰, 杨孟, 等. 基于模糊 C-均值聚类和支持向量机的大坝安全变形预警模型及应用[J].水电能源科学, 2014, 32(12): 71-74.

[181] 屈永平, 唐川. 暴雨型泥石流预警模型初步研究[J]. 工程地质学报, 2014, 22(1): 1-7.

[182] 袁明. 区域水资源短缺预警模型的构建及实证研究[D]. 扬州: 扬州大学, 2010.

[183] 包鑫. 暴雨山洪灾害预警监测系统的研究与实现[D]. 江西: 南昌大学, 2009.

[184] 唐伟勤, 张敏, 张隐. 大规模突发事件应急物资调度的过程模型[J]. 中国安全科学学报, 2009, 19(1): 33-37.

[185] KEMBULL C D, STEPHENSON R. Lesson in logistics from somalia[J]. Disaster, 1984, 8(1): 57-66.

[186] 田军, 马文正, 汪应洛, 等. 应急物资配送动态调度的粒子群算法[J]. 系统工程理论与实践, 2011, 31(5): 898-906.

[187] SHEU J B. An emergency logistics distribution approach for quick response to urgent relief demand in disasters [J]. Transportation research part E: Logistics and transportation review, 2007, 43(6): 687-709.

[188] 运筹学教材编写组. 运筹学(第三版)[M]. 北京: 清华大学出版社, 2005.

[189] 陈宝林. 最优化理论与算法(第二版)[M]. 北京: 清华大学出版社, 2005.

[190] 姜潮. 基于区间的不确定性优化理论与算法[D]. 长沙: 湖南大学, 2008.

[191] 黄德启. 面向区域路网的应急资源布局与调度方法研究[D]. 武汉: 武汉理工大学, 2012.

[192] 朱颢东, 钟勇. 一种改进的模拟退后算法[J]. 计算机技术与发展, 2009, 19(6): 32-35.

[193] 裴小兵, 贾定芳. 基于模拟退火算法的城市物流多目标配送车辆路径优化研究[J]. 数学的实践与认识, 2016, 46(2): 105-113.

[194] VESKO L, DRAGAN P, MILENA P, et al. Portfolio model for analyzing human resources: An approach based on neuro-fuzzy modeling and the simulated annealing algorithm[J]. Expert systems with applications, 2017, 90(1): 318-331.

[195] YA C, YUAN Q X, LI D, et al. Coordination of repeaters based on simulated annealing algorithm and Monte-Carlo algorithm[J]. Neurocomputing, 2012, 97(2): 9-15.

[196] LANCE D C. The practical handbook of genetic algorithms, applications[M]. 2nd ed. Bocaraton, Florida: Chapman & Hall, 2001.

[197] 郑立平, 郝忠孝. 遗传算法理论综述[J]. 计算机工程与应用. 2003, 39(21): 50-53, 96.

[198] ZAFER B. Adaptive genetic algorithms applied to dynamic multiobjective problems[J]. Applied soft computing, 2007, 7(3): 241-249.

[199] 于莹莹, 陈燕, 李桃迎. 改进的遗传算法求解旅行商问题[J]. 控制与决策, 2014, 29(8): 1483-1488.

[200] 杨勃, 李小林, 杜冰. 模糊环境下应急系统多目标调度问题求解[J]. 系统管理学报, 2013(4): 518-525.

[201] 王海军, 王婧, 马士华, 等. 模糊供求条件下应急资源动态调度决策研究[J]. 中国管理科学, 2014, 22(1): 55-64.

[202] 甘勇, 吕书林, 李金旭, 等. 考虑成本的多救出点多资源应急调度研究[J]. 中国安全科学学报, 2011, 21(9): 172-176.

[203] CHARNES A, COOPER W. Chance-constrained programming [J]. Management science, 1959, 6(1): 73-79.

[204] 张英楠, 牟德一, 李辉. 基于机会约束规划的航班应急调度问题研究[J]. 中国安全科学学报, 2012, 22(12): 82-88.

[205] HWANG C L, YOON K. Multiple attribute decision making: methods and applications, a state of the art surveys [M]. Berlin Heidelberg: Springer, 1981.

[206] 南江霞, 李登峰, 张茂军. 直觉模糊多属性决策的 TOPSIS 法[J]. 运筹与管理, 2008, 17(3): 34-37.

[207] 龚剑, 胡乃联, 崔翔, 等. 基于 AHP-TOPSIS 评判模型的岩爆倾向性预测[J]. 岩石力学与工程学报, 2014, 33(7): 1442-1448.

[208] 吴清烈, 尤海燕, 徐士钰, 等. 运筹学[M]. 南京: 东南大学出版社, 2004.

[209] 李占利. 最优化理论与方法[M]. 徐州: 中国矿业大学出版社, 2012.

[210] 薛毅. 数学建模基础[M]. 北京: 科学出版社, 2011.

[211] 司守奎, 孙玺菁. Lingo 软件及应用[M]. 北京: 国防工业出版社, 2017.

[212] 冷建飞, 杜晓荣, 钱壁君. 水利工程应急管理系统研究[J]. 江西科学, 2009, 27(2): 267-269.

[213] 张少刚, 赵娟, 倪小敏, 等. 基于 AHP-模糊评价的化工园区综合应急能力研究[J]. 安全与环境学报, 2015, 15(1): 77-83

[214] 吴育华, 诸为, 李新会, 等. 区间层次分析法——IAHP[J]. 天津大学学报, 1995, 28(5): 700-705.

[215] 龚艳冰, 丁德臣, 何建敏. 一种基于直觉模糊集相似度的多属性决策方法[J]. 控制与决策, 2009, 24(9): 1398-1401.

[216] 蒋珩. 区域突发公共事件应急联动体系研究[D]. 武汉: 武汉理工大学, 2006.